科学之美 人文之思

典籍里的中国工匠

詹船海 著

上海科技教育出版社

目录

自序

关于工匠或工匠精神

"工匠"一词古已有之,但一直处于相对边缘的位置。令人欣喜的是,这些年,"工匠"一词变热了。即使新冠肺炎疫情期间,其热度也不减!

《辞海》解释"工匠":"手艺工人。"

让我们先把这个词拆开,分说"工"与"匠"。

工:当代语言文字学家杨树达说,"工"是象形,像木匠手中的曲尺之形(《积微居小学述林》,中华书局,1983年),所以这个字天然地与木工有关。

匠:从匚(fāng),盛放工具的筐器或木匣子;从斤(斧)。工具筐或匣里放着以斧头为代表的工具,表示从事木工。

"工"与"匠"最早都专指木工,后来泛指各行各业有技术含量的手工业劳动者。他们或被单称为"匠",如木匠、篾匠、铁匠、小炉匠、弹花匠、泥瓦匠、杀猪匠,等等。也可单称为"工",如古书中常有"百工"一词,泛指各行各业具有手艺的工人或匠人。

现在,当我们说起"工匠",其含义又发生了变化。

请看"360百科"的解释："专注于某一领域、针对这一领域的产品研发或加工过程全身心投入,精益求精、一丝不苟地完成整个工序的每一个环节,可称其为工匠。"

我们现在说起"工匠",常把它与"精神"一词连缀成为一个新词——"工匠精神"。

工匠精神,这是我们正在弘扬的一种精神。这是我们古已有之,但后来变得有些淡化,而现在又旺盛在中国制造和"智造"中的一种精神。

有鉴于此,有志于此,笔者花三年多工夫,从浩如烟海的传统典籍中,钩沉出从工匠到工匠精神,再从工匠精神到工匠的珍贵记忆。

关于本书内容的构成

首先,从《尚书》《诗经》、诸子百家,到历代史传、类书,或者文学、笔记、志异等,其间关于工匠发明创造和技艺的记载,在在皆有,但总的来看还是零零星星。笔者披阅上百种典籍,或按图索骥,从今人的研究进入,把这些星星点点的记忆收集起来,终于连成了"一片",看见许多中国工匠鲜活的面容和绝活。在先秦诸子中,庄子最爱讲述工匠们如何表现绝活的故事,他用最富于想象力的文笔描绘那些技术细节和人物神态,令我们叹为观止——是对他的文笔,也是对工匠的技艺。更"过分"的还要数墨子。庄子还只是以工匠的故事寓言,而墨子,简直就是站在工匠的立场朴实地讲道理。他本身可能就是一个从工匠队伍中走出来的哲学家。儒家的言论集《论语》中,也有两条关于"工匠"的言论,历来引用率极高,一曰:"工欲善其事,必先利其器"(《论语·卫灵公》),强调工具对于工匠的重要性;二曰:"百工居肆以成其事"(《论语·子张》),说的是作坊对于工匠的重要性。从《论语》首篇"学而"中,还能找出一条没有出现"工"字而间接赞美工匠精神的记录:

子贡曰:"贫而无谄,富而无骄,何如?"子曰:"可也。未若贫而乐,富而好礼者也。"子贡曰:"《诗》云,'如切如磋,如琢如磨',其斯之谓与?"子曰:

"赐也！始可与言《诗》已矣，告诸往而知来者。"

这是孔子门下高才生子贡与老师的对话录。子贡问孔子，如果一个人能做到"贫而无谄""富而无骄"，应该算好的了吧？孔子说，可以，但还不如"贫而乐（道）""富而好礼"。子贡冰雪聪明，马上就问："《诗》（即《诗经》）云，'如切如磋，如琢如磨'，其斯之谓与？"孔子喜欢得很，说："赐（子贡的名字）啊，我可以和你讨论《诗》了。告诉你'已知'，你就能领悟到'未言'。"

我们还要从《论语》跳到《诗经》。子贡引用的诗句，是出自《诗经·卫风·淇奥》中的比喻句，言君子修身当"如切如磋，如琢如磨"。"切磋""琢磨"，我们今天汉语词典中的这两个常用词，便来源于这里，考其本义，却是工匠的劳动动作和工艺名称。宋代大儒、理学家朱熹《诗集传》释称，切磋是骨角匠的劳动，他们先用刀斧切，再磋细；琢磨则是玉石匠的工作，他们先用槌凿琢，再磨光。对于《论语》此条，朱熹复在《论语集注》注称："言治骨角者，既切之而复磋之；治玉石者，既琢之而复磨之；治之已精，而益求其精也。"这便是"精益求精"一词的来源。我们现在常说工匠精神就是一种"精益求精"的精神，殊不知这个词的知识产权要归于朱熹，而他是在解《论语》《诗经》这两部典籍时发挥出来的。他的解释，又成为后起的经典。

当然，像庄子一样，儒家诸儒在讲起百工或工匠时，也是用来比喻的，但我们再剖一层来看，就看见工匠们的劳动和技艺在闪光。

笔者便是这样从各类典籍里搜寻关于中国工匠的散见记录的。

另外，在儒家正统典籍之外，或者说在儒、道、释典籍汗牛充栋、鼎足而三的局面中，居然也有一类专属于技术的专业典籍，独成卷帙，甚至是一卷接一卷地汇为皇皇巨著，流传下来，成为中国历史上最可宝贵的科技资源。这类典籍，前有《考工记》（先秦），后有《天工开物》（明）等，这可以说是工学著作；与此并行的还有《齐民要术》（北魏）、王祯《农书》（元）等农学专著；还有医药等其他类科技专著，自然也都成了本书一些篇章的重要资料来源。披阅这些典籍，更可以让我们集中看见中国工匠的伟大创造，而这些科技典籍的作者，则是工匠的工匠，是从儒家队伍中逸出的出奇的英雄！

　　当然，单从典籍得来终觉浅了一层。为了印证典籍所载，笔者还实地踏访观看。这"实地"就是各地博物馆、纪念馆或相关名胜遗迹。古代中国工匠的制造和创造，还都"活"在各地博物馆里，需进馆细细参观，才能对他们的智慧和心血付出有直观印象。孟子说，读其书识其人，对于工匠来说，则需要读其产品知其人品。好在博物馆为我们保存着这些出土记忆，而且都是免费开放、"云开放"。此外是一些著名工匠的纪念馆(园)，如湖南耒阳的蔡伦纪念馆、湖北英山的毕昇纪念馆、湖北蕲春的李时珍纪念馆、上海的黄道婆纪念馆，乃至于四川成都的都江堰、广西兴安的灵渠等古代工程匠人的杰作，笔者都专程去参观过、考察过、缅怀过，留下了鲜活深刻的印象。

　　还有一层印证，是笔者自己的记忆。包括儿时的学习生活记忆和当下的生产生活经验。这部分所占比例很小，但却是一个"三分天下有其一"的重要元素。它形成了本书的叙事风格，如陶之施釉，铁之渗碳成钢。它证实：从炎黄以来的历代工匠创造，其技术迄今我们仍在使用，其技艺迄今我们仍在传承，它还是"活"的记忆，它还要走向未来。比如陶器、瓷器，迄今还在充实着我们的生活，而且是不可缺少的。比如钢铁，迄今仍是重要的工业原材料。凡事总要带着自己的视角，沿着自己熟悉的路线进入，方能叙述得更生动活泼，叫人读后能留下较深的印象，从而在记忆的宝库中贮存较长的时间。笔者自认为本书读来还算有趣，奥秘在此。

　　以上三种记忆还体现出一个共同的特征，那就是笔者往往从最浅处进入，从公共记忆进入，先唤醒大多数人的兴趣，然后由浅入深，由烂熟到生鲜，把中国工匠的技艺和故事完整呈现。比如鲁班，从幼儿能知的造锯开始，再从中学生知道的助楚攻宋故事开始，再进入各种典籍，引出许多新鲜的素材，最后站出来的则是一个全新百工之神的形象。说到这儿，笔者还发现，我们一向并不缺乏工匠精神的教育，许多古代发明家和科学家，他们的故事都进入了幼儿读物乃至于小学、中学的教材，沉淀为我们的公共记忆。比如鲁班、墨子、毕昇、黄道婆、李时珍等，乃至于铸剑工匠干将莫邪夫妇、制刀名匠蒲元、科学家宋应星等，我们小时候都"学"过，我们对他们可谓熟悉而又陌生。好，笔者就从课本开始，引领读者"温故而知新"。所以如果做一个受众定位，本书非常适合成为初高中学生的课外读物。当然，它也适合所有中等文化程度以上的读者阅读，特别是现代产业工人、新时代的工匠、各行各业的技师等。本书打通文理分隔，融科普于文史，见技更见人，是知识介绍，也是力求更具美感的散文作品。

关 于 结 构

就章节结构而言，全书按主题而非时间分类，具有合理性。如《乐陶记忆》，专讲制陶，兼及瓷器；《铜铁时代》，从青铜讲到铁器；《布衣锦绣》，介绍纺织文明，等等。而第一章《姓氏百工》又具有挈领全书的功能，使全书具有一种先总后分的结构之美。具体到每一章节，则大体又循着时间线索，力图完整呈现一门技术前后发展的活的脉络。但每章字数篇幅，长短并不一致，这是由内容所决定的。如《铜铁时代》，包含着从青铜到铁器两个时代的内容，所以"内存"就大些。再如《布衣锦绣》，也包含了从葛麻、丝绸到棉布的并行和发展，还有黄道婆这个重量级人物的单篇故事，篇幅也略长一些。这种参差而不是划一的安排，实际上也是一种"匠心"。笔者翻阅宋应星的《天工开物》，见其结构固然整饬分明，但根据不同内容，各章篇幅也有长有短。如《乃服》（第六）就长，而《曲蘖》（十七）则短。

但本书又是讲古代工匠的功绩和故事的，所以又不同于一般科技史的叙述，即必须写人，必须见技更见人，所以笔者格外注意让工匠们都留下姓名、事迹和性格，不管是传说中的人物如炎黄二帝，一半真实一半传说的人物如鲁班，还是那些真实伟大的人物如李冰、蔡伦，或者那些仅仅电光一现的姓名，甚至于一些无名氏，笔者都倾注真情敬仰，穷尽典籍线索，为他们绘影图形，还原他们的功绩和情怀。所以在关于技术的流水描述中，往往放慢节奏迂回环绕，留下一个照出人影的湖泊，或是聚起一处高起来的波澜，见证工匠们真实鲜活的存在。笔者一直认为，不管是传说中的，还是实有的人物，都是一种真实存在；那传说中的，或人物本身都是传说中的，或人物真实而事迹是传说的，也都是一种变相的真实，见证我们绵延五千年的华夏文明代代都有工匠大师在砌筑着我们科技文明的进步和骄傲，并为我们今天提供着取之不尽的传承资源，给了我们实现中华民族伟大复兴、昂首阔步走向世界舞台中央的精神底气和文化自信。

但笔者也深感学力有限，时间紧迫，未能更加切磋琢磨、精益求精，以一流的匠心，传述一流的工匠故事。另外，限于一本书的容量，还有许多数一数二的古代科技精英（如张衡、祖冲之等），还有许多科技门类（比如"四大发明"当中指南针和火药的发明、比如造船），都没有述及。如还有机会，定当补此缺憾！

2021年3月30日

第一章 姓氏百工

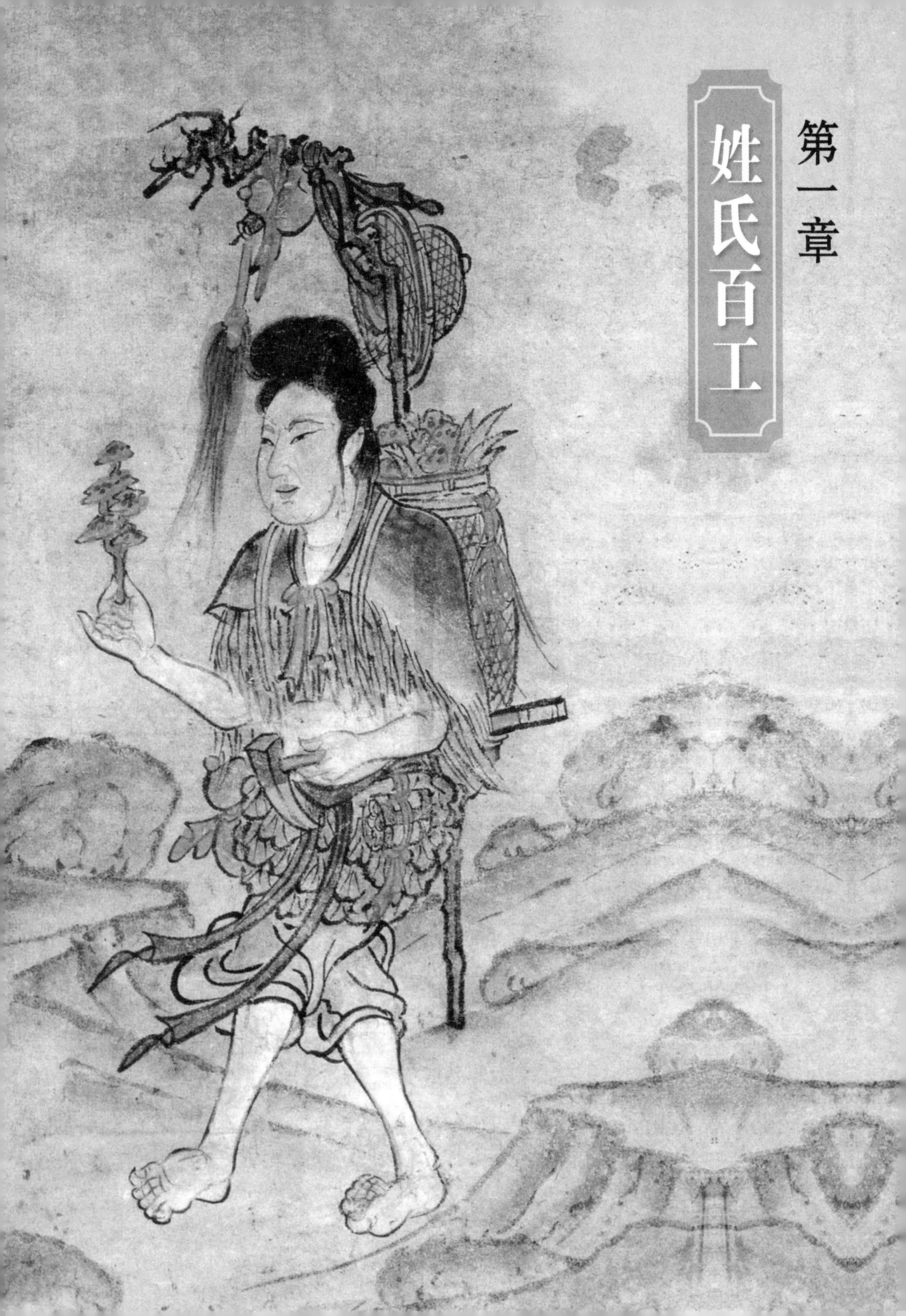

炎黄二祖都是发明家

如何讲述中国古代工匠的故事？我们打算就从"炎黄"开篇。

不管是赵钱孙李，还是周吴郑王，咱们中国老百姓，都爱自称炎黄子孙，一说起来，就自信满满。关于我们伟大的炎黄二祖的丰功伟绩和故事传说，几天几夜都说不完，并且不知从何说起。

我翻翻我女儿正在读的少儿通俗历史读本《上下五千年》，第一章讲盘古开天地，第二章就是"炎帝和黄帝的传说"。我小时候也读过《上下五千年》(可能是老版)，对黄帝大战蚩尤的故事留有深刻印象，书中还有精彩的插图。我们小时候看书，就爱看打仗；那时候的历史书，也专爱写打仗。黄帝战蚩尤，蚩尤被杀，那是涿鹿之战；黄帝还大战了炎帝，炎帝落败，那是阪泉之战。经此两战，黄帝就成了中华共主，司马迁的《史记》就从《黄帝本纪》开篇了。对，我们很多人讲述炎黄二帝的故事，都以这两场战争为重点。

我试着问我女儿，对《上下五千年》中的炎帝和黄帝，什么事迹印象最深？女儿回答："尝百草啊，还有发明了很多东西。"得，我认为我女儿实在比我小时候的认识水平要高。

如何说炎黄？就从我女儿的回答说起。

炎帝有八大发明功绩

先说炎帝。

炎帝又称神农(或神农氏)，"神农"之称比"炎帝"的知名度要大得多。炎帝是中国农业的发明者，硬是从百草中区别出可以吃的五谷种类；他的另

神农采药

一项广为人知的功绩就是鉴定出哪些草可以作为药来治病,他也就成了中国医药的发明者。这两样功绩,都是他遍尝百草的结果。

神农尝百草知草药的书面传说,首出《淮南子·修务训》:"神农……尝百草之滋味……一日而遇七十毒。"他以随时准备献身的精神从事这项救命事业,终于成为医药专家。湖北神农架就因神农尝百草而得名。成书于东汉时期的我国第一部医药学专著《神农本草经》,也正是专为纪念神农的贡献而这样取名的。

神农与农业有什么关系呢?综合各种典籍亦实亦神的记载,神农生而牛首人身,三岁便知稼穑;某一年,天雨粟,他便耕而种之,也教民耕种;因为耕种,他还革新了农作方式,发明了新式翻土农具耒耜,以及用于开荒锄草的锄耨(nòu),于是变刀耕火种为深耕易耨,于是粮食增产,土地面积还扩大了。

耒耜相当于现在的铁锹(锹),"耒"字是把柄的象形,"耜"则是入土的主体部分,当后人在耒耜的基础上又发明了犁后,"耜"就相当于犁铧部分。"耒"成了一切表意农耕的文字的偏旁,耒耜实在是农具之母、农业之LOGO。湖南南部有耒阳市,因境内有河名耒水而得名,相传炎帝就是在这条河的岸边发明了耒耜,故河有此名。耒水岸边还有耒山,也是后人为纪念炎帝神农而这样叫的。

至于锄耨,则是指锄和耨这两种农具。锄是松土和除草用的农具,耨则是单用于除草的农具。

神农的活动范围很大。今天在耒阳发明了耒耜,明天又在神农架采草药,后天脚一迈,又回到了他在湖北随县的老家。

神农教民耕作

神农又号烈山氏(或厉山氏、列山氏;烈、列、厉同音通用)。"烈山"就是放火烧山的意思。放火烧山,也是为了垦荒,即所谓"火种"。湖北随县有厉山镇,就是炎帝神农故里了,当地修建了占地171.3公顷的炎帝神农故里风景区。2017年夏天休年假回湖北,我先到神农架的神农顶看了看神农塑像,又到随县看神农故里。那是把一座山都辟为以寻根谒祖为主题的景区了。进入,上山,见沿路石碑都刻着神农的功绩。山顶的谒祖广场,竖有8根高9.9米、直径1.27米的优质花岗岩石柱,其上都雕刻着神农的功绩画面。8根石柱,自然是八大功绩。分别是:

始作耒耜,教民耕种

遍尝百草,发明医药

建屋造房,台榭而居

织麻为布,制作衣裳

作陶为器,冶制斤斧

日中为市,首辟市场

弦木为弧,剡木为矢

削桐为琴,练丝为弦

原来神农的发明创造有这么多,真是发明狂。工具类,除了耒耜,他还发明了斧子,相对于耒耜,这可真正是"工具"了;器具类,则有陶器,解决贮藏问题,为农业留下种子和收获;生活类,则有房屋和衣裳,使人类告别类猿的生存;他还发明了弓矢这种先进的狩猎工具——对,这是打猎用的,而不是打仗的武器;为了使人民劳逸结合,神农还研制出了琴这种乐器,这真是令人耳目一新的发明;而最有意思的是,供大家交易的市场也是他首倡的。

我查了查,以上八大功绩分别出自10部典籍的记载。比如"始作耒耜"和"日中为市"就出自《周易·系辞下》。《系辞》是这样描述"日中为市"的:

> 日中为市,致天下之民,聚天下之货,交易而退,各得其所。

我又查了查书和地图,发现炎帝故里远不止湖北随县一处,还有陕西宝鸡、河南柘城、山西高平、湖南炎陵县以及会同县,一共6处。看来他是经常搬家的,或者说,南北东西各处的人民都需要他去指导生产和启迪发明。

黄帝和炎帝的发明竞赛

和炎帝一样,黄帝也是发明狂。虽然黄帝堪称史上第一个军事家,但我现在说黄帝,重点是其制作和发明创造。

据柏杨先生在《中国人史纲》中的统计,属于黄帝的发明也有8项:一、房屋;二、衣裳;三、车船;四、兵器(弓矢);五、阵法;六、音乐(发明了包括琴在内的很多种乐器);七、器具(陶器);八、井田。

《历代古人像赞》所载黄帝像。明弘治十一年(1498年)刊刻的《历代古人像赞》是我国现今所见刊刻时间最早的版画人物肖像集

以上8项中的房屋、衣裳等5项都和炎帝的发明重复。这不奇怪,从时间上看,黄帝时代在炎帝时代之后,当能把属于炎帝时代草创的发明进一步完善。这是传承中的创新。车船也是黄帝的发明。他发明的车还很简陋,车轮还是实心的。他发明的船应该只是那种原始的独木舟。虽然原始,虽然简陋,却一点也不影响我们给予其伟大的评价。《周易·系辞》的作者(相传是孔子)就高度评价黄帝发明船的意义:

> 刳木为舟,剡木为楫,舟楫之利,以济不通,致远以利天下。

以上评价兼及制作方法,除了将一根木头挖空推到水里外,还要削根树枝作为楫,这才有船之利用和利益。《周易》的作者还说,发明者是取法《周易》中的涣卦而发明了船的,因为涣卦卦爻组合是上风下水,亦喻木行水上,涣涣其畅。《周易·系辞下》大举发明创造,并称都是圣人们根据某卦卦象发明某物。又如炎帝之发明市场,"盖取诸噬嗑",因为噬嗑卦象看起来就像口中咬着食物,正像空地上摆着货物;同理,炎帝发明耒耜,则受了益卦的启发。这样说,真是有点"八卦"的,因为很明显,是先有具体的发明,然后才有卦爻的抽象。

音乐方面,黄帝不仅发明了各类乐器,还发明了乐律。

与神农比较,黄帝发明的弓矢就是兵器了,其威力也比神农专供打猎的弓矢要厉害得多。黄帝还发明了阵法,这是关于战争本身的技术,即战术。而在这里我更感兴趣的是,因为战争的驱动,传说黄帝还发明了指南车,凭此才在大雾弥漫中打败了蚩尤。此外他还发明了战鼓。

黄帝发明井田则是物质而兼制度的创造。此类创造自然只有到了黄帝的"新时期"才有可能。

即使应由神农独享的农业专利权,司马迁也记载称:"(黄帝)治五气,艺五种",这应该是在神农的农业基础上进一步改良和扩大了种植对象吧。黄帝仿佛处处要和炎帝竞赛似的,对于炎帝在医药方面的独创,黄帝也不甘示弱,也钻研治病救人的技术,并以医胜之,所以,约成书于西汉时期的我国最早的医书就名之为《黄帝内经》了。

黄帝不是一个人在发明。他的时代,几乎人人都是发明狂。那些千古流传的发明家,都是黄帝的臣子或他身边的人。

他身边的人,最亲的是他的正妃嫘祖。大家不陌生,正是嫘祖发明了养蚕、缫丝,并用蚕丝织出了衣裳。自家人好说话,发明衣裳就也被认为是黄帝的功绩。

嫘祖之外,黄帝的臣子尹寿发明了铜镜。这是黄帝时中国已进入青铜时代的明证。镜子不是小玩意,这是人类认识自我的开始。古希腊德尔菲神庙门楣上镌刻着"认识你自己"的神谕。咋认识呢？得先有镜子不是？任何物质发明也都有其精神的一面，并推动人类精神的跃升。

嫘祖之外，还有仓颉，他发明了文字。他发明文字后，像神农之时一样，天亦"雨粟"了，这是庆贺；也说明，文字的发明是建立于农业开始发达的基础上。但仓颉发明文字后却又伴随着"鬼"的"夜哭"，因为文字是理性的产物，文字一开始其记录功能，鬼就忽悠不住人了。仓颉之外，还有隶首发明算术，容成发明历法，大挠发明甲子等，都是伟大的非物质类科学发明。

黄帝的故里在今河南新郑，但也"迁徙往来无常处"，崩，葬桥山，即今陕西黄陵。

他们都因发明而成"帝"

综合种种亦神亦实的记载，再根据历史学家和神话学家的研究，炎帝和黄帝是中华民族早期时间上有先后的两个部落首领，炎帝在西，后来又发展到南；黄帝在东，后来统一了两个部落。炎黄二帝，并称中华民族人文初祖。在此我还要特别强调一点，他们也都是中华技术之祖。

而蚩尤也是不可忽视的。蚩尤居北，是又一个部落的首领。在我们的历史描述中，为了突出黄帝的正统性，就把蚩尤给妖魔化了。其实蚩尤也是中华民族的人文始祖之一，还特别被苗族崇为远祖。蚩尤也有伟大的发明，那就是发明了当时最先进的铜制兵器，所以黄帝战蚩尤，刚开始是屡战屡败。蚩尤与铜兵器的渊源，说明青铜冶炼技术最初是由蚩尤部落学会。相传蚩尤还有一项叫人意想不到的发明，那就是牛耕。

炎帝、黄帝和蚩尤，都是发明家。三人相比，炎帝最可亲。他生而牛首，说明他的部落是以牛为图腾的。炎帝部落很可能派人到蚩尤部落学习了牛耕技术，牛后来就成为中华农耕的主力了。炎帝可亲，不事战伐，唯务民生发明。从湖北神农架到随县，我看到炎帝神农的塑像，都突出了其慈和可亲的神态。

最后需要说明，关于远古的发明，应该是人民都有贡献，正如北宋科学家沈括所说:"至于技巧器械、大小尺寸、黑黄苍赤,岂能尽出于圣人。百工、群有司、市井、田野之人莫不有预焉。"(《长兴集·上欧阳参政书》)。此说信然,但无疑如炎、黄等更聪明的"圣人"起到了关键作用,并且确有更重要的发明直接出自他们之手。他们必须带头做工,且须是能工巧匠,有创造发明,方得成为领导。《鲁滨孙漂流记》的作者笛福说,人的始祖就是做工的,信然。因发明成为领导,成为领导之后,更需领导发明,于是乎发明进入新时期。

弓箭高科技和"弓长张"起源

西汉刘向所撰《列女传》(卷六)讲了一个"晋弓工妻"的故事：

话说晋平公(公元前557—前532年在位)曾派一位造弓工匠制弓,工匠费时三年才成,平公引弓而射,连一层铠甲也没有穿透。平公怒,要杀那位"弓人"或"弓工"。弓人妻"繁人之女"挺身而出谒见平公,为丈夫鸣冤说："我丈夫无辜。他为制造此弓,已经付出巨大劳动。此弓之干采自泰山之阿,每日三次露于阴,三次曝于阳;再傅以燕地之牛角,缠的是楚地麋鹿之筋,糊以河鱼之胶。这四样材料都选的是天下最好的,而国君不能射穿甲一层,这是射术有问题。是国君射术的问题,却要杀我丈夫,不是太荒谬了吗？我听说射箭正确的方法,左手外拒,如推开石头,右手如附着树枝,不敢稍纵;右手发箭,左手不知,要这样心念专一。"平公按照弓工妻说的去射,果然一箭穿透七层铠甲,因又喜又愧,立马放了弓工,并赐金三镒(古代重量单位,一镒合二十两,一说二十四两)。

以上故事所描述的射技,显然无比正确,从童年到少年,我们都熟悉很多神箭手的故事,如后羿射日、养由基百步穿杨、射雕英雄等,敢情都是这么射的。而以上故事所

射箭图(采自张存浩、陈竺主编:《彩图科技科全书》第五卷,上海科学技术出版社,上海科技教育出版社,2005年)

描述的造弓之技之材之时,也是真实的,一点都没有夸张。

以上故事还告诉我们,神箭手之所以神,除了其自身射技过人外,还必须有弓人为其制作精良的弓。

我们有必要打开一本名叫《考工记》的典籍。

弓有六材,巧者和之

《考工记》问世于春秋战国时期,是我国最早也是领先于世界的手工艺专著。《考工记》中有"弓人为弓"专篇,详细总结了我国春秋战国时期的制弓技术。

首先,弓有六材。"取六材必以其时,六材既聚,巧者和之。"又曰:"材美、工巧,为之时,谓之参均。"时,适时、当令,六材都在其品质最好的时期采取聚来,然后,能工巧匠就将它们"和"成器材。此用一"和"字形容制造的过程和结果,真是绝妙;一个"和"包含着卓越的手艺、优良的性能和透彻的技术哲学。

那么是哪六材呢?

分别是干、角、筋、胶、丝、漆。

干,即制作弓干的木材,以柘木为最上,檍木次之,我们最先想起的竹子则为最下。干是弓的主体材料,干材的好次,于弓的优劣起决定性作用。晋平公的弓人选泰山木作弓材,可见同样的名木,还有产地的要求,像中草药中的地道药材一样。

我们通常以为弓只是以木条弯成再绑上弦就成了,这是很朴实的认识。最早的单体弓的确是这样。但单体弓弹力弱,为了加强其弹力,先民们很快就发明了加强弓,亦称复合弓,即一把弓由不同的材料组装黏合而成。所以就要用到角,即牛角。必须是秋天宰杀的、健康的壮年牛,其角才最好、最"牛":眼观角根色白,中段色青,角尖丰满,长二尺有五寸(约80厘米)。合乎这样标准的牛角,其价值与一头牛相等,此谓之"牛戴牛"(牛戴牛,真是神句！）。晋平公的弓人还非燕地之牛不选。制弓时，将角削成薄片，嵌入弓臂中段内侧。以牛角的坚韧加强弓的弹力。所以古人诗中常有"角弓"一词，如上初中时学过的王维诗句："风劲角弓鸣，将军猎渭城。"（《观猎》）"角弓"就是强弓的代名词。更有意思的是，"强"这个字，带着一个"弓"字边，其原意就是形容"弓有力"！上小学时还学过一句杜甫的诗："挽弓当挽强，用箭当用长。"（《前出塞》）写到这儿，你也就更能理解我们在公文写作时常用的"加强"一词是什么意思了吧？就是给木的弓臂加上更有弹力的牛角片呢。

还有一种增强弓臂弹力的方法是再用动物的筋贴傅于弓臂的外侧。干、角、筋，这就是三层叠合了。必须是行动剽疾的动物之筋，才可保证箭射出去也剽疾深入。汉李广将军竟能把箭射到石头里，弓上就是用了这样的筋吧。这样的筋小者成条而长，大者圆匀润泽。晋平公的弓人所选的是麋鹿之筋而且一定要是楚国的云梦大泽所产。

胶，也是动物胶，用以黏合干材和角筋。《考工记》介绍了6种胶：鹿胶、马胶、牛胶、鼠胶、鱼胶、犀胶。后世弓匠一般都以鱼胶（鱼鳔）为最好，常用之黏合最重要的部位。现今工艺弓的制作者熬制的也是鱼鳔胶。

还有丝，将傅角被筋的弓臂紧紧缠绕加固。

魏晋骑射图画像砖

还有漆，一以"受霜露"；二亦美外观。如有"彤弓"，就是朱漆弓，是天子专赐有功诸侯或大臣使专征伐的。

以上六材，都必以时采取并以时加工。冬天剖析弓干，木理才平滑细密；春天浸治角材，才得浸润和柔；待到秋天，才用丝、胶、漆三种辅材合拢干、角、筋三种主材，才得坚密；寒冬至，才定弓体，即把弓体置于弓檠之内，定其外挠内向之形。这道工序在寒冬进行，因为热胀冷缩原理，弓才不会走形，弓力才不衰减。到了再一年的春天，才安装弓弦。再等一年，弓才可以使用。以上工序按季节进行，都是为了保证弓力不受寒暑燥湿变化的影响。

以上大工序再加上小工序，制作一把弓头尾需要三年时间。晋平公的弓人"三年乃成"，一点都没有夸张。据艺术史家谭旦冏（1906—1996）所著《成都弓箭制作调查报告》，1949年前，成都曾有长兴弓铺，制作一把弓甚至需要跨越四年。

"弓人为弓"，《考工记》用了很长的篇幅公开了从备材到制弓的全过程，都是"秘不外传"性质的核心技术。

关于弓，我们还必须明白一个关键点，即它们都是双曲反弯的。通俗地说，弓的两头向外弯转；当解弦驰弓时，因为角筋的加强作用，弓臂就大幅度向外弯转。可想而知，把向外弯的弧拉成向内弯的弧，其弹力是多么大。中医有"角弓反张"的病症，即头和下肢向后弯，躯干却向前弓，正像一把角弓的样子。

关于箭矢的空气动力学记载

弓不离箭，无箭不成弓。箭又称矢（有称以竹为箭，以木为矢）。箭头为镞，其材料经历了由石到铜再到铁的过程。箭头装入箭杆的部分，谓之铤。箭杆末端扣弦的开叉叫做括。

《考工记》也记载了"矢人为矢"。看来简简单单一支箭，其制作却也有着出人意料的复杂精细。箭杆前部三分之一处向前逐渐削细，直到与镞径相齐。镞长一寸，周长也一寸，铤则长一尺，合重三垸（huán，古代重量单位，具体数值待考）。箭根据用途可分8种，每一种的制作都还有细处的不一样。如用于守城、利于火射的兵矢和用于田猎的田矢，箭杆前部的五分之二（应含箭头在内）与后部的五分之三轻重相等。余不一一。

"平明寻白羽，没在石棱中。"唐代诗人卢纶用这样的诗句描绘李广那次把石头错认为老虎的射猎，"白羽"就是箭羽，用以指代箭。通过读图，我们一定自小就对近于箭杆尾部的箭羽印象深刻。箭羽是箭杆上的平稳装置，专业地说，是负反馈控制设置，在空中运行，箭羽产生的空气阻力可以自动矫正箭镞的偏转，是箭矢命中目标的保证。

《考工记》记载，要在箭杆后部的五分之一处装设箭羽，羽毛进入箭杆的深度与箭杆的半径相等。将箭杆浮于水面，识别上阴、下阳；垂直平分阴、阳面，设置箭括；再平分箭括，设置箭羽（网上视频显示，在箭杆开槽，粘上箭羽，综合此处记载，可知是在箭括的平分处划线开槽）；箭羽的长度是箭镞的三倍，"则虽有疾风，亦弗之能惮矣"。又记，箭羽大少应适中，若箭羽过大，箭行迟缓；若箭羽过少或零落不齐，箭在飞行时就容易偏斜。

闻人军先生说，《考工记》有关弓矢的记载，开了人类认知空气动力学的先河，要早于古希腊亚里士多德在《物理学》和《论天》相关著作中的记录（《考工记导读》，巴蜀书社，1996年）。关于"箭羽"的文字便是明证。而与箭杆有关的空气动力学知识更体现出细致到微妙的观察。

《考工记》记载箭杆的选材称，要挑那天生浑圆、质地坚密、节间长、色如栗的杆材，若不如此，就会使箭杆或前弱，或后弱，或中弱，或中强，"前弱则俯（箭行轨道较正常为低），后弱则翔（箭行轨道较正常为高），中弱则纡（箭行偏侧纡曲），中强则扬（箭将倾斜而出）"，如此都将难以达到目的。闻人军说：

近代西方为了研究射箭术的方便，引进了一个所谓（箭杆）"桡度"（spine）的概念，《考工记》中箭杆的强弱，实质上也是指spine而言。箭杆的spine与弓的配合十分重要，配合得当的话，箭矢的飞行轨道才正常；假如配合不当，将出现种种异常的飞行轨道。这是因为拉满弓弦时，箭杆必然在弓

西汉名将李广冥山射虎图。出自清末民初画家马骀所作《马骀画宝》

弦的压力下产生不同程度的弯曲变形;撒放后,由于箭杆的弹性作用,箭杆将反复拱曲,蛇行地前进。现代利用高速摄影术已经证实了这种蛇行现象。用spine理论可以完满地解释箭杆前弱、后弱、中弱、中强引起的四种不良现象。

我们古代的弓矢匠人仅用肉眼就看透了蕴含在箭杆中的奥秘,这么高超的科技水平,是以做到极致的制作态度和水平为基础的,也是"矢志不渝"献身于一行的智慧结晶。

张挥!认识吗?

弓箭发明于旧石器时代晚期,世界各地都有出土实物证明。恩格斯说:"弓箭对于蒙昧时代,正如铁剑对于野蛮时代和火器对于文明时代一样,乃是决定性的武器。"

如前文所述,在我国,炎黄二帝都曾被认为发明了弓箭(也有说是后羿,但我们宁愿接受他是最会使用弓箭的射箭师),但正如沈括所说,发明创造"岂能尽出于圣人",炎帝和黄帝作为部落领袖,有些发明创造是不可能亲力亲为的,"主抓"则有可能。另外,在炎帝时代,则必定已经诞生了主要用于狩猎的原始单体弓箭。黄帝时代发明了先进的复合弓,而其实际上的发明者,则是一个名叫挥的能人。

据先秦《世本》、唐朝的《元和姓纂》和宋代欧阳修《新唐书·宰相世系表》记载,挥是黄帝的亲孙子,是五帝之一少昊的第五个儿子,他受天上弧星的组合启发发明了弓箭,大增了狩猎的效率,还能致命地射杀来犯之敌。这可是功绩啊,颛顼帝(五帝之一,继兄少昊为帝)就封他为弓正——专管制造弓和箭的工官,又称"弓长",世袭此职,又合"弓""长"二字,赐姓为"张",封地清河。

这样,弓箭的发明者挥就姓张名挥,并且成为百家姓中张姓的得姓始祖,其封地清河在今河南濮阳一带。濮阳也就成了大部分张姓人共同认定的祖根。

"请问贵姓?"

"免贵,姓张,弓长(cháng)张。"

然而这发音却可能是错的,根据以上说明的张姓来源,似乎应念成"弓长(zhǎng)张"才是。

张姓在宋版《百家姓》中排第24位。但进入当代,从人口数量上看,张姓已经是居第三名的大姓,据第六次全国人口普查(2010年11月1日零时),张姓占全中国汉族人口的7.07%(即84 800 000人),仅次于王姓的7.41%。现在据称又超过王姓跃居第二,仅次于李姓,人口更近于1亿了。如果算上全世界华人中的张姓人口,则定然已经超过1亿。

这么多人都是一位工匠的后世子孙,这说明了什么?这或可说明,工匠的创造力是巨大的,不仅创造了工具和器物,且因其工具和器物的巨大功用,使人类自身也得到创造再创造,繁衍为大族。

弓箭作为开疆拓土、保家卫国的兵器,一直在冷兵器时代和冷、热兵器时代占大众和主流的地位,紧张和纵贯中国历史达四五千年之久,成就了汉唐盛世,成就了多少英雄;弓马骑射当中,一个大清国又跃跃上场,推出帝制时代最后的辉煌……直到鸦片战争,才在西方的坚船利炮中悄然落幕,但伴随着弓箭制造而怒张的强国强种之梦却一直没有弛息。今天,我们的运载火箭频频升空,其实其中仍然有着从木制弓箭时代源源传递而来的动力。

所以说,数以亿计的华人以"弓长张"为姓,是都有着自豪感的。

干一行,姓一行

中华姓氏的来源有多种,有以部落的诞生地为姓的,有以国为姓的,有以祖先的爵位、封地、谥号、官名、职业甚至名字为姓的。如孔子所以姓孔,因其六世祖字"孔父"。我发现广东开平多有复姓"司徒"的,毫无疑问,其遥远的先祖曾做着司徒的大官。司徒之官,负责管理民众、土地及教化等,位当宰相,光荣极了。我们中国人,大都会从自己的姓氏世系中追踪出一个帝王将相级的显要人物作为始祖,甚至作为得姓始祖,这种心理虽屡经雷打而仍持续不歇,消极地看,是官本位思想的根深蒂固;积极地看,其实是民族自豪感的一部分。

因官名而成姓,作为少数姓氏的司徒是显例。还有曾与司徒并称"三公"的司马(掌管军事)、司空(掌管工程),都成为了姓。以职业为姓的,大姓张姓可算是一个显例。

祖先是工匠也颇令我们自豪

如上所述,张姓的得姓始祖被认为是弓匠张挥,不是什么朝中大官,只是一个小小的工职,更准确地说,首先是一名工匠。但我们发现,许多张姓朋友讲起这位始祖来,也是自豪感满满的。这又说明了什么?

这说明,我们一方面有一种轻视工匠、鄙视百工的"封建思想";另一方面,在儒家的叙述中,却也不时闪现出一种弘扬工匠精神并将发明创造者也归入圣人系列的宝贵传统,这是很值得我们研究的。如《考工记》就大张旗鼓地称:

烁金以为刃，凝土以为器，作车以行陆，作舟以行水，此皆圣人之所作也。

严格地说，《考工记》不是一个"单行本"，它是收载在儒家正宗典籍《周礼》中，作为其中的一章而存在的。

英国科学技术史专家李约瑟（1900—1995）也发现："中国古典作品格外重视记载古代发明家和革新家，并赋予他们相当的荣誉，这一点其他文明的古典著作无一可以与之相媲美；或许再也找不出其他民族的文化中像中国这样，直到这么晚的历史时期还醉心于把普通人奉为神明。"（《中国古代科学》，中华书局，2017年）

不仅沈括保守地说过，我们从小更被相关读物一再告知，发明创造，都是劳动人民勤劳和智慧的结晶，并不是出自什么圣人之手。其实呢，上述《考工记》引文中所谓的圣人，以及其他典籍中相关的表述，也都是对李约瑟所说的普通人的加冕。而且，也诚如李约瑟所说，我们不仅奉发明家为"圣"而已，在我们的"多神崇拜"中，更是有许多发明家、许多能工巧匠也都成了"神"（行业保护神）的，如造车的奚仲、发明了锯子等工具的鲁班、纺织技术革新家黄道婆等，都与孔子、佛、玉皇一样歆享着香火。

所以，说起我们的祖先，我们一方面以矗在那儿的帝王将相为荣耀；另一方面也颇以能工巧匠的形象和故事作为自豪的资本。

以段姓为例看以职业为姓

以职业为姓的，《考工记》中多所记载。《考工记》将从事金属冶炼和制器的工人称为"攻金之工"，其中又细分许多小行当，每个行当又归不同的人管：

攻金之工：筑氏执下齐（齐：通"剂"。以铜、锡等金属冶铸的青铜铸器，含锡多者为下齐，反之为上齐），冶氏执上齐，凫氏为声（乐器），栗氏为量（量器），段氏为镈（bó）器（泛指金属农具），桃氏为刃（剑等兵器）。

以上筑、冶、凫、栗、段、桃都是工职，都成姓氏，只不过除了"栗"和"段"，其他筑、冶、匊、桃等姓氏，在今天似已很难见到。

我太太恰好姓段，这里就重点说一下段姓。

东汉许慎《说文解字》解"段"字为："椎物也。"即锤击、锤炼的意思。段是象形字，左边部分像山石或山崖的形状，右边的"殳"（shū）指古代的一种撞击兵器，会意以手锤击的动作。由此可知，段字与开采石料、打磨石器有关，可命名石器时代与石头有关的劳动加工技术。

在石器时代是"段"，到了青铜时代和铁器时代就加了金字旁成为"锻"，并在铁器时代成为一种核心的技术动作，因之组成"锻打""锻造"等双音动词，还有"打铁"这样更具民间性的命名。这种"锻打"必须在有火的条件下，所以又称"锻炼"（这个词大大地精神化并身体化了，如通常所谓的"锻炼身体"）。从"段"到"锻"，动作基本没变，但动作的力度、难度大大提高，因为动作的对象已经是远远结实于石头并具有可塑性的金属了。

从"锻"再回到"段"。毕竟"段"字是更古老的，是"字母"，所以应再给它一点篇幅。

我想起我们乡村的锻磨匠。加工粮食的石磨据传也是鲁班发明的，是经石器时代的技术积累创制的工具，直到20世纪80年代还在我老家转动使用。磨用得久了，齿槽被磨得平钝，就要请锻磨匠来做修复之"锻"。锻磨匠是石匠行当中的一个小行当。我家的磨需要锻时，就请山那边的锻磨匠陶家姑父——对于父母是姑父，对于我辈就是"陶家姑爷"。陶家姑爷来了，一个光头的、面目慈祥的老农，带着小铁锤和铁錾子。磨下开，他踞坐在那里，左手扶錾，右手击锤，笃、笃、笃，对着一道一道磨齿，一下一下、不轻不重地锻着。不见其人，也能听到那笃笃的声音传过来。专注、持久、耐心。上下磨齿又恢复了那种宜于磨面的快利。

晚上啄木鸟啄树的声音居然也像锻磨的声音那样清越可传，我们因此把啄木鸟也称为锻磨匠。

我小时候曾经幼稚地想，磨是石头做的，为什么锻磨的"锻"字要带个金字旁？为什么不是一个石字旁的"碫"呢？那时还不知道，字典里真有"碫"

字,其意却是供锻打用的石砧,也指磨刀石,是名词,而作为动词,却有着磨砺的意思。那时也不知道,姓段的"段"字,前身也是动词,而且天然就含有石头的元素,写成"段磨",严格地说也不能算错别字,但已有后起的锻字与之通用,所以虽是石头,也无妨"锻"之,并且成为唯一合规的用法。

"段氏为镈器",《考工记》中出现的"段"字,却是对段字原初象形的还原,以之作为姓氏,这也是作为"字母"之字的得其所哉。段氏是专门从事锻造和管理锻造的工匠。那是官家作坊,可能是一位锻造技术特别高超的,官家就提拔他管理这一行,并且负责传帮带,从他开始,大家就叫他段氏了。他的儿子孙子,也就姓了段,并仍然从事这一行。镈器泛指一切金属农具,特指铁质农具。制造这种农具主要靠锻打。民间所谓打铁的,曾经打的也主要是锨锄镰刀之类的农具。因锻姓段,这是段姓的重要起源或起源之一。

当今中华段姓人,论起根脉,多喜欢神采奕奕地提及与宋朝平行存世的云南大理国的国姓,更具体喜欢提到那位因金庸而名气飙升的段誉,好像一下子都成了皇帝的后代。这无可厚非。但《考工记》中所记载的"锻造段氏",肯定是源头的源头,恐怕连段誉皇帝都要追踪到这里头。

广州有位叫段安春的公交车司机,是个劳动模范,河南籍,素与我交厚。我曾问他知否段姓起源,他却并不提大理国,只说:"我们祖上是打铁的!"说得我连点三赞。

段姓的存在,见证了从石器时代到铁器时代的劳动技术,所以作为锻造工人的段家人对中华文明的贡献,要比大理的段家皇帝大得多。

周灭殷商后,周公辅政,封土建国,封周公之子伯禽于鲁国(今山东西部,孔子的祖国),并分给他"殷民六族,条氏、徐氏、萧氏、索氏、长勺氏、尾勺氏",使他们帮助伯禽建国立业。封武王的弟弟康叔于卫国(今河南、河北、山东交界一带),并分他"殷民七族,陶氏、施氏、繁氏、锜(qí)氏、樊氏、饥氏、终葵氏",使他们帮助康叔建国立业。此事载于《左传·定公四年》。"殷民六族"中,索氏、长勺氏、尾勺氏,都是工人并以职业为姓的。索者绳也,索氏是制绳工人;长勺氏、尾勺氏则都是酒器工,专门制造舀酒的勺子的。酒勺而有长、尾,分工很细致,而姓氏也随之细分出来,很有意思。我们知道齐鲁后来发生了著名的长勺之战(亦即曹刿论战之地),这长勺即因曾是长勺氏的聚居地而得名。"殷民七族"中,除饥氏外,其他六族都是手工业者,陶氏,自然是陶工;施氏,做旗子的;繁氏,马缨工;锜氏,则是凿工,"锜",古代的一种凿木工具;樊氏,篱笆工;终葵氏,则是制椎的工人。除锜氏、终葵氏外,其他四种姓氏今天还都活跃在我的微信朋友圈中。而属于老卫国之地的河南淇县,听说至今还聚有葵姓,即从终葵氏简化而来。

由职业演变而成的姓氏起码还有:屠(屠宰)、蒲(编织)、庖(厨师)、韦(制皮)、钟(制钟)、车(制车)、凌(制冰),等等;还有卜、巫、祝等,乃以占卜、祭祀、祈祷而得姓,在古代,这可是一类神秘而高尚的职业。

因职业而得姓,以赵姓为例

以上以职业为姓的例子,都是显性的,即做什么姓什么,干一行姓一行。但也有半显性的,如弓长张,要合二字为一姓。还有一种,虽未以工职为姓,但追溯上去,却也会追出一位从事发明创造的工匠,或专于一行的专家来,并且是不同姓氏共一个祖先的。

如薛姓,其得姓始祖可以追到夏禹时代车的发明者奚仲(后文将讲述奚仲的故事),他因造车之功被封到薛,后人因此以其封邑为姓。奚仲本任姓(注意,姓和氏在远古是有分别的,姓是更早更大的来源,是指以女子为传承中心的氏族;氏是后起的,指以男子为传承中心的宗族。本文统称为现代口语意义上的"姓",实即"氏",或统称"姓氏"),所以任姓人寻根追源,也可以追到奚仲那里。奚仲职封车正,当然又是车姓人的远祖。

又以宋代首姓赵姓为例。宋代的皇帝姓赵,但皇帝也有祖先。赵姓皇帝的远祖并不"显赫",但也"神圣",他是一位驾车的高手,名叫造父,生当周穆王(公元前976—前922年在位)时期。

祖先又有祖先。造父,嬴姓,其祖先是伯益,大禹时代的治水专家、农技专家和畜牧专家。据《史记·秦本纪》记载，伯益善于"调驯鸟兽"，并为舜"主畜，畜多息"，遂直接因此而被赐姓嬴。造父为伯益的9世孙。伯益所调驯的"鸟兽"和所"主"之"畜"，自然也应包括马。造父之成为驾车高手，有基因联系。

据《史记·赵世家》记载："穆王使造父御，西巡狩，见西王母，乐之忘归。而徐偃王反，穆王日驰千里马，攻徐偃王，大破之。乃赐造父以赵城，由此为赵氏。"此记载半神半实。神者，人间的国王竟能幽会神话中的女神，这需要怎样的穿越秒速啊！实者，穆王的车速的确很快，因为马好，更因为有造父这样一位懂马善驭的高手为他驾车，此其一；其二，造父因为高超的驾车技术在一次平乱中为国家争取了时间，因此功被封到赵城（据称在今山西洪洞县赵城镇），"由此为赵氏"，造父就成为赵姓的得姓始祖。赵姓表面上是以封邑为姓，但看其源头的源头，却也因杠杠的劳动技术而有了"人称"。

这位造父就是赵城的赵氏，战国七雄之一赵国的创建者是其后世，而且连秦始皇也是其另一支后世。也就是说，秦始皇也姓赵，更严格地说是嬴姓，赵氏。那是造父发迹之后才几十年的事，造父的一位远房侄孙名叫非子的，亦因善于养马被周孝王（公元前891—前886年在位）封于秦（今甘肃天水）以为附庸，这就成为秦国的始封君，号称秦嬴。当初，非子这一支也因造父之宠一并到赵城姓了赵（《史记·秦本纪》）。又是因为马，成就了另一个大国。这说明了两点：第一，赵家的远祖是世代都懂马的；第二，技术的力量真的很大。

因一份工作可以获得姓氏，是统治者赏赐应许的结果还是民间自发形成的一种机制？这个问题很深刻，也有趣，我们下面再说。

因劳动获得姓氏的形成机制

姓氏文化,源于远古。我们已经普及过,姓与氏不同,姓是更早、最初的来源,是只认妈不认爹的母系社会时期人类对"我们从哪里来"这个问题的一种回答、标识和群分。因为只认妈,所以称为"姓",拆开就是"女""生",女子生我的意思。而具体的"姓"也一律带有"女"字旁,如"姜"(炎帝之姓)、"姬"(黄帝之姓)、"姚"(源于舜帝)、"姒"(源于大禹),以及作为赵氏来源的"嬴"等。据考一共有8个带"女"字的姓,我们曾经存在的23 000多个姓氏,现在还存在的4000多个姓氏,都来源于这最初的八大姓。而若要再将这八大姓分个早晚,当然就是自炎、黄所出的姜、姬二姓为最早、次早了。

姓以别婚姻　氏以别贵贱

前边已经说过,我们现在所称的"姓",实际上应当是"氏",已经是父系社会的产物了,是终于认爹了,是姓的分支,是在一个大来源之下的族群细分,进而是对本族本支社会地位的一种肯定和命名。所以,起初是"姓以别婚姻",同姓不婚,避免近亲繁殖,保证生育质量,这是原始人就认识到了的。后来呢,是"氏以别贵贱",包含两层意思:第一,有姓氏的人比没姓氏的人要高贵,直到先秦时期,许多平民还只是有名无氏,奴隶就更不用说了。第二,即便同在有姓氏的人群之间,也分高低贵贱,有些姓氏肯定无比高贵,如国王和皇帝的姓氏;如"旧时王谢堂前燕"中的王、谢二姓,是最重门阀的六朝时代的世家大族贵姓,杠杠的;直到清末民初,阿Q还一厢情愿地以自己姓赵为荣。

研究姓氏起源的文章很多,但似乎还缺乏详解姓氏形成机制的研究;搜寻典籍,也没找到先民们在得姓之初,具体到那一天、那一刻,究竟有着怎样的情感反应。

我想,姓氏最初就是一种自然命名,是一个自然的区别。如炎帝部落住在姜水边,就姓姜(也有说是先姓姜,才有了姜水之名);黄帝部落住在姬水边,就姓了姬(也有说是先姓姬,才有了姬水之名)。后来人类进一步认识自身,发现不能像动物一样自由交配,姓就强调地具有了区别血缘的生物学意义。

进入认爹并"拼爹"的阶级社会,姓氏的形成就是一种有意为之的社会机制了。首先是自我表扬的机制。如以官职、封地为姓氏的,都是在表扬自己血统的高贵。从纯粹的血缘区别到格外的血统标识,人类就这样进步并堕落着。秦始皇统一中国后,许多诸侯之后沦为平民,但纷纷以"王"为姓,强调不忘自己的血统,这也是一种自我表扬,只不过已经带着一种花落去的无奈了。中华王姓何其多,是第二大姓,与这种各有来源的形成机制有关。

姓氏有时还成为官方的一种特别表彰手段。这表现在君王对有功之臣的赐姓。如唐朝李家皇帝、宋朝赵家皇帝、明朝朱家皇帝,就没少赐人姓李、姓赵、姓朱。唐朝李姓皇帝还将"国姓李"赐予不少少数民族将军。而禹的姒姓、秦先祖伯益的嬴姓,也都是舜帝赐予的结果,禹因治水之功,伯益因善于养马(一说佐禹治水)。但此间叙事,我想盖出于后人追加想象。即是说,作为一种表彰机制中的姓氏形成,是后发的,最起码要到以礼治国的周代才开始流行。

以职业为姓的形成机制

我们再来考察以职业为姓的形成机制。

先秦时期,有所谓"四民分业"的设计,即士、农、工、商四大社会分工,各个分工之间不得随便跳跃改行,即不得"迁业"。顶层设计者认为这样就很好很稳定,有利于各安其业,各传其技,最后都把本职工作干到最好。荀子在《儒效》一文中谈到积累的重要,他说,圣人就是好的人性的积累。同样,积累耨耕技术,就成为农夫,积累斫削技术,就成为工匠,"工匠之子莫不继事(继承父业),而都国之民安习其服(职业)"。荀子所说的这种理想的积累就是社会分工的好处,也是术业有专攻的前提。《管子》一书中讲这个思想最为清楚。《管子·小匡》载,士农工商,都是国之"石民"(犹柱石之民,既今所谓执政基础),不可杂处,杂处就乱套了。所以,是士,就让他们住得靠近学校;农夫,则住得就近田野;工匠,则必使他们住得靠近官府(因为是官家作坊的工匠,故"处工必就官府");商人,则必使他们就近市井。这样,大家都好。对工匠的好处是:

今夫工群萃而州处(州,周之借字,周密)……相语以事,相示以功,相陈以巧,相高以知,旦昔从事于此,以教其子弟,少而习焉,其心安焉,不见异物而迁焉。是故其父兄之教,不肃而成,其子弟之学,不劳而能。夫是,故工之子常为工。

使"工之子常为工",同样,"士之子常为士","农之子常为农","商之子常为商",使职业和地位世袭化,社会就稳定,政权也稳定。原来不可使四民杂处还有这样长远的好处。这样设计的初心,当然是保守的,应该批判。但也有其积极的一面,那就是利于每一行的精进和传承。特别是对于工商阶层来说,这个好处体现得最为明显。许多技艺,特别是那些带着光芒的绝技,都是在家传、祖传的过程中得以保存和"光大",许多百年老店也都是祖祖辈辈苦心经营打造的结果。我们现在所倡导的工匠精神,就是靠着这种对祖宗负责的精神,靠着血脉的流传力,而凝成和炼成的。我们今天稀缺这种工匠精神,就是因为稀缺这种代代相传的坚守,稀缺那种"父兄之教"和"不见异物而迁"的信仰定力。

"工之子常为工",世代专于一行的结果,就有了自己的姓氏,这就是以职业为姓的形成机制。首先是一种自我命名、自我表扬而兼社会肯定的机制。因制陶而姓陶,因攻金而姓段,因杀猪而姓屠,因采冰制冰就姓了凌,因擅建墙篱终得了樊姓,原来都是对辛勤劳动、诚实劳动、积久劳动和技巧性

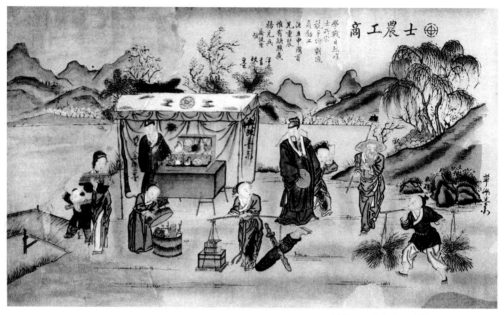

清代年画《士农工商》（视觉中国供图）

劳动的一种命名，是对劳动建功的表扬和肯定。平民和奴隶就这样有了姓氏。似乎不必有特别的命名仪式，不必有典礼，反正干着干着，他们发现，登记册上，自己的名字前加上了姓氏。也许在那临界的一刻，一位胖手胼足、蓬头褐衣的工匠会欢呼："我有姓氏了！"或者是合族的欢呼："我们有姓氏了！"左邻右舍，甚至官家，也会示贺："恭喜你（们）有了自己的姓氏！恭喜你（们）的子孙！"古书上没有这样精彩的记录，但我们可以这样想象。

我们今天说"劳动光荣"，不光是喊口号，我们的姓氏就是光荣的见证。劳动固然有奴役，但也天然包含着一种自我解放的成分。现代契约下的劳动，就是充分释放劳动中自我解放的一面，也就是最大程度地实现从奴役劳动向自由劳动的转变。

反过来说，如果不劳动，我们就一直没有姓氏，就相当于没有繁殖后代的权利，没有传承的权利，没有平等权，没有"人权"。

与天子和皇帝的赐姓于功臣不同，普通劳动者因其职业而直接得姓与最高权力者没有什么大的关系，而主要是一种民间的自发生成。这种形成机制很可宝贵。

今天,我们仍然是通过劳动,实现我们现代性的自我命名。

西方人源于祖先职业的姓氏也很多

顺便链接一下,外国人姓氏中来源于祖先职业的也很多。

如英、美人姓"史密斯"的,法国人姓"菲雷尔"的,荷兰人姓"司密托"的,德国人姓"司格密特托"的,俄罗斯人姓"库兹涅佐夫"的,匈牙利人姓"科瓦奇"的,都是"铁匠"的意思。

在美国,由祖先职业而得姓的,除了史密斯(Smith)外,还有贝克(Baker,面包师)、费希尔(Fisher,渔夫)、法默(Farmer,农夫)、泰勒(Taylor,Tailor的变体,裁缝)、克莱(Clay,制陶工)、巴伯(Barber,理发师)、伍德曼(Woodman,伐木工、樵夫)、布彻(Butcher,屠夫)、特纳(Turner,车工)、韦弗(Weaver,织工),等等。

美国第39任总统,詹姆斯·厄尔·卡特(James Earl Carter),习称吉米·卡特(Jimmy Carter),姓氏carter的原初意思是"赶马车的人"。卡特总统因祖上是马车夫而得姓。

早期居住在英国本土的人,一生下来就只取一个名,如:John(约翰)、Hilda(希尔达)等。当时人烟稀少,还不会混淆,但随着人口繁衍增多,重名难分的情况就多了。咋办呢?

第一个办法就是在原来的名词后面加上本人的职业名称。如两个人都叫 John,一个的职业是织布工(the weaver),另一个的职业是厨师(the cook),人们就分别叫他们John the Weaver(织布工约翰)、John the Cook(厨师约翰)。类似的例子还有:John the Miller(磨坊工约翰)、John the Shepherd(羊倌约翰)、John the Thatcher(盖屋匠约翰)等。不久这些叫法就成了:John Weaver(约翰·韦弗)、John Cook(约翰·库克)、John Miller(约翰·米勒)、John Shepherd(约翰·谢泼德)、John Thatcher(约翰·撒切尔)等。这样英语中的第二个名字即英国人现在用的姓便产生了,而且很快用在子女身上。如:约翰·韦弗的孩子可能叫做 Hilda Weaver（希尔达·韦弗）、Charles Weaver（查尔斯·韦弗）等,而约翰·撒切尔生了一个女儿可能叫做玛格丽特·撒切尔;这么倒推上去,第49任英国首相撒切尔夫人的祖上就是盖屋顶的建筑工人出身,而且精准到是盖茅草屋顶的。

再一查,古英语中还有个名词wright,原意是工匠或制造者,而制造两轮马车的人叫cartwright,造车轮子的叫wheelwright,造船的叫shipwright,所以英国人至今还使用许多类似Wright（赖特）、Cartwright（卡特赖特）和Wainwright（温赖特）的姓氏。

因劳动而命名自己,中外都有这种可贵的机制。

因冰块而获得的姓氏

因劳动而获得姓氏,最后再讲一个例子。

这"热狗"的天,中国工会的干部们总是跑得勤快,到处给职工们"送清凉",有冰镇的饮料,也许还有冰激凌。一些职工朋友感到爽了,可能会为古人操心起来:古时候没有冰箱,古人在夏天是如何降温的呢?他们在夏天吃的肉食又该如何存放?

好办,还是随我打开《诗经》。

凿冰、冰鉴和冰窖

《诗经·豳风》中的长诗《七月》,描绘了西周时代的劳动人民在一年12个月里每个月应当从事的劳动。请看最后一节中的两句:

> 二之日凿冰冲冲
>
> 三之日纳于凌阴

这里用的是周历,而非我们现在所用的夏历。"二之日",就是夏历腊月的日子,"三之日",夏历正月的日子。腊月正月,正是北方滴水成冰的季节,一帮"农民工"就被官府派到野外"凿冰冲冲",然后用车把冰运回,贮存在冰窖里。"凌",就是冰(我们老家一般"凌冰"连用称冰);"凌阴",就是冰窖。

冬天远去,夏天到来,就去冰窖里把冰取出,放在一种叫做"鉴"的容器里(注意啦,"鉴",原初的意思就是盛水的容器,甚至可以是洗澡的盆子,因为可以从那盛放的水里照出人影子,才延伸出"镜子"的意思)。放了冰的鉴,就是"冰鉴"。而这冰鉴如果特制成有夹层的,也就是在鉴里边再置放一层容器,横切地看,就像一个"回"字,这就是古人制造的冰箱了!冰块就贮于夹层,里边的容器里如果贮上饮料,就是冷饮;也可放肉,这是保鲜。在冬天,这种复合性容器还可以是烤箱,只要在夹层里置以炭火就行了。

典籍不足征,实物倍分明。1978年出土的湖北随州曾侯乙墓战国早期文物中,还真有上述"冰箱",名为"铜鉴缶",以青铜为材,鉴内置缶,封闭有盖,被誉为我国最早的冰箱(也是最早的烤箱)。2017年7月,赤日炎炎的一天,我在湖北随州市博物馆看见了这件铜鉴缶,很是惊叹,然而旋即得知那不过是仿品。2018年11月我在湖北省博物馆看见了真品,那是很大的,文字介绍:外鉴高63.2厘米,内缶高51.8厘米,共重170千克;造型极尽奇巧。真品有两件,还有一件藏于中国国家博物馆,都是国宝级文物。

回到冰窖。我们都知道地下室在夏天是很凉快的,甚至冷气直冒,所以冰窖能让冰保持固体形态。但贮冰不同于贮红薯,所以冰窖也不像红薯窖那样简单,设计和挖掘冰窖,是更需要科学匠心的。

曾侯乙铜鉴缶(视觉中国供图)

今陕西凤翔是秦国早期都城雍城所在地（《豳风》的采集地也相邻于这片地区）。考古学家就在凤翔县城发现了秦时冰窖（凌阴）遗址。那是一个大窖，据测算，可纳冰190立方米。窖底小口大，其形如斗，深2米。窖底铺有两层台阶高的砂质片岩，因冰到底不是铁，即便冷藏，还是有所消融，那么所融之水就通过砂质片岩渗下去。围绕窖的主体，则设计了5道大闸门，直达窖底。藏冰完毕，落下闸门，5道闸门之间，通过考古发现的腐殖质可以推测，可能密密填以稻糠麦秸之类，以隔热保温，这与我们小时候发现冰棒被装在棉花套子里边是一个道理。另外，在第二道闸门外，还铺设了水道，水道与外河相通，显然是为了排出窖内融化的冰水，以免冰窖变成"水井"。

2010年，考古人员又在距凤翔数十千米的千阳县尚家岭遗址发现了一些奇特的陶井，推断是战国时期的凌阴。

再回到采凿冰块阶段。首先必须采够三倍于实际能用的冰量，因为大约有三分之二的冰都会在冰窖里化掉。其次要找到最好的冰源。一般前江后河的冰是不能用的（从有人开始就有环境污染），必须在最冷的天，到人迹罕至的河湾，找到最洁净、最坚固的冰床，然后击凿或者斩采。那么冷的天站在冰床上，还要不断地抱起冰块，这真是一份"冻人"的工作。

《礼记·月令》对采冰有记载："季冬之月……冰方盛，水泽腹坚，命取冰。""腹坚"很形象，是说冰结得像胖人的大肚子那样厚，凿将出来也凸出而坚固。

凌人和"凌工"

周代，专门设有"管冰"的干部，叫做"凌人"，从采冰、藏冰到出冰、分冰，都管。《周礼·天官冢宰·凌人》有关于"凌人"职责的完整记载：

凌人掌冰正，岁十有二月（这里是夏历，亦即今天的农历），令斩冰，三其凌（即三倍于来年实际的用冰量）。

春始治鉴（不待夏天到来，从春天开始，就要从窖中出冰盛在冰鉴中了。

"治鉴"也有整治鉴器之意)。

凡外内饔之膳羞,鉴焉(凡宫内所需与祭祀所用的美味和牲肉都要放到鉴内)。

凡酒浆之酒醴,亦如之(各种酒和饮料,都放到鉴内)。

祭祀,共冰鉴(祭祀时,供给冰鉴)。

宾客,共冰(客至,也供给冰块)。

大丧,共夷槃冰(大丧:王、后、世子之丧。夷槃:盛冰冰尸用的大盘。此盘盛冰,置于尸床之下,即相当于今天殡仪馆里的冻尸库)。

夏颁冰,掌事(夏季掌管颁冰之事),秋刷(秋天清扫修理冰窖)。

根据这条记载可知,对于一个王国来说,冰是很重要的,是刚需,没有它,神权政治就无所"固化"。"国之大事,在祀与戎"(《左传·成公十三年》),古人是分分钟都要祭神的,祭神的羊牛肉若使变味了,那可是大事故!所以从春天开始,就要取冰供鉴了(春始治鉴)。在《豳风·七月》那首诗里,无名诗人在"三之日纳于凌阴"之后,接着写道:

四之日其蚤(早)
献羔祭韭

早春二月就要取冰忙于祭祀了,祭品有羊羔和韭菜。而这种祭,正是开窖出冰的仪式。

神之外,就是贵族们自享的珍馐以及当时喝的那种低度易酸的黄酒,以及非酒类浆品,都需要冰和冰鉴来降温保鲜;贵宾来了,更是要有"贵冰"待遇;大夏天里,还有"颁冰"之政,也就是给各级臣僚"送冰凉",以激励大家"夙夜在公";为了格外显示仁政,还会择日有选择地给一些老人和孤儿"送冰凉"。得到冰的,都如获至宝,从精神上感到的荣光更无以复加。

神需要冰,人需要冰,人死后,仍然离不了冰。死后用冰,道理和今天一样,只是古人停尸日久的,"国级贵人"更是旷日持久,用冰量就非常之大。

最后,"秋刷"。天又凉了,窖里的冰也没了,清扫修理,以备冬天再采再藏。

以上这些冰事,都由凌人掌管。掌管冰事的职务名就叫冰正。以职为姓,凌人之职也就成了凌姓的来源之一。我们相信,那冰窖的巧妙设计,以及冰鉴的创新,都出于某位凌人的匠心。

据说,藏冰起于商代。"冰正"则设于周代。以后历代,都有此职,都有"颁冰"之政,都有"凌阴",也都有"凿冰冲冲"的工人。这些工人,可能是临时征来的,也有在编"固定工",在此我们可称他们为"凌工"。

还有一个问题是,广东、海南等地冬天无冰,该地的贵人们该怎么过夏呢? 答案恐怕只有一个字:忍。这个问题的解决,大约要等到唐末宋初。

唐末宋初,火药已经可以被中国工匠们通过硝石生产出来。工人们在生产中偶然发现,硝石溶于水后,水迅速降温至结冰。硝石的主要成分是硝酸钾(KNO_3),溶解于水时会吸收大量热量。就这样,古人制冷又多了一条渠道。用这种制冷法,元代大都(今北京)甚至出现了世界上最早的"冰激凌",令来华老外马可·波罗蓝眼大开。

但采用自然冰块降温保鲜的办法一直还是主流。据《大清会典》称,清代紫禁城内有5口冰窖,藏冰25 000块;景山西门有6口冰窖,藏冰54 000块;德胜门外有3口冰窖,藏冰26 700块。

与冰有关的词与诗

冰很重要,又很稀缺,就显得珍贵,甚至神奇。马尔克斯的《百年孤独》一开头就写道:"许多年后,面对行刑队,奥雷良诺·布恩地亚上校将会回想起,他父亲带他去见识冰块的那个遥远的下午。"这冰块是由吉卜赛人带来的,是那么神奇,然而却是现代文明的象征。"冰,水为之",西周时期,像后人荀子那样有自然科学头脑的人也还很难找到,大家也都认为冰很神奇,是司寒之神为特赐人类而发明的。所以,在藏冰、出冰、颁冰之前,都有一套特别的礼祭司寒之神的仪式。上已述及,出冰时,要"献羔及韭";封窖藏冰时,则要用黑公羊、黑黍祭祀。

冰神奇而圣洁,自然也是最美丽的事物。用"冰"造出的形容词,自然都是赞美的,如"冰雪聪明""冰清玉洁",庄子在《逍遥游》中描绘的女神也长得"肌肤若冰雪"。我们今天给女孩取名"冰冰",也还是好名字。但语言的创造,不是文化人的专利,如果没有那些广大无名的"凌工"辛勤劳动在前,如果没有一位或几位"凌人"发明创造在先,恐怕就不会有这些美丽词语的喷薄而出。词语之出,还要用来写诗的。打开文学典籍,以"冰"修辞的"赞美诗"不知道有多少。我们只举一个大家在语文课本中学过的例子为大家消暑——唐朝诗人王昌龄《芙蓉楼送辛渐》里的名句:

> 洛阳亲友如相问,
> 一片冰心在玉壶。

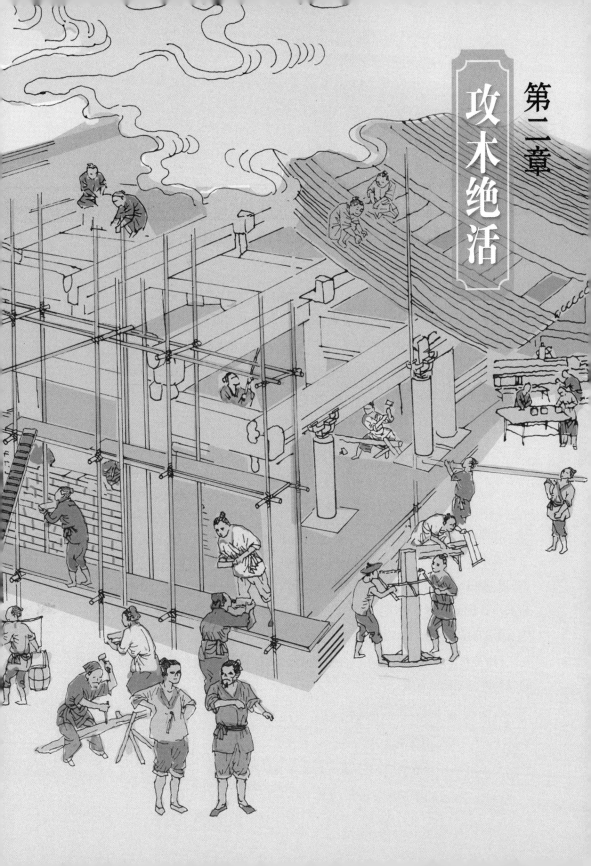

第二章

攻木绝活

《伐檀》:伐木工人的自赞之歌

在今天的制造业领域,木工可能已经边缘化了——这并不意味着其价值的减少,并且意味着这一行更需要宣传自己的工匠大师——但在古时候,却非常主流,从精美的家具到宏大的建筑,到征战和出行的马车,都是木材唱主角,都是木匠在竞技。所以我们现在先要从典籍中寻找关于古时候那些木工木匠的记录,看看他们是如何"神乎其技"的。

我首先想到的是《诗经》中的一首诗,那就是《魏风》中的《伐檀》:

> 坎坎伐檀兮,
>
> 置之河之干兮。
>
> 河水清且涟猗。

正像那宏大"坎坎"的状声一样,这首诗的名气响亮得很,因为它是被收录在高中语文教材中的。当我们重温此诗时,伴随着脑海中伐木场面重现的,很可能还有语文老师那张青春扬扬的脸;也很可能,是你的孩子诵读此诗的声音把你带回当年像你的孩子一样大时的学习时光,听语文老师用不容置疑的口吻宣讲这首诗所表达的"思想感情":

"这是伐木工人对不劳而获的统治阶级老爷们的控诉啊! 这是劳动人民愤怒和觉醒的声音啊!"

你接着听(部分直接翻成白话):

> 不稼不穑,凭什么你能打那么多粮食?
>
> 不狩不猎,凭什么你的庭中挂满狗獾子?

因这一连两问，从毛亨以来，大部分解"诗"的专家，都认为此诗题旨显豁，就是"刺贪"。当咱们工人阶级成为领导阶级以后，这种阐释就进一步政治化、主流化，成为学生娃们的标准答案了（看，你的孩子还在这样做试卷）。不劳动者吃得那么好，劳动者的肚子却饿得瘪瘪的，这就是人剥削人啊！

但是我终于有点迷茫了。既然这些伐木工人怨怼之气冲天，为什么又先吟唱出"河水清且涟猗"的句子呢？《诗经》中的诗一般都三章叠咏，每章略有换词，此句在第二、三章换字为："直猗""沦猗"——瞧那清清的泛着波纹的河水啊！那交织回旋的，或直着向前流动的（直），有时又是一圈一圈扩散着的（沦）波纹啊！分明是赏心悦目的啊！面对如此清澈美丽的河波，是只能叫人消气而不是上火的。那些主流解释家，对于这句诗的"违和"，都视而不见，或含糊其词。

带着这种迷茫重新学习，我发现，果然对于此诗，向来也还有另一种非主流的解读：不是"刺贪"，不是讽刺老爷们"素餐"（白吃饭），而是颂美君子们"不素餐"的。我惊喜地发现，连孔子和朱熹都这么看！综合古今非主流的种种解读，加上我自己的心得，我提出这么一个看法：《伐檀》，是伐木工人的自赞之歌。他们因为自己的诚实和辛勤的劳动，得到了应该得到的报酬，因而心生骄傲，听坎坎声美，看河水清清。那"不稼不穑""不狩不猎"两句，不是诘问，而是反问：凭什么？就凭我们"伐檀"，才得以不稼穑而有黍粮，不狩猎而有野味；从这里兼可看到劳动分工和劳动价值的交换。

> 彼君子兮，
> 不素餐兮！

此点题之句。同样，此句不是怼人，而是悦己：我们不就是君子吗？我们没有白吃饭。在春秋时代，"君子"一词已经不是贵族的专称，而是衍变为对具有美德之人的泛称了。所以那群伐檀的工人，也可以被称为君子，他们也意识到自己实际上就是君子，就因为他们劳动的美德。

当然，也可以理解为无名诗人从旁观者的角度对伐木工人的点赞：他们也是君子！

接下来的问题是，这群"君子"伐檀干什么呢？诗中交代得很清楚：造车。请看二、三章的开头：

坎坎伐辐兮

坎坎伐轮兮

诗中所"伐"之"檀"是指产于黄河流域的青檀（《魏风》采自今山西芮城），质地很是坚硬，正适于造车，造车轮、车辐、车辕。在《诗经·大雅》中，就直接有"牧野洋洋，檀车煌煌"（《大雅·大明》）的诗句。

春秋时代，车，少部分是贵族们的代步工具，还有少部分是役车，大部分都是战车。春秋战国的战争，以车战为主。那是一个用四匹马拉着木质战车作战的时代。衡量一国大小强弱，就看你有多少战车。如果有一千辆，亦即《论语》中所谓的"千乘之国"，在春秋列国争霸的国际形势下，已经只相当于一个"摄乎大国之间"的中等偏瘦型诸侯国了。而在孟子的《孟子》中，开

秦始皇陵一号铜车马（视觉中国供图）

始直接出现"万乘之国"这个词,那已是战国时代了,大国争雄,没有"万乘"就没有资格玩下去。直到秦汉以下,才以骑兵为便。

这说明,《诗经》中"伐檀"的工人,他们的劳动关乎保家卫国开疆拓土,非常重要,由于战车的需求量极大,"伐檀"的工人也应当是一个庞大的群体。在那正待开采的原始森林里,高大的檀树多得是,他们光着膀子,抢着斧头砍啊砍,边砍边唱着"坎坎伐檀兮"("劳者歌其事"),然后树都向着一个方向咔嚓嚓倒下;砍下的原木都堆在河边——"置之河之干兮";次之捆扎成排,置之河之央兮,顺流而下,最后到达体现它们价值的造车工场,而工人们也格外体会到他们的劳动对于国家的巨大贡献。

还可以说,正是他们在推动着历史的车轮滚滚向前啊!

如上所述,《伐檀》不是愤怒之歌,而是自赞之歌,是伐木工人们意识到自身力量、技术和劳动价值后的高兴合唱之歌。

《诗经·小雅》中还有一首直接以《伐木》为题的诗:

> 伐木丁丁,
> 鸟鸣嘤嘤。
> 出自幽谷,
> 迁于乔木。

此《伐木》与彼《伐檀》不同,不是敷陈其事,而是以伐木起兴,表达好客求友之情。虽只是起兴,却也独立地描绘出了伐木工人的劳动之美。这美还是更令人神往的侧面表现,虽只闻其声——"丁丁"伴以"嘤嘤"——却更见其人。这意境之美,也让人判断出伐木之人乐而不疲,爱其劳动,亦爱其树,他想象所伐木材即将成就圆满的车轮,当然,也可以是做一根房梁,或好几把耒耜。此间"丁丁"之声能无碍于鸟鸣和谐,似又让人感到林子里只有一个伐木者,而他不是一般的伐木者,他是一位德高望重的木匠。他走在林中,抬头相着每一棵树,摸摸、抱抱、量量,很快就看中一棵合适的、理想的,于是目露微笑,捋捋胡须,而从密密林叶中筛下来的阳光,也正好在他脸上闪亮出一个椭圆的光斑。

诗也分三章,第二章开头:"伐木许许"。这"许许",朱熹解为"众人共力之声",这就又是一群伐木工人在劳动了。他们一边放倒树,一边喊着号子;或者一边挥动斧斤,一边唱着山歌。但伐木是应该有木匠在场指导的,他要因器相材,好中选优,并注意伐不伤林。可以想象,第一章一个人"伐木丁丁"的木匠,也出现在第二章"伐木许许"的众人场面中,作为指导者。

在广州,原有一家巨大有名的造纸厂——广州造纸厂(现广州造纸集团有限公司,简称"广纸"),创自20世纪30年代陈济棠治粤时期,新中国成立后是广州四大厂之一,正厅级单位,极盛时有上万名职工,曾是仅次于东北佳木斯造纸厂的全国第二大造纸厂,主产新闻纸。众所周知,造纸的原材料也是木材(檀木还可以造出上等的宣纸)。据一位在"广纸"奉献过青春的民营企业家告诉我,那时他们造纸所用木材是马尾松,产自珠江上游与广西交界的封开县,也是需要伐木者坎坎采伐,截段2—4米长短,再由木排工扎排(木排工!消逝的老行当哦),顺珠江之流而下,鱼贯到达广州纸厂专用码头——完全是《诗经·伐檀》中劳动场面的重复写照。

伐木工人,或者林业工人,曾经也是新中国一支庞大的产业工人群体。不过眼下这个群体已经不再庞大,而且其主业已经从伐木转型为种树和护林了。曾经,他们的劳动是美的(这个改变不了);现在,他们的劳动更美,他们更能吟唱出"河水清且涟猗"的诗句。

得心应手：一辆马车的"成功学"

我们已知《诗经·伐檀》中那群伐木工人是为供造车原材料而采伐；那时节列国称霸争雄，需要大量战车。因此可知，那时也必然需要大批造车的匠人。那么这些匠人是什么样子的呢？

翻书，庄子就为我们写了一个。

《庄子》中的"斫轮老手"

这是《庄子·天道》中记载的故事。说是啊，春秋霸主齐桓公读书于堂上，轮扁（就是做车轮的匠人，叫扁）斫（zhuó，砍削）轮于堂下，释椎凿而上，问桓公：

"读啥书呢？"

桓公说："圣人之言。"

轮扁就又问，圣人在吗？答，死了。

轮扁就说，那你读的就是死人的糟粕嘛。桓公大怒，寡人读书，轮人安敢妄议！说，为啥这样说？说不出道理，处死！

轮扁就说了，他是从他的工作体悟到的。他砍车轮（或译：制作车轮中心的毂孔），动作慢了，车轮就松滑而不坚固（或译：毂孔松了，进轴容易，但不紧固）；动作快了呢，又粗糙不合分毫（或译：孔又太紧涩，轴就难进）。只有不慢不快，不松不紧，拿捏准确，才能"得之于手而应于心"（成语出现："得心应手"）；其中是有着绝技的，但是"口不能言"，只会在自己心里。我无法将此绝技传给我儿子，我儿子也无法从我这儿学到，所以只好一直自己干，

东汉制车轮画像石拓片(视觉中国供图)

"是以行年七十而老斫轮"(成语出现:"斫轮老手")。最精华的东西是无法通过语言传授的,所以读书读到的不过是糟粕。

这位做车轮的资深匠人,其技术已达得心应手的境界,所以是很有独立人格的,见到国君都敢教训一下。庄子讲的故事,多是寓言,虽不真实,却很真切,相信当时技高一等的匠人们,是都有一股"平交王侯"的气场的;相信庄子笔下的这位轮扁,是有着匠人原型的。

《考工记》中的"造车工人"

庄子是借匠人之口阐释他的哲学,但也反映了他对技术的一种悲观主义看法:绝技无法传承,绝技之"绝",也是断绝之"绝"。是吗?我转身又从书架上抽出《考工记》,此书专反庄子之道而行之,专门将我国先秦时代的各门绝技记下,是专务传承的。看,开篇一章中就说:

"知者创物,巧者述之,守之世,谓之工。"——最聪明有才的人创制器物,其次工巧之人则加以传承,并世代守护,这些人就是我们常说的能工巧匠(工匠)。先是从无到有的发明者,《考工记》的作者认为,这种人比能工巧匠还要高明得多,是圣人——"百工之事,皆圣人之作也"。

《考工记》将工匠分为六类,分别为攻木之工、攻金之工(金属冶炼加工)、攻皮之工(皮革加工,俗谓皮匠)、设色之工(主为器物画绘施色等)、刮摩之工(主要是玉器加工,雅称玉人)、搏埴(zhí,黏土)之工(以泥制陶器)。六类工匠之下,又各有工种之分。"攻木之工"为第一大类,又分7个工种:轮、舆、弓、庐、匠、车、梓,或各加"人"称轮人、舆人、庐人等。我很欣赏这种"人化"的称谓,正如我们今天还把媒体从业者称为媒体人,有时也称工会干部为工会人一样,总觉得更专业、更尊重。而在先秦所谓的奴隶制社会,能称"工"为"人",总是一件更了不起的事情。以下分别解释"攻木之工"中的"七种人":

轮人,主要制作马车的车轮和车盖等;

舆人,主要制作马车的车厢等;

弓人,主要制作弓等;

庐人,制作殳、矛、戈、戟等兵器之柄;

匠人,狭义的"匠人",负责都邑的测量和营建以及沟洫类水利设施和其他土木建筑;

车人,主要做耒和木牛车等;

梓人,即小木工,负责制作编钟的悬架、饮器,以及箭靶等(此外还有一类,即制作马车车辕的"辀人",总目不曾列入)。

第一种分工就是造车,第二种还是造车,都是造马车;而另有"车人",却只是造牛车,分工未必精确,但很细致,也体现马车比牛车重要,因为快速交往和战争的需要。从"轮人"和"舆人"的分工已经看出,具体到造一辆马车,也有更细的分工,再从后文分解来看,一共又分四种:

轮人(甲)为轮(造车轮)

轮人(乙)为盖(造车盖)

舆人为车(造车厢)

辀人为辀(造车辕)

　　可见当时造马车，也像我们现代造汽车一样讲效率，是流水操作、各司其职、最后拼装"出场"的。汽车最重要的部件是发动机，而木车时代，发动机主要是马（马车），所以木车最重要的部位就是车轮（《考工记》："察车自轮始"）；而拥有最核心技术的，就是轮人（庄子笔下的轮扁就是这样一位"轮人"）。

"察车自轮始"，"国工"创一流

　　《考工记》用了较大篇幅记载了独辀马车（又称轻车、戎车，也就是战车）的制造技术，对各部位的尺寸、构造和性能都记得详详细细。大致上说，这种作战车轮子高六尺六寸，换算成今制，轮径为1.3米（出土实物验证了这个数据），够大吧？书中也讲了：轮子太低，则马拉之如常在爬坡，费劲儿。轮子滚动时其摩擦力与轮子的半径成反比，很符合力学中的滚动摩擦理论呢（真想倒回中学重学物理）！所以要大车轮，而车厢却小，整体很轻，又由四匹马拉着，就跑得飞快。最好的轮子，必定是最圆的。书中也讲了，轮圈与地表相切面越小（"微至"），轮子就越圆，转得就越快、越久（怎么样？又想起

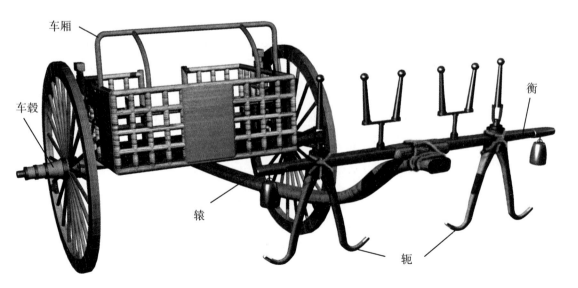

车厢

车毂

辕

轭

衡

中国古代战车（采自《彩图科技百科全书》第五卷）

你的中学物理老师和几何老师了吧）。

对于具体工艺，书中说，制作车轮，首先是三个部件的加工制作：毂、辐（车条）、牙（轮圈）。毂要"利转"，转动灵活；辐要"直指"，装配入孔，不偏不倚；牙要"固抱"，合抱紧密坚固，也就是实现无缝对接。轮子虽已破旧，而毂、辐、牙仍不"失职"，这才是完美的轮子。

车行看轮，轮转看毂。低头看看我们骑的共享单车也可以看懂：毂的中心有一个大孔（其名为"薮"），用以贯轴；四周还须有一圈榫眼，用以装辐。所以《考工记》中对毂的制作要求最为讲究。

首先伐取毂材就有讲究。其要领在于，先要识阴阳，木材向阳的一面，纹理致密，木质坚实；背阴的一面，纹理疏松，木质稍软（好像小学老师也是这么教我们在森林中通过年轮辨识方向的吧？）。那么就用火烘烤背阴部分，使其与向阳部分性能一致，这样做成的毂，用久破旧也不会变形。然后是毂的长度和周长、毂中间穿轴之孔的孔径、毂外围榫眼的孔径，还有穿毂之孔的孔径……均有详细而奇妙的比例和尺寸，直叫我等非工科出身的老学生看得又是赞叹又是头大！

对于车轮的质量检测人家也有科学的一套。轮圈是否圆，要用圆规（"规"）去测；轮廓是否正，也有专门的正轮之器萭（通"矩"，就是曲尺）去检；还用悬绳检验上下辐是否对直；还将轮子浮在水里观察其浮沉的深浅是否均平；又用天平衡量两轮的重量是否相等；最令人印象深刻的是，毂的中空要求容积相等，竟是用装黍米的办法去测量的。

以上6种检测都没有问题的，轮人就可以被称为"国工"。

"国工"，也就是我们今天所谓的"大国工匠"啊！

"辀人为辀"，辀即车辕，牛车称辕，马车称辀。作为战车，是独辀而桡曲的，亦即曲辕。只有曲辕，才便于驾驭，利于驰骋和上下坡，使人马"双满意"。"辀人为辀"要点在于掌握辀的曲度，弧度太大易于断裂（深则折），弧度太小则车体上仰（浅则负）。"良辀"的优良性能体现在，马停下，车还能靠惯性前行！

一辆车的最终成型出品，除了需要"攻木之工"，还需要"攻金之工""攻皮之工"制作车上的一些配件和装饰等，而新式青铜乃至铁制工具（比如轮扁用的斧）的出现更推动了木工工艺水平的提高。也就是说，"攻木之工"水平的高超，也取决于"攻金之工"工具制造水平的先进。所以《考工记》说："一器而工聚焉者，车为多。"造车技术的高低是一个国家制造水平的综合体现。

在《诗经·秦风》中有一首长诗叫《小戎》，就对"大秦国"产的轻便战车作了夸耀式描绘。通过描绘，我们可知，那车小而且美，坚固而且奢华。那弯曲如舟的车辕上缠饰着"五"字花纹的皮革；连接马和车的皮带，则扣有闪亮的白铜环；车座上还铺着新鲜的虎皮。这些配件，正是除"木匠"之外其他种类工匠的匠心配合。

前章说过，《考工记》问世于春秋战国时期，是我国最早也是领先于世界的手工艺专著，其中对于造车工艺技术的记载也为同期西方所无。这说明，轮扁们"得心应手"的那个时代，我国的造车技术在世界上是居一流水平的。

世界车祖，中国奚仲

　　在德国奔驰集团的汽车展览馆里，供有一位中国人的塑像，他被视为世界车祖。他就是生于4000多年前的奚仲，籍贯：山东枣庄。在《姓氏百工》里，我们已经让奚仲师傅露了一下脸。但总的说来，他的故事我们还有些陌生。当然，山东枣庄人可能除外。

奚仲作车的记载

　　4000多年前，中国还处于半信史时代。那时的人和事，往往传说性强，且杂以神异，见诸典籍记载者也在在皆有，但莫衷一是，真伪难分。爬梳种种史料，大体可以认定的是，4000多年前，说具体点儿，正当中国大禹执政的夏王朝初年，西方约当巴比伦帝国时期，奚仲领先于世界发明了车——马车；他居于薛——今山东省枣庄市薛城区，因造车有功原地受封，遂也成为古薛国的创始人（还记得高中课文《冯谖客孟尝君》吗？"战国四公子"之一孟尝君的封邑就在薛）。

　　关于奚仲与车的缘分，最可靠的材料见于《左传·定公元年》（公元前509年）：

　　薛宰曰："薛之皇祖奚仲，居薛以为夏车正……"

　　那年，一些诸侯国出工增筑周天子国都成周（今洛阳）城墙。宋国认为自己是老大，宣称理当薛国等几个小不点儿国替他们打工。薛国的宰臣就据理力争说："我薛国的始祖可是奚仲，他造车有功，做了夏朝的车正。"

这条记载说明,我国至迟在夏代已有造车手工业,而奚仲是精通造车技术的工匠,他因此还被委任为"车正"一职。车正,主抓国家造车的工官,也兼管车辆配置,即根据等级设计和配置不同的车型,这个也叫车服制度。

以上记载还说明,在春秋时代,薛国的后代子孙是很以他们的"车祖"为荣的。

关于奚仲造车,也见诸其他典籍。兹引述以下几条:

1.《墨子》。《墨子·非儒篇下》提到:"奚仲作车,巧垂作舟。"

2.《说文解字》。东汉许慎的《说文解字》是我国第一本字典。其中解释"車"字称:"舆轮之总名。夏后时奚仲所造。"夏后,亦称"夏后氏",正是大禹受禅于大舜而建立的夏王朝。

3.《世本》。《世本》是一部据称由先秦时期史官修撰的,主要记载上古帝王、诸侯和卿大夫家族世系传承的史籍,然而也是中国首部列举了各行各业发明家的书。《世本·作篇》云:"奚仲始作车。"

4.《玉篇》。《玉篇》是我国古代第一部按汉字形体分部编排的字典,南朝梁大同九年(公元543年)黄门侍郎兼太学博士顾野王撰,今仅存残本于日本。《玉篇·车部》云:"车,夏时奚仲造车,谓车工也。"

我们今天的《辞海》收有"奚仲"词条,解释称:"传说中车的创造者。任姓,黄帝之后。夏代为车正(掌车的官),居于薛……春秋时代的薛即其后裔。"

《辞海》也解释奚仲原来姓任,并且是黄帝之后。传说黄帝有25子,得姓者14人,共是12姓,任姓是其一。

有人算了算,奚仲是黄帝的第12代孙。

奚仲造车的想象

咱们在上一章中已经介绍过车和船都是黄帝发明的。黄帝号轩辕,人家这大号明摆着就和车有关。可为什么现在车的发明权又归了奚仲呢?难道是黄帝爷爷有意让渡的?与此同时,后人也记"巧垂作舟"。巧垂,亦作巧倕，相传是尧时代的工匠，"倕"是其名，"巧"是夸他。为什么船的发明权归到他名下了呢？难道是他的直系后人有意抢注的？

这不难解释，黄帝是第一代车船发明家。我们说过，他发明的船，还只是"刳木为舟"，十分简陋。同样，他发明的车，也很简陋，车轮还是实心的。到了奚仲和巧倕手里，黄帝时代原始的车船终于得到了重大的改进，于是简直等于有了真正意义上的车和船，真正成了一门"中国制造"，所以后人一方面仍追念黄帝的"试水"和"发轫"之功，一方面也不妨记下是"巧倕作舟"，并称奚仲是车祖。

根据丰富的传说和有限的史料，我们可以略略还原车的发明过程。在还没有车的时候，初民们搬运重物只是擦着地寸寸地挪，费尽九牛二虎之力。后来一位聪明人开始尝试在重物之下插入圆形滚木，于是从滚动中初尝事半功倍的喜悦。这就是说，车之发明，最初是应运输货物的需求（引重致远），后来才用于出行。

以上是车的第一步，只是车的雏形，还没有轮子。但是轮子的想法已经在初民的脑子里转着了。于是就有了第二步，有了原木实心的轮子。

蓬这种植物的子实遇风旋转，古诗人常用"蓬转"比喻飘无所依的人生。而"造物者"却没有这种伤感和雅兴，据说远古的人民正是从蓬转获得灵感，脑子里出现了轮子的意象。

这可能就是黄帝时代的车，还只是以实心原木为轮，古书称这种轮为"辁"（quán），主要靠人力推挽，但也尝试使用牛来拉动。

以原木为轮的首作者，可能是黄帝本人，也可能是他的属下，在"领导重视"的前提下作出了贡献。后一种情况下，也可以填报"是黄帝发明了车"。这种车，我们姑称之为"黄帝时代的车"。

漫长的时间里，一直是黄帝时代的车在笨重地转动着，人们一直认为很好，因为比起无车时代来，其速度和效率还是足资称道的。但也有一小部分人敢于对老祖宗传下来的"好东西"说三道四，并动手改进和创新。活动在距离黄帝时代约摸12世的工匠奚仲，就是这么一位人物。

我们在《山海经·海内经》中又找到一段关于奚仲"制作身世"的记载：

> 帝俊生禺号，禺号生淫梁，淫梁生番禺，是始为舟。番禺生奚仲，奚仲生吉光，吉光是始以木为车。

据此记载，奚仲是帝俊之后。而帝俊，是与黄帝平行的另一路神圣。这可以说明所谓炎黄子孙，来源是多元和广阔的，非只炎黄二祖（前边已说过，还有蚩尤呢）。无关题旨，不赘。这条记载最吸引我们的信息是，奚仲的父亲和儿子都是工匠，船就是他的父亲番禺发明的，而他的儿子吉光发明了车。看，黄帝、巧倕、番禺，已经是三个不同时代的人都在抢注造船的专利了。这不奇怪，上古之事，众说纷纭，正常；而发明创造，各有贡献，或同代不谋而合，或异代传承创新，最后皆成宗师，也正常。所以又有奚仲的儿子被推出来与老爹争夺车的发明权，我们也不必惊讶。

再强调一下，根据《山海经》的记载，奚仲、其父、其子，这个家族已经是祖孙三代工匠了，他们都"攻木"，并专攻运载和交通工具。而处在父亲和儿子之间的奚仲，绝对不是一位纯过渡性人物。他是在后世典籍中留名最多、在民间传说中也最为活跃的一代造车宗师。

奚仲造车的传说自然主要集中在山东枣庄，这是当地的非物质文化遗产项目之一。综合传说、典籍、当代专家们的研究以及我自己的想象，略略还原奚仲造车的过程。

传说，小时候，奚仲就用尿泥捏了一艘他父亲发明的船，又捏了一匹马，再把船拴在马尾巴上。父亲问，啥玩意儿？船不在水上，靠马拉？奚仲说，我这马拉的是"旱船"！

"旱船"，离"车"不远了。准确地说，是离马车不远了。我国夏商周断代工程首席科学家李学勤（1933—2019）称，根据记载，奚仲所造的"车"应该是具有一定技术标准、有重大创新的马车。

长大后，奚仲越来越对黄帝爷传下来的实心轮子的车皱起了眉头，主要就是"皱"那实心的轮子、轮子的实心。

飞蓬继续旋转，后来的古诗人们还是继承着前人的审美经验，更以之承载他们那种迷茫的人生况味，他们甚至更加找不着北了；4000年前的奚仲也在旷野面对"蓬转"，也像他的前代工匠那样，没有那种伤感和雅兴，而是受着启发，他甚至方向感更加明确了，从飞蓬那种轻盈镂空的形象想到了空心的车轮。

这又是关键的一步，从实心的车轮到空心的车轮。

实心的车轮只要把原木截取一段就可以了，空心的却须有许多高难度的动作、一系列巧妙的设计才能完成。

在《荀子·劝学》中，荀子写道："木直中绳，𫐐以为轮，其曲中规，虽有槁暴，不复挺者，𫐐使之然也。"首先，奚仲以"𫐐"法制出了轮子的外圈，古书称"辋"（wǎng）。他并且因此制出了"规矩"，使天下所有的攻木之工都有了遵循。

老子也在《道德经》第十一章中总结道："三十辐共一毂，当其无，有车之用。"就是这个"空无"，奚仲从"蓬转"中发现了。现在，他已经动手规划出这个"空无"，但为了让其"实用"，他还要"无中生有"，在中心部位画出毂，还要画出30根辐，从毂心辐射出来，另一端则贯入轮圈。如果从相反的角度描述，则称为辐辏，辐条都从轮圈集中贯入中心的轮毂。老子所看见的那个"无"，其实专指轮毂，因为轮毂必须是一个空心的结构。下一步是在这空心里插入车轴，这轴还要承接于车厢（舆）。这样，空心的车轮才可以"咕噜噜噜"（而不是实心轮那种滞重的摩擦声）地轻快转动且能任重致远了。知道车轮为什么又叫"车轱辘"吗？答案就在这里。

以上是车的转动部分。

接着是造车厢，这是车的承载部分。

车辕等是车的曳引部分。

注意，奚仲所造的车，必须是"马车"。而马车的曳引部分比人力车要复杂得多，除了车辕外，还有前端挽马的车衡、车轭等构件。换句话说，奚仲对车的整体设计必须顾及马力的匹配和发挥，而且还须是四马拉一车（驷），结构因之更为复杂。可能也有两马一车，但从典籍记录和出土实物来看，究竟以四马为常。

传说奚仲的儿子吉光是父亲造车重要的帮手,他主要是从马的角度考虑得多些,比如马挽具的设计(在这方面的技术,中国人也是领先于世界的)。既是前无古人的马车,还必须驯马就套试行。传说吉光在驯马技术上也很有一手。他死后还变成了一匹神马。如果没有他,父亲的马车就转不起来。正是与奚仲同时代,还有伯益驯马的传说,可与吉光驯马的传说相互印证,也可与奚仲发明马车相互印证。

一辆马车,大的部件造好,还要有许多细小的关键才能使马车活起来、转起来、奔起来,缺一不可。我在博物馆经常看到展出的车軎(wèi)。那些车軎都是青铜制成,体有纹饰,可视之为精美工艺品。车軎是干什么用的?

2019年"五一"小长假期间,我在南昌市江西省博物馆看最新出土的西汉海昏侯墓文物展,又看见车軎实物。我身边恰好有人在讲"车軎",是一位大学生模样的男生在对另一位更小的大学生模样的男生讲:

"这是车軎,套在车轮的轴头上,防止车轮在行驶中飞脱。軎必须与辖配套使用。你看軎上是不是有个孔? 这孔就是用来插入辖的;轴上也有孔,辖就是一个插销,一插进去,就把軎和轴都贯在一起,就把车轮给固定住了。辖有这么重要,与軎配套使用,軎是管状的,所以我们今天有'管辖'一词;单就辖来说,就生成了直辖、直辖市这些词。"

其讲解水平不亚于各博物馆内专业的讲解员。他那么年轻,却那么"博物",令我十分佩服和惭愧。另一位男孩也是那么好古,也真叫人欣慰有加。

我们今天在博物馆多见到軎而很少见到辖,我想这是因为最初辖都是木制的,而軎是青铜制的,所以軎多存而辖皆朽;后来辖也变成金属质的了,但因为只是插在軎里的小零件,所以也以朽烂的居多。

遥想夏初奚仲造车时,也必然先锋地设计出了軎和辖等细小的关键,而且也许在这细小的地方耗时更长,动了更多脑筋,体验到更大的成功的喜悦。因为中国当时虽已开始尝试冶炼青铜铸器,但还不大可能用到造车的细部,所以奚仲手下的辖、軎等部件、零件,都是木制的。木制零件而能起到关键作用,更考验匠心。

成书于战国、托名管仲著作的《管子》一书,有一段文字评价了奚仲所造之车:"奚仲之为车也,方圆曲直,皆中规矩准绳,故机旋相得,用之牢利,成器坚固。"(《管子·形势篇》)"规矩准绳",这里再次提到可供所有"车工"遵循的标准,乃至于所有木工都应掌握的"标准工作法"。"机旋相得",这一定就是指奚仲已经设计制作出了能使马车转动、承载、曳引等各部分起到各自的作用并使各部分灵活承接起到总体作用的零部件。

因为是马车,快,奚仲的发明得以使大禹治水的活动半径扩及九州,终毕其功。《史记·夏本纪》载:"(禹)陆行乘车,水行乘船,泥行乘橇,山行乘檋(jú,一种上山坐的滑竿一类的乘具)。左准绳,右规矩,载四时,以开九州……"

奚仲制造的马车,已不可能有出土实物让人直观,所以还原其造和所造,主要靠想象。但距今3000多年的商代甲骨卜辞中,已出现"车"(車)这个

东汉辎车画像砖

象形字。把此字放平,可见其字形结构,分别系由轮、轴、舆、辕等部件变形构成。其时距奚仲时期不过数百年。数百年可称漫长,也可以是很短的时间,所以仓颉所造之"车"大抵也是对奚仲所造之车的留影。

总之,奚仲发明的马车,虽已不可能有出土实物直观,但我们可以走进博物馆或纸上读图或观看相关影像,凭借商周时期的马车倒推,看见从大构到小作,夏初的马车都已经和后世的车辆差不多了,而后代工匠也只能在这"差不多"的空间里闪转腾挪,实现马车从2.0到4.0的转型升级。

《考工记》称:"周人上舆"——周代人最崇尚造车的工匠。《考工记》中的马车制造记录,就是对4.0时代的马车"国工"制造技术的精细留档。

从黄帝时代到奚仲时代,再到《考工记》诞生的时代,从有车到有马车,再到马车的转型升级,车的功能也一路复合、走高,大致经历了一个从载重、出行,到狩猎、作战,再到融合交流、传递信息、传播思想的路线。孔子周游列国,孟子也列国周游,他们俩乘坐的马车和跟随他们的马车,无疑是马车最高功能的实现。

祭拜奚仲,平安出行

经考证,中国先秦史学会、中国文化产业促进会、中国汽车工程学会、中国汽车工业协会一致认定:4000多年前的夏"车正"奚仲发明了马车,是"造车鼻祖"。2008年4月25日,该结论在首届中国奚仲文化研讨会暨第二届中国汽车文化论坛上得到认定。该结论还推翻了马车起源于两河流域的结论。也就是说,马车起源于中国,夏代车正奚仲,不仅是中国车祖,也是世界的。

奚仲不仅是车祖,还被老百姓当成车神来崇拜了;不仅是造车的神,还是广大司机崇拜的出行之神。有民谚流传至今:"祭拜奚仲,平安出行。"今天的枣庄市薛城区千山头建有奚公祠,香火很旺。枣庄还有奚仲墓,并建有奚仲纪念馆。驴友们一定要去看看,会收获多多的。

可是我又发现,对奚仲感兴趣的驴友们也许还应当到河南平舆县去看看,因为平舆人民也认为车祖和车神奚仲是他们那地方的人。平舆,直接就是以车舆命名的地方,自然也是车辆发明之乡,也有着丰富的关于奚仲造车的传说和纪念奚仲的古迹今胜。

对于古代历史文化名人,我们有些学者和"知识分子"常会论证其虚无,让我们面对着一张白纸学习历史。所以我特别建议,要多到与这些名人有关的地方去阅历。去了,您就会感到他们强烈的存在,他们分明就活在我们的血液和姓氏中。至于一些名人常常有两个甚至多个故乡的现象,也是倍加证明了他们的实有。

对于奚仲,我也作如是观。

总之,我们脚下的路到今天还叫"马路",哪怕在它上边行驶的已经是"奔驰"和"劳斯莱斯",以此可见马车的先驱性作用和奚仲造车的原创性影响。

庄子笔下的工匠

庄子因为志不做官,和底层社会接触得就多,其笔下就多出现群众的光辉形象,其中属于工人的也不少。具体说来,是工人中的工匠或匠人。我们已经介绍过"斫轮老手"轮扁,下边再介绍三个,分别对应于三个成语:

运斤成风

鬼斧神工

游刃有余

且听我一一道来。

匠石:运斤成风

这是《庄子·徐无鬼》中的故事:

庄子送葬,过惠子之墓,顾谓从者曰:"郢人垩慢其鼻端若蝇翼,使匠石斫之。匠石运斤成风,听而斫之,尽垩而鼻不伤,郢人立不失容。宋元君闻之,召匠石曰:'尝试为寡人为之。'匠石曰:'臣则尝能斫之。虽然,臣之质死久矣!'自夫子之死也,吾无以为质矣,吾无与言之矣!"

楚国郢都有一个人在自己的鼻尖上抹了一点白泥粉,薄如蝇翼,让匠石把它砍削下来。匠石抡起斧头,只听呼呼两声风响,白粉没了,而鼻子还在,毫毛无损!郢人则立不失态,面不改色。宋元君听说,大为惊异,心痒想看,急召匠石,令他再来一次。匠石回答说:"不行了。可以让我砍白粉的对象已经没了,我演示不出来了。"

这是庄子献给他的论辩对手惠子的一曲深情的挽歌。这是一个关于知音的浪漫故事，钟子期死了，俞伯牙终身不复弹琴。这还是一个千里马和伯乐的故事，匠石运斤，唯有郢人赏而信之，匠石才能有那一番令观众心惊肉跳的"真人秀"。另外我注意到，这里的郢人那么信任匠石的本领，很可能也是一位攻木神工。在工匠界，他们互为知音。

匠石在郢人面前"运斤成风"，已经是第二次露面了。他的第一次出场，是在《人间世》中。他带着弟子行走到齐国曲辕，看见一棵参天的大栎树，大家都赞，他却判断其无所可用，故能成其大。

庄子讲匠人的故事，往往意不在匠人，但客观上却为我们留下了向技术致敬的文本，并鼓励我们落在技术层面上进行思考。

中国工会有一个从延安时代一直继承下来的工作品牌，那就是开展劳动竞赛。与早年以热火朝天的劳动密集型赛事为主不同，新时期的劳动竞赛，越来越注重比拼技术，为了更好地呈现技术之美异，近年来还向着可观赏性方面迈步很大。电视媒体也发现这是一个很好的卖点，于是录制技术真人秀节目，《你想挑战吗》《状元360》《技行天下》《天生我才》……一直竞播，令人叹为观止。

作为记者，我曾采访过珠海格力电器"叉车大王"曹祥云。小伙子上央视表演过用叉车开启啤酒瓶盖的绝活，3分钟之内开了30个，创造了吉尼斯世界纪录。2016年，他被广东省委宣传部和广东省总工会联合授予"南粤工匠"荣誉称号。

我还采访过江西籍农民工、木工伍凤山。他在广东中山一家红木家具厂打工。2014年，他在广东卫视《技行天下》"最佳木工"大赛中夺得冠军。他制作的"大象宝座"沙发被拍成图片，在2014年10月24日作为"中国红"系列搭载"嫦娥五号"飞行试验器遨游了太空。2016年，他获得了由广东省总工会颁发的五一劳动奖章。

我还观摩过各地工会策划和主办的劳动竞赛。记得广东省中山市总工会举办《超级工人》之"超级汽车维修工大赛"。竞赛方法之一是让赛手蒙眼拆换汽车轮胎,亦即将左(右)前轮和右(左)后轮对换,时间最短者胜。现场极其好看,赛手完全"摸黑",却将十字扳旋转得如花儿一样,只听叮叮作声,一连5颗螺丝跳到盘子里,轮胎被摆平……又一轮如花的旋转,螺丝归位,轮胎固抱如初。时间最短者10分15秒。冠军也获得当地政府授予的技术能手称号。

做工匠的知音和伯乐,让他们有舞台,受赏识,得荣誉,并且给予相当的物质待遇,他们就能够创造无碍,"运斤成风"。

梓庆:鬼斧神工

这是《庄子·达生》中的故事:

梓庆削木为镶(jù),镶成,见者惊犹鬼神。鲁侯见而问焉,曰:"子何术以为焉?"对曰:"臣,工人,何术之有?虽然,有一焉。臣将为镶,未尝敢以耗气也,必齐以静心。齐三日,而不敢怀庆赏爵禄;齐五日,不敢怀非誉巧拙;齐七日,辄然忘吾有四枝形体也。当是时也,无公朝,其巧专而外滑消。然后入山林,观天性。形躯至矣,然后成见镶,然后加手焉。不然则已。则以天合天。器之所以疑神者,其由是与!"

梓庆削木为镶,见者惊其鬼斧神工。鲁侯也大惊,问:"您是用什么技术做成的呢?"

梓庆说:"臣,工人(出现了"工人"这个词呢),何术之有?虽然如此,也还是能说出一种本事……"

梓庆说,他准备做镶时,绝不敢虚耗精神,必定斋戒(齐)静心。先去掉邀功请赏的欲望;再去掉让别人说好的那种虚荣心;最后完全忘我,好像连自己有四肢形体都忘掉了。到了这种状态,什么公朝,什么权威,在他心中都消失了(外滑消),他只是专注于技巧(巧专)本身。然后他入山林,察木料,观天性,看见形态与镶合的,镶就在脑中先形成了,然后动手,把脑子中的镶释放出来。这个叫做"以天合天",所以他能够被人誉为"鬼神"。

去掉庄子的自然主义意蕴,从这个故事中我们可以看到工匠梓庆的一种"忘我境界",他之工作,"动机水准"很高,追求的已经不是利禄功名,而是创造本身;因为是创造,他只遵循创造的规律,只崇拜想象中的产品,而视君侯的权力为乌有。因为这种如天的境界,便能削木为镰,应手而神。

最后——或许首先就应该问——镰是什么东西呢?

我手头的《白话庄子》(张玉良主编,三秦出版社,1990年)将其解释为一种乐器。不准确,应是乐器的辅助之器,具体来说就是古代悬编钟或编磬架子两侧的立柱,同"虡"。而架子中间的横梁则叫"笋"(sǔn),同"簨"。《考工记》有"梓人为笋虡"一节,即是指制造这两种同乐器有关的东西。

"梓人"是《考工记》中"攻木之工"中的一类,专制钟磬的悬架、饮器、箭靶,以此分类,也可见梓庆所造不是乐器,而是乐器架。"梓"就是他的分工,"庆"是他的名字。同理,"轮扁"就是轮人扁;"匠石",就是匠人石,或一位叫石的匠人。此处的"匠人"可以泛解为"工匠",因其用斤斧,和其对于木材的识辨,可知也是一位攻木的工匠。

梓庆削木为镰,不是随便削出可以支撑的柱子就算完,那样他就不配被赞"鬼斧神工"了。原来那时梓人制造笋镰,是要雕刻出造型的。他们不仅是木工,还是工艺美术家。到湖北省博物馆去看曾侯乙编钟,你会看见承托中、下层横梁的6个关键性立柱是6个铜人。你看见,你惊叹。铜人戴圆帽,着长袍,束腰带,配宝剑,上肢肌肉发达,弯曲向上托举横梁。那是举起了重达2500千克的大型编钟及钟架的,但他们举重若轻,只见他们神态自若,双目平视,薄薄的嘴唇自然地抿着。铜人——钟镰——固因编钟而造型,但也可以视之为可独立存在的艺术精品。

这正是梓人的作为,只不过其材质已由纯木扩展到青铜了。同样,你想象上述铜人都是纯木制作的,就可以理解庄子笔下的梓庆"为镰"为何叫人"惊犹鬼神"了。

《考工记》"梓人为笋虡"节总结得还要高妙:蠃(裸)属动物(即人类)"有力而不能走,则于任重宜;大声而宏,则于钟宜",正适合做钟虡;而羽属动物

曾侯乙编钟(视觉中国供图)

(指鸟类),"无力而轻,则于任轻宜;其声清阳而远闻,于磬宜",正适合做磬
虡;若是鳞属(如蛇、龙),其身圆长而均匀,则适合雕刻为笋。雕刻时,一定
要突出鳞类本身的特点,其爪啊、眼啊、鳞啊,都要显出一种奋斗拼搏的样
子,而不能给人一种萎靡不振的观感,如此才能与钟磬配合!总其上,都是
强调造型之美匹配于声音之美,使视听欣赏相得益彰。也就是说,作为悬
架,虡不仅从物理层面上支持钟磬发声,也要从精神层面上参与音乐形象的
塑造;让人感到,那乐音不单是悬着的钟磬发出的,也是那形象化的虡所发
出的。

《考工记》中的总结,完全可与出土的实物相互印证,再结合庄子的描
写,我们才更能理解梓庆针对"削木为镶"为何能讲出那么一大套"形而上的
理论"。

庖丁:游刃有余

庄子笔下的工匠,以攻木之工为多。他还提到木工工倕(又见名"倕"的
工匠,倕就是巧匠的代称),只用手指旋转,就能画出圆来,就像用了圆规

一样。

庖丁是庄子着墨最多的一位工匠,他不是木工,如名所示,是一名厨工,或者说,是专司屠宰的工匠。

这是《庄子·养生主》中的故事。这个故事大家太熟悉了。不就是高中课文《庖丁解牛》嘛!还能背诵的:

> 庖丁为文惠君解牛,手之所触,肩之所倚,足之所履,膝之所踦(yǐ),砉(huā)然响然,奏刀騞(huō)然,莫不中音。合于《桑林》之舞,乃中《经首》之会。
>
> ……

这可以说是一个最"牛"的工匠,也是最能体现当下我们所说的"工匠精神"的一个故事。他的故事,也是对所有那些攻木神工故事的一种诠释。

和梓庆一样,庖丁从解牛中体验到一种创造的快感。他创造,乃是因为他热爱;他热爱,所以专于一行,技艺纯熟,并且由技入道,看见了蕴含在牛骨头缝中的自然规律,因而每每动刀,总能游刃有余,如诗人写诗、乐人弹琴。这正是马克思学说中"自由劳动"的实现。与"奴役劳动"或"异化劳动"不同,"自由劳动"是人对自己本质的充分占有。通俗地说,就是劳动着同时感到自己是大咖、大腕、大师,感到自己很"牛"。请看庖丁解完一头牛后的神态和姿态是多么令人羡慕:

> 提刀而立,为之四顾,为之踌躇满志,善刀而藏之。

庄子笔下的每一位工匠,都是"自由劳动"的代表。轮扁、匠石、梓庆、庖丁,在他们的"出场秀"中,庄子都安排了一国之君来陪衬他们的技术和智慧,其潜在的意思,是说这些工匠是可以和国君平等交流的,他们甚至可以是国君的启蒙者。自由建基于平等,一种可贵的平等主义思想,已然从庄子笔端流露。考虑到工匠在历史上的实际地位很低(有的甚至是奴隶),可知庄子的描写是理想化的,或者说是一种"诉求书写"。亦即,他是在为工匠争地位,为工匠代言;他就是工匠们的知音和伯乐。

梓人:从杨潜到喻皓到李诫到……

唐代文学大咖柳宗元早年写过一篇有关工匠的传记散文《梓人传》,是其《柳河东集》中的代表作之一。

这里所谓梓人,已经不是专指《考工记》所列的专造饮器、箭靶、钟磬架子的木工行当之一了,亦即不是庄子笔下的梓庆所干的那个工种了。柳宗元在文末说:"梓人,盖古之审曲面势者,今谓之都料匠云。"所谓"审曲面势",是《考工记》中的词,即匠人审视材料的天然曲直,量材成器,安排营造。《考工记》说,这叫"百工"。然而所谓"曲直"者,盖以木头最著,所以此处有以木工总括百工的意思。"梓人"后来又专指建筑工人。然而柳宗元所谓的梓人,却已经又有着"都料匠"的新意了。所谓都料匠,是唐代出现的专门从事建筑设计、施工的阶层,又称营造师、总工匠。按照我们的说法,不是小木工,是大匠人,是建筑总工程师、总设计师,另外还兼有总包工的意思。当然,顺便说下,在印刷术发明后,梓人也指印刷业的刻板工人。

柳宗元笔下那位梓人叫做杨潜。柳宗元在文末最后一句写道:"余所遇者,杨氏,潜其名。"谢谢,在正宗儒家叙事中,让工匠留个名很不容易。

让我们进入杨潜的故事。

牛气冲天,却不会修床腿

那一天(公元8世纪八九十年代),长安光德里,柳宗元妹夫裴封叔家,有梓人杨潜敲门求租房。说是梓人吧,却不带着斧头锯子一类的工具,只是带着量尺、圆规、曲尺、墨斗一类的准具。问他最擅长什么,他杠杠地说:

"我只会计算木料（吾善度材）。看一幢房屋的规模，精确算出合适的高、深、圆、方、短、长，然后我指挥木工们按我设计的标准分工去做（视栋宇之制，高深、圆方、短长之宜，吾指使而群工役焉）。别看他们人多，可离了我，他们连房角都造不出来（舍我，众莫能就一宇）。所以，给官府造房子，我的工钱是一般木工的三倍；给私家建，我要得全部工钱的一大半（故食于官府，吾受禄三倍；作于私家，吾收其直太半焉）。"

柳宗元想，吹牛吧你？有一天，借机到他房间里察看，发现他睡的床居然缺一条腿，问为何不修。他说："这是其他木工的事，我不擅长这个。"柳宗元就笑了，内心已坚定认为，这工人没成色，所谓"满瓶子不响，半瓶子咣当"，说的正是这厮。

作者大骇：他是真牛

然而"京兆尹将饰官署"了，杨潜包下了这桩大活。柳宗元又经过那里，目睹了这位"牛人"的工作过程，不禁"大骇"：人家是真牛，不是"吹"出来的"牛"！

柳宗元有一段精彩的描写：

委群材（各种木料堆在那儿），会众工，或持斧斤，或执刀锯，皆环立向之（都围成一圈站在那儿，向着杨总工）。梓人左持引（左手拿着量尺），右执杖（右手持指挥棒），而中处焉（站在圆圈中间），量栋宇之任（测量房屋应有的压力），视木之能举（能负荷那种压力的木料），挥其杖曰："斧！"彼执斧者奔而右。顾而指曰："锯！"彼执锯者趋而左。俄而斤者斫，刀者削，皆视其色，俟其言（等他发令），莫敢自断者。其不胜任者，怒而退之，亦莫敢愠（连不高兴都不敢，气都不敢吭）。

这完全是一位将军在指挥打仗嘛！指挥若定，绝对权威，杀伐果断，大将风度；或是一位现代交警戴着白手套在指挥交通，因其手势，车辆川流，左左右右，井然有序，和谐美观。

柳宗元还看到他把蓝图画在墙上,长宽仅一尺,却把整栋建筑的大构、局部、细节都画出来了(而曲尽其制)。按图示尺码放大建造落地大厦(计其毫厘而构大厦),没有丝毫差错(无进退焉)。

绘制蓝图比现场指挥有着更高的技术含量,需要这位总工匠付出更多心智的。现场工人为什么对他那么服?也是因为他会画图,他的图画得很好。我采访过一些业有所精的建筑农民工,他们会这样描述他们的进步:"我原来不会看图,现在会看了。"或者:"我学会了画图纸。"

回到唐朝。还是柳宗元亲眼所见,建筑完工,杨潜在大梁(栋)上写上

中国古代木构建筑的搭建(采自《彩图科技百科全书》第五卷)

"某年某月某日建",末后还书其名字:杨潜。而具体操作的木工们则一个名字也不留。

读到这里,我就想起《吕氏春秋·似顺论》中的一句话:"宫室已成,不知巧匠,而皆曰:善,此某君某王之宫室也。"杨潜所为,就是要打破工匠无名的命运啊!

柳宗元这样描述了他看见杨潜留名的感受:"余圜视大骇,然后知其术之工大矣。""圜视"者,瞪大眼睛望着。

古之工匠,从春秋开始,就有必须留实名于其产品上的质量管理制度,所谓"物勒工名,以考其诚;工有不当,必行其罪,以穷其情"(《吕氏春秋·孟冬纪》)。比如,我到西安参观秦始皇陵兵马俑,导游就介绍,在俑身的腋下和臀上等隐秘部位,都刻有工匠的名字;我还在玻璃展馆内看到一支秦戟上刻有工匠"成"的名字。明代的城砖上,也往往刻有工匠名字。这种实名制,都是为方便追责。而追责是要追到命的,看谁敢有丝毫马虎!而杨潜的留名于栋,则已是一种自觉主动的行为、骄傲的行为,不仅意味着"没问题",还意味着"最好",意味着品牌。杨潜的留名于栋,可以作为成语"栋梁之材"的又一出处了。

认识到杨潜"其术之工大矣"之后,柳宗元还议论说,作为梓人,就是立标准的,不在于精通具体各个的工种;作为梓人,你要他与众木工抢活干,不是很荒谬吗?他还认为像杨潜那种梓人,肯定是非常坚持原则的,哪怕是房主让他降低一点标准,哪怕多给他工钱让他降低一点标准,他也不干,宁愿不干,他必须对他自己负责!"是诚良梓人耳!"

从杨潜到喻皓到李诫

《梓人传》表面上是工匠杨潜的传记,其实呢,是讲如何做宰相的,是"宰相必读"。

《梓人传》叙述梓人故事的篇幅只占一半不到,其余一半以上的篇幅都是论述做宰相当如作者所遇见的那位梓人,重在"立纲纪、整法度",使天下人各安其业,而不是"亲小劳、侵众官"。既然别有寄托,则杨潜其人形象或有艺术加工的成分。虽然如此,我们仍要感谢柳宗元为我们留下这样一个可贵的文本,让我们在唐代历史的角落看到一位技术精湛、尊严满载,且有名有姓的建筑师的高大形象。他高大到连做宰相都要向他学——也可以这样理解这篇文章。

如果认为杨潜其人终非实有、终不能令人过瘾的话,下面就介绍一位实有的都料匠。

他叫喻皓,祖居浙东,擅长造塔,活动于五代吴越国时期至北宋初年。有两个大人物在自己的著作中记录过喻皓的故事:一是沈括的《梦溪笔谈》(卷十八);二是欧阳修的《归田录》(卷二)。两个人都记了喻皓造塔的故事。

沈括记录称,吴越国时期,曾在杭州梵天寺建一座木塔,才建到两三层的时候,钱氏国王登之,塔动。匠师说:"没铺瓦,上边轻,所以动。"可全塔建好铺了瓦,还是动。无可奈何,匠师就密使其妻见喻皓之妻,还送她一副金钗,通过她讨教于喻皓。喻皓"笑曰":"这容易。只要逐层铺好木板,用钉子钉牢,就不动了。"如其言,塔果真稳定下来。沈括解释说,这是因为木板钉好后上下紧密约束,六个面联结起来就像一个空箱子(这是整体箱形结构的概念),人踩在板上,上下及四周板壁相互扶持(同时受力,压力分散),塔身自然不会晃动。"人皆伏其(喻皓)精练。"沈括如是结尾。

这个故事还被选到苏教版七年级语文教材中了。

在欧阳修的记录中,喻皓造的是京城汴梁(今河南开封)开宝寺木塔。"开宝寺塔,在京师诸塔中最高,而制度甚精,都料匠喻皓所造也。"塔初成,望之不正,微向西北方向倾斜。大家感到奇怪和危险,问喻皓为何那样。喻皓解释说:"京师地平无山,又多刮西北风,使塔身稍向西北倾斜,为的是抵抗风力,估计不到100年,就能被风吹正。"欧阳修评价说:"其用心之精盖如此。国朝以来,木工一人而已。"还说,后世(即他的时代)木工多继承喻都料的施工方法。

开宝寺塔始建于宋太宗太平兴国年间(976—984),端拱二年(公元989

年)建成,8角13层,总高360尺(宋朝1尺大约合30.72厘米)。对于高层木结构建筑设计来说,风力确是一项不可忽视的荷载因素。在当时条件下,喻皓能做出"比萨斜塔"式的设计,确属前无古人的创新。可惜的是,还不到100年,还没等人们看到塔身完全变正,在宋仁宗庆历年间(1041—1048),开宝寺塔就毁于一次火灾。有史料称,这座"斜塔"即如今开封铁塔的前身。

《梦溪笔谈》(卷十八)中记录喻皓的文章还有另一篇。这一篇是介绍喻皓的著作的。原来喻皓还撰有我国第一部木结构建筑专著——《木经》。"营舍之法,谓之《木经》,或云喻皓所撰。""其书三卷。"

欧阳修在他的"造塔"文章中也提到《木经》,用的是确定的口吻:喻皓"有《木经》三卷行于世"。又附记了一个传说。说是喻皓只有一个女儿,年十余岁,每晚睡觉,都交手于胸,做建筑结构状,"如是越年,撰成《木经》三卷,今行于世者是也"。这真是一条叫人眼前一亮的信息。按此说,则喻皓的女儿也是一位"建筑控",而且起码也是《木经》的撰著者之一。这真是父女相传的佳话!

可惜的是,《木经》已经失传。我们今天所能看见的,也仅是《梦溪笔谈》中的那条少到300多字的记录。该文的主体部分即是据《木经》内容介绍木结构房屋结构的。"凡屋有三分(去声)。自梁以上为上分,地以上为中分,阶为下分。"接着介绍各分结构规制。比如上分梁长八尺,相应梁至屋脊的高度就应是三尺五寸,等等。

《木经》虽已失传,但在喻皓逝世约100年后,却有了我国建筑史上一部划时代的巨著——李诫编写的《营造法式》。该书出版于宋徽宗崇宁二年(1103年),是北宋官方颁布的一部建筑设计、施工的规范书,是我国古代最完整的建筑技术书籍,也是当时世界一流的建筑学著作。

《营造法式》的作者李诫是北宋晚期著名的建筑工程师,曾从事宫廷营造工作,是将作监(掌管宫室建筑)主官,先后主持五王邸、辟雍、尚书省、龙德宫、棣华宅、朱雀门、景龙门、九城殿、开封府廨、太庙、钦慈太后佛寺等十余项重大工程。《营造法式》是李诫个人丰富的建筑经验的总结,也是对同时代工匠智慧的一次集中采撷，还是对前人建筑技术的吸收和传承。为编写此书，李诫参阅了大量文献和旧有规章，而喻皓的《木经》无疑也在他的"法式"中留下了重要的基础。

经由当代著名建筑学家梁思成和林徽因夫妇的介绍和解读，《营造法式》现已享誉世界，李诫因之也成为世界级的建筑大师。梁思成是李诫的"粉丝"，为了表达其"粉丝之情"，他甚至给儿子取名梁从诫——师从李诫的意思。

李诫，也是一位梓人，而且是这么重要的一位真实的梓人，却没有名作家或史家为他写篇"梓人传"或笔记，《宋史》也无其传，他的生平资料浓缩在他的一位部属为他写的墓志铭中。他是河南新郑人，除了搞建筑，还擅长书法和绘画。

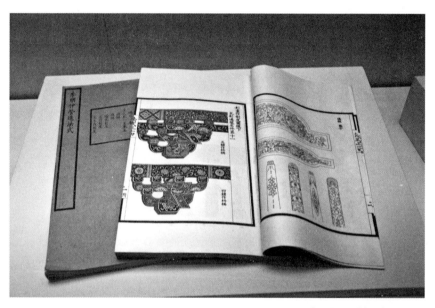

《营造法式》（壹图网供图）

第二章

班墨传奇

墨翟

公元前480年～公元前390年

"百工之神"鲁班

提起鲁班,那可是家喻户晓,连三岁小孩也能说出他是一个木匠。那么我们为什么不在《攻木绝活》里边讲述他的故事呢?因为,他远远不止是一位木匠。他是包括木工在内许多行业奉认的祖师,还和思想家、科学家之祖墨子有着老乡、朋友和对手的密切关系。所以我们以《班墨传奇》为题,把这哥儿俩的故事都说了。后来发现复旦大学教授钱文忠也在央视《百家讲坛》讲过《班墨传奇》,就有点得意于此创意和标题的巧合。

关于鲁班的公共记忆

提起鲁班,我们就想起他仿照草叶边缘的细齿发明锯的故事。小光腚时代,在幼儿园就听老师讲过啦。小学二三年级,又学了课文的。

一晃我们又上了初中,又学过一篇课文,也是关于鲁班的,作者就是墨子或其门徒。在这篇课文里,鲁班还叫"公输盘"(还记得吗?盘读"般"):

公输盘为楚造云梯之械,成,将以攻宋。子墨子闻之,起于齐,行十日十夜而至于郢,见公输盘。(《墨子·公输》)

我还记得,在这篇课文里,那位公输先生和墨子在楚王面前相向而坐,墨子解下腰带当做城墙,两人打哑谜似的演习了九番攻城守城,进攻方公输都输了。哑谜继续打,公输说,我知道我还有一招儿可以搞定你,我不说。墨子说,我知道你还有一招儿可以搞定我,我也不说。堂上的楚王听得云里雾里,急得拍案大叫,快说!你们在说什么?

课堂上，少年的我及我的同学们都嘿嘿地笑了。这天，中年的我在地铁中想到这个桥段，又笑了。

不知那时候语文老师给我们讲清楚没有，公输盘就是"鲁班"。"公输"是复姓，"盘"和"般"相通，"般"又和"班"发音一样，公输盘也可以写成"公输班"，又因他本鲁国国民，他最后就被大伙儿称为"鲁班"了。

公输盘助楚攻宋的故事，《吕氏春秋》(爱类)、《战国策》(宋卫策)、《尸子》(止楚师)等典籍也有记载，情节要简略得多，都不如《墨子·公输》所记详尽有趣。鲁迅还将这段故事演绎成小说《非攻》，收在他的《故事新编》里，那当然是可读性特别强的了。当然，包括《墨子》和鲁迅在内，以上所记，都是以墨子为主角，而我们这里是作为"公输事迹"来发掘的。

也有人认为，公输盘和鲁班不是一个人，而是并列的两个工匠。如《汉书·叙传上》有"班输"记载："班输榷巧(专精)于斧斤"，唐代颜师古注此称："班输即公输班也。一说，班，鲁班也，与公输氏为两人也，皆有巧艺也。"又如汉代乐府有《四坐且莫喧》一诗，在描绘了一只制作精巧的博山香炉后，作者设问并回答："谁能为此器？ 公输与鲁班。"但也有人解"公输与鲁班"句语气似指两人，其实还是一个人，意谓除了公输(鲁班)还是公输(鲁班)，是一种强调的表达艺术。总之，主流的意见都认公输就是鲁班，我们从此。

关于鲁班，我们还有第三个记忆，那就是一个成语：班门弄斧。这个成语出自柳宗元的《王氏伯仲唱和诗序》："操斧于班、郢之门，斯强颜(不知羞耻)耳。"班，自是指鲁班；顺便解释一下，郢，就是庄子笔下那位让匠石砍他鼻梁上白粉的郢人，柳宗元这样写，正好说明他也把郢人看成一位操斧攻木的高手。

好啦，回到正题。

"高大上"的军工专家

据《墨子·公输》的记载，鲁班是个非常"高大上"的发明家。你看，他发明了云梯这种先进而大型的攻城器械，从而把历史带入了战国时代。他还实际参与了政治活动或战争,以鲁国国民身份,被南方的大楚王国聘为军工专家,很可能还是军事战略专家。

在《墨子·鲁问》篇中,也录有鲁班本事。楚国和长江下游的越国也开战了,以船,水战。越人逆流而上,见利则战而胜之;见不利则退得很快,因为是顺流而退。楚国则反之,逆流退却,因此屡屡吃亏。鲁班就为楚国制造了"钩强之备",敌船后退,就用钩钩住它;敌船来犯,则用强推拒它;并根据钩、强的长度制造配套合适的兵器。因此,那钩强只有楚军能用,越军若用,其手中的兵器就短而无用。凭着这种军工上的优势,楚军转而屡败越人。

《鲁问》还载:"公输子削竹木以为鹊,成而飞之,三日不下。"不得了,这是发明了无人机。另据《鸿书》(明万历年间安徽宣城刘仲达纂辑的一套类书)和《渚宫旧事》(唐文宗时余知古著,专记楚中人事)记载,鲁班还曾制木鸢乘之以窥宋城。更不得了,这是能载人的侦察机!这应是世界上最早的飞机了!

关于鲁班发明"飞机"的传说,是不一而足的。他发明的"飞机"造型有鹊、有鸢,还有鹤。《述异记》(南朝数学家祖冲之著)载:"天姥山南峰,昔鲁班刻木为鹤,一飞七百里。后放于北山西峰上。汉武帝使人往取,遂飞上南峰。往往天将雨则翼翅摇动,若将奋飞。"另据唐代段成式的志怪小说《酉阳杂俎》,鲁班因在外地的项目部做工,就发明木鸢,往往乘之以归"私会"妻子。其启动之要,在于"击楔三下"。其父见之,偷坐之,却击楔十余下,于是鸢飞极天,远至吴国才降落。吴人见之,以为妖,竟打死了老头子。因发明出祸,这是题外话了。总的来说,无论是鹊、鸢,还是鹤,鲁班发明的"飞机",也是跟今天的飞机一样,必须如鸟之有翼的。

小结本节,鲁班实为军工鼻祖,他的发明,尤其是那面向天空的大胆创造,是很能沸腾我们的爱国主义热血的。

民间"发明之父"

但是鲜活地活在我们心中的,还是发明了锯的鲁班,也就是首先被民间的木匠拜为祖师爷的鲁班。不仅是锯,木匠所用的全套家伙什:墨斗、刨子、钻子、凿子、曲尺……相传都是鲁班发明的。

我少小长在乡间,每见木匠眯起眼在木料上弹出一条笔直的墨线时,就不禁肃然起敬——原来木匠也是需要"墨水"的呢。又见他、他和他双手持刨,伏身推出无穷、柔滑、奇妙如梦的刨花来,更是无言地佩服。当时还不知道,这都是拜鲁班师傅所赐啊。由于鲁班的发明,跃升了木工的工作效率和技术水平;作为木匠,更有尊严了。

清代年画鲁班像(视觉中国供图)

鲁班远远不止是打造家私的"小木匠"的祖师,他还是"大木匠",即民间所谓的"掌墨师",亦即柳宗元笔下的梓人或都料匠,如前所述,是传统起楼架屋工程建设中的总工程师,是规划选址、工程预算、画图设计、凿山开基、掌墨放线、施工监造,特别是起架上梁都必须在场的灵魂人物。传统房屋建筑以木、土还有石为材料,因此除了木匠,鲁班还是泥瓦匠和石匠的总师傅。

从自己的专业出发,围绕民生所需,民间归到鲁班名下的发明创造多如星辰。他发明了石磨。他看见一位老太太手抱石杵,沿用已经用了两千多年的老办法,在石臼里舂米,累得快趴下了,却见功甚微。他就琢磨,于是大地上就有了石磨。石磨,变杵臼的上下运动为旋转运动,又变杵臼的间歇用力为连续磨合,还可以用畜力代替人力,大大减轻了劳动强度而提高了生产效率,在当时可是了不起的革新。石磨从被鲁班发明出来,又过了两千多年,才退休成为"老电影"中的事物。发明石磨之后,鲁班又发明了石碾、石滚、木砻等粮食加工器械。又说,也是鲁班第一个在山区打出了深水井,井壁以石砌垒。井上的辘轳也是他发明的。从辘轳出发再转脑筋,鲁班师傅又发明了用以灌溉的风车。还发明了用钥匙才能打开的锁;门上的铺首(即装在门扉上用于装饰、镇邪和叩门的圆环及其兽首基座)也是他巧手设计出来的……

连鲁班的家人也成了发明者。据说,伞就是鲁班的妻子专为外出做工的丈夫遮风挡雨而发明的。还传说,鲁班在家里做木活刨木时,总是他的妻子扶着木料的另一头,这很耽搁她织布,她就出主意在刨木料的长凳那头钉上镢子代替人工固定木料。这主意好。这顶住木料的镢子就叫做了"班妻"。还有"班母"。鲁班放墨线,总需要她母亲牵住线的另一头,也很窝工。她母亲灵机一动,就让他在线端系上一个挂钩,从此就不费人工牵线了。这挂钩就被后世木匠尊称为"班母"。

可与孔子平分秋色的"百工之神"

从汉代开始,关于鲁班的传说之花已开满民间,鲁班已成为能工巧匠的卓越代表。唐人"每睹栋宇巧丽，必强谓鲁班奇工"（《酉阳杂俎》）。

那么也许问题来了，原来那位"高大上"的军工专家公输是如何过渡成一位接地气的民间巧匠的呢？我认为，他是从伟大的和平主义者、兼爱者兼科学圣人墨子那里受到教育，因而"三观"裂变的。他热衷于研制战争器械时，应在前半生。他以工巧助楚攻宋，却为墨子所屈，同时折服于后者的"非攻"主张。仍据《墨子·鲁问》，鲁班制作了能飞的木鹊，首先向墨子演示，以为至巧。墨子却说："你这玩意儿，还不如普通木匠做的车辖。那车辖只有三寸之木，一会儿就削成了，却可以担当五十石重的东西（这里的车辖，就是我们在前边讲过的插在车軎上的销子，相当于车钥匙，当然是三寸之木就可以做成。而钱文忠教授在《百家讲坛》却说是车轴，这"口误"就"大"了）。发明创造，有利于人的，才叫巧；不利于人的，都是拙（子之为鹊也，不如匠之为车辖，须臾斫三寸之木，而任五十石之重。故所为巧，利于人谓之巧，不利于人谓之拙）。"鲁班听了，更觉半生虚度。

从此鲁班行走江湖，深入民间，瞄准劳动人民生产生活所需，一项项有用的发明就从他手中诞生了。

我还发现一部摄于1958年的黑白老电影《鲁班的传说》，乃著名导演孙瑜（拍过《大路》和《武训传》的那位电影大师）的作品。影片中的鲁班已被年轻人称为爷爷，活动范围却很大，先在西蜀，后在江南，又到北方，分别解决了三个工程技术难题，及时救助三位工匠于危难之中（他们解决不好，是要被杀头的），显然已经很像是墨子的门徒（墨子的门徒就是中国历史上最早的侠客，而墨子也被追认为侠客的始祖。见下节），也像一位显圣的神仙（果然，鲁班曾被道家封为巧圣仙师），虽然影片一直强调他就是劳动人民的代表。

鲁班的确是劳动人民的代表——具体地说就是工匠的代表——但也的确被神化了。鲁班成神，自然首先成了木匠业的保护神。我发现在一些木匠用的五尺上，甚至都刻着他的神位。接着是泥瓦匠、石匠都奉他为行业保护神。而他作为建筑业生产品质和生产安全的保护神地位，更是至高无上雷打不动。写完这句又发现,在古代,搭棚、扎彩、编织、木雕、玉器、梳篦、钟表、制盐、造糖等各行各业,都纷纷供起了鲁班,都在讲说鲁班与他们这一行的缘分。鲁班俨然又被人民升级扩大为百工之神了。在各地供奉他的庙宇里,有"万世规矩""工师万古""庶绩百工"(意谓使百工各业都兴旺发达起来,出自《尚书·尧典》:"允厘百工,庶绩咸熙")之类的匾额,正宜于其百工之神的地位。

鲁班故里在山东滕州(枣庄市辖,与我们已经介绍过的车神奚仲的故里薛城区紧邻),与墨子同乡,还可以想象他们是发小,虽然按照专家们的推算,墨子实际上比鲁班要小39岁。

明代有一本介绍木工业务技术和迷信的书叫《鲁班经》(全名《新镌京版工师雕斫正式鲁班经匠家镜》),以"鲁班"命名,正是崇拜鲁班的表现,彼时坊间刻印此书,还有直接署名"公输班著"的。该书卷一《鲁班仙师源流》竟将鲁班的生平凿得十分精准,说鲁班本姓公输,名班,还有一个字叫"依智",鲁国东平村人,生于鲁定公三年(周敬王十三年),即公元前507年。他被鲁定公封为太师,后又被道教挖去尊为巧圣仙师。

上海在清同治九年(1870年)勒刻的《石作同业先后重修公输子庙乐输碑》,更对鲁班的生平刻写到十二分精准。这是石匠们立的碑,纪念他们的祖师鲁班。碑文称:"祖师讳班,姓公输,字依智,鲁之贤胜路东平村人也。父讳贤,母吴氏,师生于鲁定公叁年甲戌五月初七日午时",又称鲁班的"淑配云氏",也是"天授一段神巧",其佳处不饶于班。

以上都是很有意思的资料,说明民间自有一种信仰,信仰鲁班,信仰工匠神技。

仍然按照专家们的考证,鲁班比另一位鲁国人孔子要小44岁。孔子、墨子、鲁班,鲁国差前不后地一下子诞生出三位祖师级人物,真是奇迹。墨子学说曾经能与儒家平分秋色,忽然失传,就剩下鲁班,以民间匠师身份,与官方化的孔子平分秋色。不能说鲁班就是墨家门徒,毋宁说墨子也出身于工匠,其学说就带着一种先天的"工匠精神"。他影响了鲁班,也受鲁班影响。

《鲁班经》（视觉中国供图）

就是这样一位鲁班，如果没有他在建筑、机械和器物上的发明创新，孔子的伦理思想就无所附丽。鲁班姓了"鲁"，这是人民赐他以国为姓，正是其不亚于孔子的骨灰级地位的体现。鲁班在他的时代也曾被尊称为"公输子"，如"孔子""墨子"一般，这也是他与孔、墨地位平等的一种呈现。长期以来，鲁班所代表的工匠文化传统，一直缺少书写，但人民自有崇拜，田野也有丰碑。

今天，中国建筑行业设有鲁班奖，代表中国建筑行业工程质量方面的最高荣誉，这是对鲁班的最好纪念、最高评价，也是对其精神的最好传承。

"墨子号"为何起名墨子？

2016年8月16日1时40分，我国在酒泉卫星发射中心成功将世界首颗量子科学实验卫星"墨子号"发射升空。2017年8月，央视报道称，"墨子号"实现三大目标，我国量子通信领跑世界。

为什么这么伟大的卫星，要用政治伦理思想家墨子的名字命名？原来，墨子不仅是思想家，还是科学家，也有许多惊人的科学成就领跑于全世界。

小孔成像

当初为何要给现正在太空工作的量子科学实验卫星命名为"墨子号"，我国量子科学实验卫星首席科学家、中国科学院院士潘建伟在接受媒体采访时说："卫星之名取自我国科学家先贤，体现了我们的文化自信。"潘建伟具体说，《墨经》里记载了世界上第一个"小孔成像"实验……

小孔成像？记忆复活！初中物理教材中插入过这个有名的"历史故事"。

小孔成像，准确地说是小孔成倒像。潘建伟说，墨子用这个实验在世界上第一次解释了光沿直线传播的原理，这正是现代照相技术原理的起源；这个原理也为量子通信的发展打下了一定的基础。

《墨经》，指今本《墨子》中《经上》《经下》《经说上》《经说下》《大取》《小取》6篇提纲式记录文，亦称《墨辩》。"小孔成像"见诸《经说下》：

景（影）：光之人，煦若射，下者之人也高，高者之人也下。足蔽下光，故成景于上;首蔽上光,故成景于下。

光之人,煦若射:照射在人身上的光线,就像射箭一样。

下者之人也高,高者之人也下:照射在人上部的光线,成像于下部;而照射在人下部的光线,则成像于上部。

足蔽下光,故成景于上;首蔽上光,故成景于下:足遮住下面的光,反射出来成影在上;头遮住上面的光,反射出来成影在下。小孔就是这样成倒像的。

墨子接着还指出,物体反射的光与影像的大小同小孔的距离有关系。物距越远,成像越小;物距越近,成像越大。

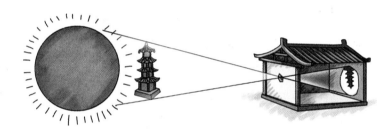

小孔成像

怎么样？快带着你的小宝贝做一做这个有趣而伟大的小孔成像实验吧！很简单的,先在一块纸板上扎一个孔……

《墨经》中一共有8条几何光学知识的记载,除小孔成像外,还有对平面镜、凹面镜、凸面镜成像的观察研究,被称为"《墨经》光学八条"。如此"光辉"的文字,比古希腊大数学家欧几里得(约公元前330—前275)的光学记载要早百余年。

墨家的科学水平超过整个古希腊

古希腊还有一位"牛人"——哲学家、数学家、物理学家阿基米德(公元前287—前212),他说过一句我们大家都很熟悉的"牛话":"给我一个支点,我就能撬起整个地球!"说的是杠杆原理,阿基米德遂被认为是杠杆原理的发现者。殊不知,《墨经》中已经用"本短标长"则相平衡等语记载了杠杆原理。用现代物理学术语说,"本"就是从支点到阻力的作用线的距离,"标"就是从支点到动力的作用线的距离,写成力学公式就是:

动力×动力臂("标")=阻力×阻力臂("本")

墨子比阿基米德要大近200岁,也就是说,墨子比阿基米德早100多年总结出了杠杆原理。

除了杠杆原理,墨子还对斜面、重心、滚动摩擦等力学问题进行了一系列研究。他还给力下了这样一个定义:

力,刑(形)之所以奋也。(《墨经·经上》)

就是说,力是一切物体运动的原因,即使物体运动的作用叫做力。

墨子提出,物体在受力之时,也产生了反作用力。接着还提出,是阻力使物体运动停止,如果没有阻力,物体将会永远运动下去。这一观点,被认为是近代西方牛顿(1643—1727)惯性定律的东方先驱。约当墨子去世前后出生的古希腊哲学家亚里士多德(公元前384—前322)也认为力是使物体运动的原因,但又认为停止是物体的本性,这一点却是肤浅的、错的,不如墨子了。

墨子及其弟子们通过实践,还发现了声音的共振原理。

以上墨子对物理学的巨大贡献,不知你的初中物理老师告诉你了没有?反正我上学时没听物理老师讲过。

还有,不知你的数学老师告诉你没有,墨子对数学也有大贡献。被称为"几何之父"的欧几里得,在这方面跟墨子相比也要矮几分。欧氏所提出的关于倍的定义、圆的定义、正方形的定义等,墨子都总结过了,而且墨子还是世界上第一个对十进制计数法进行阐述和总结的科学家。

著名西方汉学家、中国科技史学者李约瑟曾经赞叹道:"墨家的科学水平,超过了整个古希腊。"(转引自李晓东《发掘传统文化的优秀内涵》,《文艺报》2018年12月5日)在他的多卷本《中国科学技术史》中,辟出两个专章,专门讨论墨家的自然科学内容。

当我们说到"墨家"时，是指墨子和他当世、后世的弟子们这个整体来说的。墨家的科学水平，当然奠基于墨子。所以我们叙说种种科学发现时，我们将荣誉和人称归诸墨子。

江湖上传说墨子是一位黑衣侠客，来自印度……

我们更熟悉墨子是一位伟大的政治伦理思想家、墨家学派的创始人，他针对儒家学说的不足，提出兼爱、非攻、尚贤、尚同、节用、节葬等理想主义色彩浓厚的主张，而他和他的弟子们都能说到做到，以苦行僧式的作风勇猛精进，摩顶放踵，赴汤蹈火，以利天下而乐为之。墨子奉大禹为偶像，他常对弟子们讲："禹圣亲力亲为奋战在治水一线，久而久之，连小腿上的毛都磨光了，这种精神是多么值得我们学习啊！"

墨家学派曾经声势浩大，是儒家最强烈的竞争对手，两家并称显学。

墨子像(壹图网供图)

墨家集团还形成了一个有纲领和章程的民间组织，其领袖为巨子(钜子)。墨子就是第一任巨子。他的大弟子禽滑(gǔ)厘可能是第二任巨子。第三任则可能是孟胜。墨家以体制外的身份而有强烈的好义心和行动力，后来组织解散，后继者就以游侠的身份继续活动，因而墨子也就被追认为中国侠客的始祖了。

墨子为了阻楚攻宋，颠腿跑十日十夜赶到楚国与他的老朋友公输盘(鲁班)斗嘴斗法，终于使楚国取消了这次军事行动。学过中学课文的我们十多岁时就熟悉墨子这个故事了。这是墨子一生在"非攻"方面的一次很重要的成功，也是其侠义精神的最初体现。

但是我们还不太知道墨子也是一位科学家,而且也可以前缀以"伟大的"。现在我们正在极力强调他这个形象,他已被我们封为"科圣"。

墨子这么伟大的人物,关于他个人的基本信息却是模糊的。他姓墨名翟,首先连他的姓氏都有人怀疑,理由是在他前后,都貌似没有见到墨姓之人。这意思是说,"墨"很可能是他的一种自号。他人长得黑,又常为天下操劳,就更黑而且瘦了,故以"墨"自号。他的学派也就跟着成了"墨家"。他的籍贯也有三个,分别是楚国(河南鲁山县)、宋国(河南商丘市)、鲁国(山东滕州市),于今争旅游资源,河南鲁山和山东滕州两地都争着响亮地打着墨子的名片,这无可厚非,但毕竟叫墨子醒来也莫知归宿。最搞笑的是,上个世纪20年代,学者胡怀琛还论证说墨子是一个"黑色的外国人",具体可能是印度人;佛家太虚法师(1890—1947)也发现墨子的学说近似于婆罗门教教义,而墨子的吃苦精神也恰似一位婆罗门教教徒,墨子是印度公民遂又添了新的证据。有段时间,我们热衷于怀疑我们历史上的好东西好人物的来源,墨子就是这种风气之下的"躺枪"者。

墨子当然是中土生中土长的中国人。具体,我支持墨子是山东(鲁国)人。上回讲鲁班的故事时,已说过墨子和鲁班是老乡甚至是发小。

墨子的生卒年代也有好几种推测。以上我们拿他和古希腊诸圣比先后,也是一种大致的推测。如果追求百分之百的正确,我们只能这样说,墨子是先秦诸子之一,生当孔子之后。他是儒家学说的批判者,当然是后起之秀;但他又生在孟子之前,所以又成为孟子批判的靶子(他的兼爱学说,孟子最不能接受)。他所处的时代,相当于春秋战国之交的时代。

在司马迁写《史记》时,墨子的生平就已经是个问题了。《史记》中没有墨子的列传,只在孟子和荀子的列传结尾用了20多个字介绍了一下:

盖墨翟,宋之大夫,善守御,为节用。或曰并孔子时,或曰在其后。

通共只有20多字,又以"盖"这个意为大概的虚词起头,说明后边讲的那些事都还不能确定。墨子做过宋国大夫吗?只是一种可能。他是军事防御方面的专家?他反对贵族的铺张浪费?连这两个板上钉钉的事实太史公都做了"盖化"处理；最后，连墨子生在孔子前还是后都要以"或曰"来表示拿不准。

不知道太史公是真的不知还是有意遮蔽，不管属于哪一种，都说明他对墨子不感兴趣，因为他也算是儒家传人。他写孔子时，可是连孔子小时候喜欢什么玩具都调查得清清楚楚肯肯定定。

最后，我还要告诉大家的是：墨子出生于工匠之家，他是从工匠阶层诞生的机械专家、军事防御专家、社会活动家、思想家、科学家……

且听下回分解。

从工匠中诞生的思想家

伟大的墨子《史记》无传，其出身生平扑朔莫辨，说者各异。司马迁只说他可能做过宋之大夫。这个"可能"很有可能，以正宗墨子故里自居的河南省鲁山县曾协拍过电影《墨子》，就将这种可能变成了确实。

一些人做官是努力和机遇的结果，并不是做官出身。那么做官之前，墨子到底做过什么？他的"家庭成分"到底应该咋个填呢？说者各异就表现在这里。

墨子来自手工业劳动者队伍

钱穆先生考证，"墨"是古时一种往脸上刺字的刑罚的名称，故有推墨子或为"罪徒"出身的意思。不过据说墨子在宋国时，还真被抓起来关过一段时间。这是司马迁在为别人做传时顺便"报道"的。电影《墨子》也用了这条史料，并想象墨子被抓是因为跟着他走的群众太多了。

有人还是拿这个奇怪的墨姓做文章。"墨"为面目黧黑之意，而黧黑往往是下等人的标志色，由此锁定墨子出身绝不高贵，其学以"墨"自名，就是有意标榜这种不高贵。关于这种不高贵，从《墨子》一书里就能找到明证。《贵义》篇记载，有一次墨子南游于楚，要献书楚惠王（聘请鲁班做军工专家的，就是这位王），其中谈的自然又是伟大的兼爱之道。楚惠王辞以老迈，打发大臣穆贺接见。穆贺听了墨子一番高论，倒也怪高兴，不过又说："先生说的好是好，但是我们大王可能单单只因为这是贱人的主张而不用哦。"这里明指墨子为"贱人"。去掉我们通常加给此词的贬义色彩，仍能充分说明墨子出身之不高贵。另据《吕氏春秋·爱类》叙述墨子止楚攻宋故事时,墨子是自称"北方之鄙人"的,于此说又添一条证据。

墨子出身不高贵可以定论。就在这不高贵的基础上,有人考证墨子出身于工匠,具体是"攻木之工",而且和鲁班一样,是能工巧匠。

世传鲁班造木鹊,飞三日不下(《墨子·鲁问》)。世也传"墨子为木鸢,三年而成,蜚一日而败"(《韩非子·外储说左上》)。"蜚(通"飞")一日而败",换个角度说,就是飞成了一天。不必从这两条材料就认为是中国人发明了世上最早的飞机,美国莱特兄弟要靠边站;但起码可以说明墨子和鲁班两兄弟(电影《墨子》就想象他们为同门师兄弟,班为兄,墨为弟)同为"木时代"的能工巧匠,在"木机械"方面能搞出匪夷所思的创造发明,并面向太空插上了想象的翅膀。

我们已经讲过,当鲁班发明出能飞的木鹊后,夸巧于墨子。墨子却说,还不如造车匠人造的车辖呢,一会儿工夫就削成三寸之木,却可以任五十石之重。现在我们又了解到,当墨子的木鸢飞上天,弟子也赞他巧,他也说(惭愧地):"吾不如为车輗(ní)者巧也,用咫尺之木,不费一朝之事,而引三十石之任,致远力多,久于岁数。"此处的车輗也是车上一个关键性小零件,即插在车辕与衡轭连接处的销子,大车(牛车)叫輗,小车(马车)则叫軏(yuè)。孔子曾说:"大车无輗,小车无軏,其何以行之哉?"(《论语·为政》)

有些论者认为,墨子自己就会造他所说的那种车辖和车輗,他是精于造车的木工。有些论者则说,墨子说的是别个木工,不是指他自己。不管怎么认为,起码都说明墨子参加过造车生产,对造车手艺很内行,脑子里贮存着许多车零件,叫一声"墨师傅"他会答应的。但从他也会造能飞上天的木鸢来看,作为木工,他的手艺和鲁班不相上下。所以有人还指出,墨子之"墨",就是木工的绳墨之"墨",也是一个干一行姓一行的例子。

读书精细的人可能会发现一个问题:墨子既然反对鼓捣那些没用的玩意儿,为什么自己也做了个木鸢并且花了三年时间? 确实,有些矛盾,我们不能苛求于传说。但这并不妨碍我认为,墨子的确是能工巧匠,并且是机械专家。东晋道教学者葛洪也在他的名著《抱朴子》(辨问)中这样说:"夫班输偾狄,机械之圣也。"葛洪列举四人,同为机械之圣:鲁班、公输、工倕、墨翟(狄)(顺便看到,葛洪认为鲁班和公输是两个人)。

墨子的机械才能和创造,还助他成了又一个"家"——军事家。他是主张非攻的军事家,只研究如何防守。而他的防守,必须有实在而先进的防守器械。他能成功制止大楚国攻打小宋国的计划,不光靠嘴皮子,更靠的是技术实力——与鲁班进行的那一番"沙盘推演":鲁班用了以云梯为主打的9种攻城术,墨子都用他以器械为核心技术的守城术挡住了,鲁班进攻的招数已用尽,墨子防守的手段还有余。在《墨子》一书中,有《备城门》等11篇专论守城战事的文章,可以独立成一部重要的兵书,其中随处可见各色奇葩防守器械的出场。军事发烧友不妨细看。

《墨子》(壹图网供图)

后来有"墨守成规"这个成语,其中的"墨守"指的就是墨家防守之厉害。

也就是根据以上资料,中国当代哲学家、墨学研究专家任继愈也认为墨子是手工业劳动者,是工匠,并且不是普通的手工业劳动者和工匠,当属于城市工业行会师傅的阶层(参见任继愈主编的《中国哲学发展史》先秦卷,人民出版社,1983年)。

再综合冯友兰的说法,我认为,墨子家族应属武士阶层,值周朝后期礼坏乐崩,丧失了爵位和权力,由于曾经也算社会上层中人,故墨子自小至少也颇从儒士那里习得文字和礼乐文化,家道沦落后,墨子只能去做工,成为官营手工作坊里的一名"工人",从此又爆发了机械方面的天才。

墨子就是这样成了一名亦武、亦文、亦工或曰文理兼长的大家,如果给他划"成分",如果是指家庭成分,似应填写"武士";如果是指个人成分,则应勾选"工人"。

墨家学说"工字特色"足

墨子当过工人,并且是工人中的工匠和大师,在那时他就已经有了跟他学手艺的弟子。这些弟子后来自然都加入了墨家组织。这就是说,不仅墨子是工匠,墨家中人大部分都是手工业劳动者,是工匠。所以作为思想家的墨子,他的学说便天然地具有强烈清新的"工字特色",他的后期弟子更将这一特色推向极致,从而留下了伟大奇异的《墨经》记录。

墨子学说应批判儒家学说而生。墨子批判儒家,就是站在工和农的立场,发现儒家学说存在着不少毛病。兼爱是墨家学说的核心价值,兼爱说就是针对儒家的仁爱说而提出来的。儒家讲仁爱,首先是"亲亲",即先爱双亲、近亲,有余力,再推及于民,这个叫爱有差等。其"差等"的结果,实际上是广大劳动人民仍然得不到爱。墨子就提出兼爱,说要爱别人如爱自己,天下所有人都应不分高低贵贱,彼此相爱,爱无差等。这种思想是具有革命性的,超越传统,也超越于人之常情。

因为"兼爱",所以"非攻"。战争使人民受苦,强大国侵凌弱小国,首先使弱小国人民受苦受难。所以墨子首先站在弱小国人民这边,始终坚持其反战立场,宣传并实行其和平主义。

也是因为身处农工底层,身受心知民生多艰,墨子就提出节用、节葬的主张,抨击统治阶层奢侈糜烂的生活作风。在他看来,"饥者不得食,寒者不得衣,劳者不得息",与统治者不知节用有关。主张节葬,其中包括反对久丧,其理由之一是:"使百工行此,则必不能修舟车、为器皿矣。"(《节葬下》)

像儒家一样，墨子也常是要游说列国，直接向王公大人推销其主张的。他向他们提出"尚贤"说：

> 虽在农与工肆之人，有能则举之，高予之爵，重予之禄……故官无常贵而民无终贱。（《尚贤上》）

这要上边大胆从工农中提拔干部！这是任人唯贤，而不是唯亲、唯贵。这是何等新颖的思想，何等大胆的主张。他还为"工人"张目说：

> 今王公大人有一衣裳不能制也，必藉良工；有一牛羊不能杀也，必藉良宰。（《尚贤中》）

看到这里，就想到豫剧表演艺术家常香玉在《花木兰》中表达男女平权思想的经典一段唱："咱们的鞋和袜，还有衣和衫，千针万线，都是她们连哪！"少时，我在乡下也亲耳听农民和农家的工匠们用过同样的口吻为自己点赞。这种相似的表达是不是很有意思？

墨子的"三表法"

兼爱是一个远大的理想，但墨子却不是宣言式地抛出，而是论证说：天下"兼相爱"，则"交相利"，我爱人人，人人爱我，则天下太平，老百姓就能过上好日子；"兼爱"符合大多数人的利益。以利言义，是墨子伦理思想的特色和亮点。

墨子的论证是很讲逻辑严谨的。上边说过，墨子南游至楚推销兼爱主张，穆贺说，恐怕楚王会认为这是贱人之见而不予相信。墨子说，贵大王生不生病？生病了是不是需要吃药？现有一种草根能治他的病，难道因为它是贱的就不吃吗？一位儒家人士对墨子说，你兼爱，没有什么好处；我不兼爱，也没有什么害处。我俩都不成功，为什么你就正确我就错误？墨子说，现在有人放火，一人汲水救火，一人抱柴救火，都没有成功，你赞同哪一个？（《耕柱》）

这都是"近取譬"，是从生活常识出发的论证。

因为做过工，是工匠，墨子更常以手工业生产实践为喻来论证他的观点。他说，言论须有标准，言论若没有标准，就好比把测时仪立在旋转的陶轮上（譬犹运钧之上，而立朝夕者也），哪里测得准？（《非命上》）他论证国家法仪的重要性：

> 虽至百工从事者，亦皆有法。百工为方以矩，为圆以规，直以绳，正以县（悬），平以水。无巧工、不巧工，皆以此五者为法。巧者能中之，不巧者虽不能中，放依以从事，犹逾己。故百工从事，皆有法所度。今大者治天下，其次治大国，而无法所度，此不若百工辩也。（《法仪》）

即使从事各种行业的工匠，也都有法度。工匠们用矩尺画方，用圆规画圆，用绳墨画直线，用悬锤定偏正，用水平器制平面。无论是巧匠还是一般工匠，都要以这五者为法则。巧匠凡动手都合乎标准，一般工匠虽然达不到这么高的水平，但只要效法从事，还是要胜过原来的自己。所以工匠们制造器物，都有法度可循。今大者治天下，其次治国家，而无法所度，还不如工匠们明辨道理。

墨子讲学

那么，又拿什么标准来检验上述标准和法度的正确性呢？墨子提出"三表法"（《非命上》）：

有本之者，有原之者，有用之者。

于何本之？上本之于古者圣王之事。

于何原之？下原察百姓耳目之实。

于何用之？废（发）以为刑政，观其中国家百姓人民之利。

以上第一表，是以历史的经验教训来照鉴当下的是非得失。第二表，是尊重老百姓听到和看到的事实，要看老百姓如何评价。用我们今天的话说，就是要看群众答应不答应。第三表，民意调查可行，就变成政策法令，最后还要进一步检验这政策和法令是不是符合"百姓人民之利"。还是利，还是不忘百姓，不忘农工。

墨子的"三表法"，是检验法度和真理的标准，也是对他兼爱哲学论证方法的总结，可与亚里士多德的"三段论"媲美，由此出发，也成就了墨子和墨家在逻辑学方面的祖宗地位。

《墨子》中的"手工业"

　　孔子是伟大的,墨子则是伟大而奇异的。从工匠中诞生的思想家,他是唯一一个。他的兼爱思想像是空谷足音,实则反映了农工劳动者的诉求。其主张立意高远而能刻苦自行,以见他实在具有宗教徒般的情怀。然而他其实又是唯物的,以功利持论,重物质生产,尊劳动创造。他的文章,质朴无华,但充满了论证的魅力、逻辑的连环。他多从匠作取譬作为论据,并重实验,从而把弟子们超前地带入自然科学之王国。墨学之遽尔断绝,于中国科学文化,实有莫大之损失。中国科技于近代落后于西方,实与此传统无继有关。

　　本节再次掇拾《墨子》一书中有关匠作的论据或取譬材料,从中再窥墨子这位工匠思想家的论证风格,并一窥春秋战国之交的时代中国手工业生产的一些状况。

喻体变本体的百工之技

　　通读《墨子》,可知墨子时代手工业生产已有较详的专业分工:

　　凡天下群百工,轮车鞼(guì,有花纹的皮革)鲍、陶冶梓匠,使各从事其所能。(《节用中》)

　　这是可与《考工记》相互印证的。轮:制作马车车轮和车盖等;车:主要做耒和木牛车等;鞼:皮革工,主要负责制鼓;鲍:同鞄,也是皮革工之一种;陶:陶工;冶:冶金;梓:小木工;匠:此处则专指负责都邑的测量和营建以及沟洫类水利设施和其他土木建筑。

《墨子》首篇《亲士》中，我们看见缝纫工，或称女工，看见她们使用的五把锥子、五把刀：

> 今有五锥，此其铦（xiān，锋利），铦者必先挫；有五刀，此其错（磨刀石，转指在磨刀石上磨得最快），错者必先靡。

这里的锥就是女工缝纫工具。记忆中母亲纳鞋底先用锥子扎孔，次之针穿线过，就是这种锥（前边说过，制椎是终葵氏的"专利"）。这里的刀当指剪刀，也是女工常用的缝纫工具。不是作为武器的刀，作为常用不离身的武器，当时还是以青铜制的剑为主。参见《管子·轻重乙》："一女（女工）必有一刀、一锥、一箴（针）、一鈬（shù，长针），然后成为女。"这里的"刀"就是剪刀。墨子用锐利的锥和锋利的刀比喻贤士勇于任事，不怕锋芒毕露，因而很容易被那些脓包君王所伤。这种以锐利锋利取胜的工具，已经是以铁为原材料制成的了。墨子时代，已经可以冶铁。而墨子的哥们儿鲁班所拥有的全套木工工具，也是铁制的，这才有力地促成鲁班之巧（详见后文）。

另可见，当时女工们的工作是十分辛苦的。她们必须"夙兴夜寐"，努力纺织缝纫，并从事麻、葛、丝等布帛原材的加工，不敢稍有"怠倦"，否则就必受寒（《非命下》）。

返回《亲士》篇，我们接着看到"良弓"：

> 良弓难张，然可以及高入深；
> 良马难乘，然可以任重致远；
> 良才难令，然可以致君见尊。

《墨子》散文以朴实见长，这三个排比句却是很优美的。"良弓难张"，必是复合弓、角弓，这是"弓长张"们的绝世出品。前边已经介绍过，想必我们还有印象。"良马难乘"，乘良马，也是一门技术。"良弓"仍是一个喻体，"良马"是比喻的递进，归结仍是"致君见尊"的"良才"。然而倒过来读，我们的目光就停留在一把良弓上，进而"及高入深"，找到制作这把良弓的"良才"——工匠之才。喻体变成了本体。

接下来还有：

> 是故江河之水，非一源之水也；
> 千镒之裘，非一狐之白也。

这是劝说君王要善于接纳各种人才的各种意见。重点是第二个比喻。这是在讲皮匠的劳绩，亦即《考工记》中五种皮革工匠之一裘氏的工作；也是成语"集腋成裘"的来源。那时皮衣称裘，连皮带毛，毛朝外穿。多种动物的皮毛都可制裘，如羊、狗、貂、虎、狐，其中就属狐的皮毛最为珍贵，而又属狐的腋下皮最为上乘，其毛细长柔软洁白。腋下，那是多么小的一块儿啊，所以"集腋"而成的"狐白裘"，其价自然"千镒"，是君王才有资格穿的。稍后于墨子，《慎子·知忠》亦谓："粹白之裘，盖非一狐之皮也。"墨子倡节用，自然反对君王们穿得这么奢侈，但这并不妨碍他与裘氏工匠交朋友，并赞叹他们技艺的高超。他们用的工具，也有刀和锥。

一般认为，《墨子》一书的作者是墨子的弟子和再传弟子，他们记录的都是墨子的言行故事。在《所染》篇，直接述及墨子看见染丝工匠们染丝的情形：

> 子墨子言，见染丝者而叹曰：染于苍则苍，染于黄则黄。所入者变，其色亦变；五入必而已则为五色矣（经过五次之后，就变为五种颜色了）。故染不可不慎也！

"子墨子"，诸子当中，唯独墨子被称"子墨子"，孔子却没有被称为"子孔子"，孟子也没称过"子孟子"。这是为何？"墨子"已经是尊称了，相当于墨先生，而墨家后人对他们的先师是太尊敬了，所以还要加一"子"称"子墨子"，相当于"我们的先生（老师）墨子先生"。这里也可见出墨子这位工匠思想家在他的工匠弟子和再传弟子中那至高无上的影响力。

这是插入的内容。返回。"我们的先生墨先生"在染坊看染丝，只见"染于苍则苍"。苍，青色，准确地说是靛青（也叫靛蓝，实即一种深蓝色），是从蓼蓝、菘蓝类植物中提取出来的染料。"染于黄则黄"，黄色系，在先秦，一般来源于栀子。栀子果中含有栀子黄素和藏红花素，能染出橙黄色调。此外还有红色，来源于茜草；紫色，来源于紫草；还有绿色、黑色等，都可从相应的植物中提取。有直接染丝的，也可以织丝成帛而后染。除了以植物作为媒染染料外，也有用矿物的。《考工记》记"钟氏染羽"，用的就是朱砂。用朱砂和黏性谷物丹秫(作为黏合剂)一起浸泡三月，用火炊蒸，使秫汤变浓，就可用以染羽毛了。也可以之染丝染帛。《考工记》称，染三次，颜色成𬘘(浅红)，染五次，颜色为緅(深青透红)，染七次，颜色就成了缁(黑色)。墨子说的"五入必而已则为五色矣"，可以从这里理解。染色，也是手工业中一个极大的分工，所谓开染坊，即指此种营生。在战国，尤以染蓝

墨子纪念邮票(壹图网供图)

作坊最为兴盛，所以荀子也说过"青，取之于蓝，而青于蓝"的名言。青，即靛蓝色。

《所染》篇直接以工艺标题，以染丝为喻，说明天子、诸侯、大夫、士都必须慎择亲信和朋友，接受正确积极的感染，所谓"国亦有染""士亦有染"。本篇染丝之喻，不是局部为喻、细处为喻，而是全篇立论的关键、结构的基础。所以读过之后，给人鲜明印象的竟只是染丝。喻体又变成了本体。我们完全可以想象，这是墨子在看过染坊之后的一篇即兴演讲。

《辞过》篇就更特别。所谓辞过，是墨子劝说君王要改掉五方面的过分消费，即宫室、衣服、饮食、舟车、蓄私(养小老婆)。用我们今天的说法，就是衣食住行性。这是墨子节用主张的表达。一般来说，墨子的节用，虽有现实针对意义，但长时间看，未免有些狭隘，不利于经济发展和技术进步。同样，我们读《辞过》，印象鲜明的不是对"节用"的表达，倒是发现墨子对于工匠们在衣食住行(除了性)各方面从实用到美观层面的生产和创造记录得相当完备，可以当成一篇技术发展简史来读。

在衣方面，先民们先是穿兽皮、围草索，圣人以为不合人情，就教妇人治丝麻、织布绢，以为"民衣"。且有法可循（为衣服之法），冬天穿生丝麻制的中衣，求其轻便而温暖；夏天则穿葛制的中衣，求其轻便而凉爽，足矣。

在食方面，先民们先只是素食而分处（只以采集为食），圣人作，则教男人耕种（诲男耕稼树艺），产出"民食"。原始农业被发明出来。

以上已经有了男耕女织的分工了。

在住方面，墨子说（子墨子曰），上古，大家都是近山陵而穴居，很是润湿伤民，又是圣王"作为宫室"。营造宫室也有法则（为宫室之法），地基要高出来，足以避润湿；四边的墙也要足以御风寒；上边的顶则要尽到遮风挡雨之功能；而宫墙的高度还要能够分别男女（足以别男女之礼）。最后一点特别棒，把房屋的功能从物质文明上升到精神文明的高度了。

在行方面，"古之民未知为舟车时，重任不移，远道不至，故圣王作为舟车"——船和车被发明创造出来。"作为"，在此就是发明创造的意思，显得很有力量。舟车具有"全固轻利"的特点和性能，大大方便于民，使他们能够任重致远。舟车之制造，成本很小，而获利巨多，所以百姓们很乐于使用（民乐而利之）。

以上制造，都以实用为能，都很"俭节"。墨子认为，这样就很好。但是后来不一样了。后来，墨子发现，人们——主要是指王公大人们——根本不再满足于实用层面，而是竞相"淫佚"，都以奢侈为美：在衣，有"锦绣文采"，还要"铸金以为钩，珠玉以为佩"，"女工作文采，男工作刻镂"；在食，则"以为美食刍豢，蒸炙鱼鳖，大国累百器，小国累十器"；于住，则有"台榭曲直之望"，也有"青黄刻镂之饰"；于行，也是"饰车以文采，饰舟以刻镂"。通过这样的批评，却让我们看到了技术和工艺的进步，看到了铸金、琢玉、刺绣、刻镂；看到对建筑艺术的讲究；以及随着烹制技艺的提高，人们已经可以以各种动物为美食，食物链大大拓展。

今天看来，以上变化，首先是人民的创造，其次也是人民的福祉。感谢《墨子》这篇材料。在先秦诸子中，像墨子这样通篇说"百工制作"的文章，是不多的。

在《节用》(上、中、下)篇，同样通篇讲百工、说生产，并不旁涉，真是念兹在兹、苦口婆心。

执规矩以度天下的大匠

在《辞过》篇，墨子讲起上古发明创造，也都说是"圣人""圣王"的作为。可见他是把百工之英都视为"圣人""圣王"的。这分明是墨子、墨家对工匠的一种高赞。

在《非儒下》篇，还有一则有趣的辩论：

又曰："君子循而不作。"应之曰："古者羿作弓，仔作甲，奚仲作车，巧垂作舟；然则今之鲍、函、车、匠，皆君子也，而羿、仔、奚仲、巧垂，皆小人邪？且其所循，人必或作之；然则其所循，皆小人道也。"

这里连举四位发明工匠的名字：羿、仔、奚仲、巧垂(倕)。羿即后羿，墨子也认为是后羿制作了弓。仔，指季仔，据说是夏王少康之子，是他在与东夷作战时发明了战甲。"仔作甲"首见于《墨子》记载。

鲍、函、车、匠，各指百工分工之一种。结合《考工记》理解，鲍、函各是攻皮之工之一种，鲍一般被注解为鞋匠，此处或对应于"羿作弓"；函则作甲，对应于"仔作甲"；车是车工，对应"奚仲作车"；匠则泛指木工，此处对应于"巧垂作舟"。巧垂(倕)，舟船的发明者之一，这条材料被广为引用。

孔子说过"述而不作"的话，于是墨子时代某儒家人士进一步说："君子循而不作(只遵循前人所做，而不创新)。"于是墨家(或墨子本人)回应说："古时后羿制造了弓，季仔制造了甲，奚仲制作了车，巧垂制作了船。既然如此，那么今天的鞋工、甲工、车工、木工，都是君子，而后羿、季仔、奚仲、巧垂都是小人吗？"

辩得很妙。墨子、墨家都是一流的辩手。墨家不是只会"墨守成规"，也崇尚创新。在墨子看来，能把器物从无到有发明出来，就是巨大的创新，就是圣人(或圣王)。在这一点上,儒墨先哲其实是有着共识的。最初的创新是无可遵循的,如果必须循而不作方为君子,那么后羿他们,甚至连炎黄级的始祖,不都是小人了吗? 当然不是! 另一方面,后世普通的工匠,他们都是在传承着祖先的技艺,他们必须传承(循而作),既然这样,他们也就是君子了? 是的! 进入阶级社会后,工匠们的社会地位越来越低,孔子说过"君子不器",有人就反推出"器则小人"——制作器物的人都是小人,墨子在这里以儒之矛攻儒之盾,随口又一辩,把工匠们都变成了君子。

是的,工匠出身的墨子,哪里会小瞧工匠呢? 所以他说,工匠们也很重要:"今王公大人有一衣裳不能制也,必藉良工;有一牛羊不能杀也,必藉良宰。"(《尚贤中》)工匠们都很重要,工匠也有大智慧、大能力、大情怀,也有资格治国理政,所以他说,"虽在农与工肆之人,有能则举之";"虽在农与工肆之人,莫不竞劝而尚意(争相勉励,崇尚道德)"。(《尚贤上》)

墨子非常欣赏工匠们的制造有"法",他不断提到他们的规和矩:

我有天志,譬若轮人之有规,匠人之有矩。轮、匠执其规矩,以度天下之方圆,曰:"中者是也,不中者非也。"(《天志上》)

墨子的天志即天的意志,"兼相爱、交相利"就是他所说的"天志"。他手持这种"天志",就像工匠们手握规矩。通过这里的描述,可见墨子所谓的工匠是何等大器、何等自信,他们度量的是天下之方圆,他们说:"中者是也,不中者非也。"他们进一步说:"中吾规者,谓之圆;不中吾规者,谓之不圆。""中吾矩者,谓之方;不中吾矩者,谓之不方。"墨子称赞他们这是"圆法明""方法明"。(《天志中》)如此大器的工匠,难道还不是君子吗? 显然,这样的大匠,也是墨子的"夫子自道"。

对于一般性劳动,墨子也总能欣赏。他看筑墙:"能筑者筑,能实壤者实壤,能欣者欣(同"锨",指挖土),然后墙成也。"(《耕柱》)——能打夯的打夯,能填土的填土,能挖土的挖土,也是各有分工,各尽所能,安排合理,效率倍增。这次建筑,墨子必是亲自在场,而且是指挥。他因此悟及墨家传道的任务也要分工:"能谈辩者谈辩(有人负责辩论),能说书者说书(有人专门解说典籍），能从事者从事（还有的人则负责实践）。"诸子之中，也只墨家传道实行这样的分工。墨子之为工匠思想家，由此也可见一斑。

墨子有很多工匠朋友，鲁班就是一位。他还经常到工匠队伍中招收弟子、发展同志。一天，他听说鲁国南部有一位名叫吴虑的陶匠很了不起，就又走在路上去找他了。

且听下回分解。

第四章 乐陶记忆

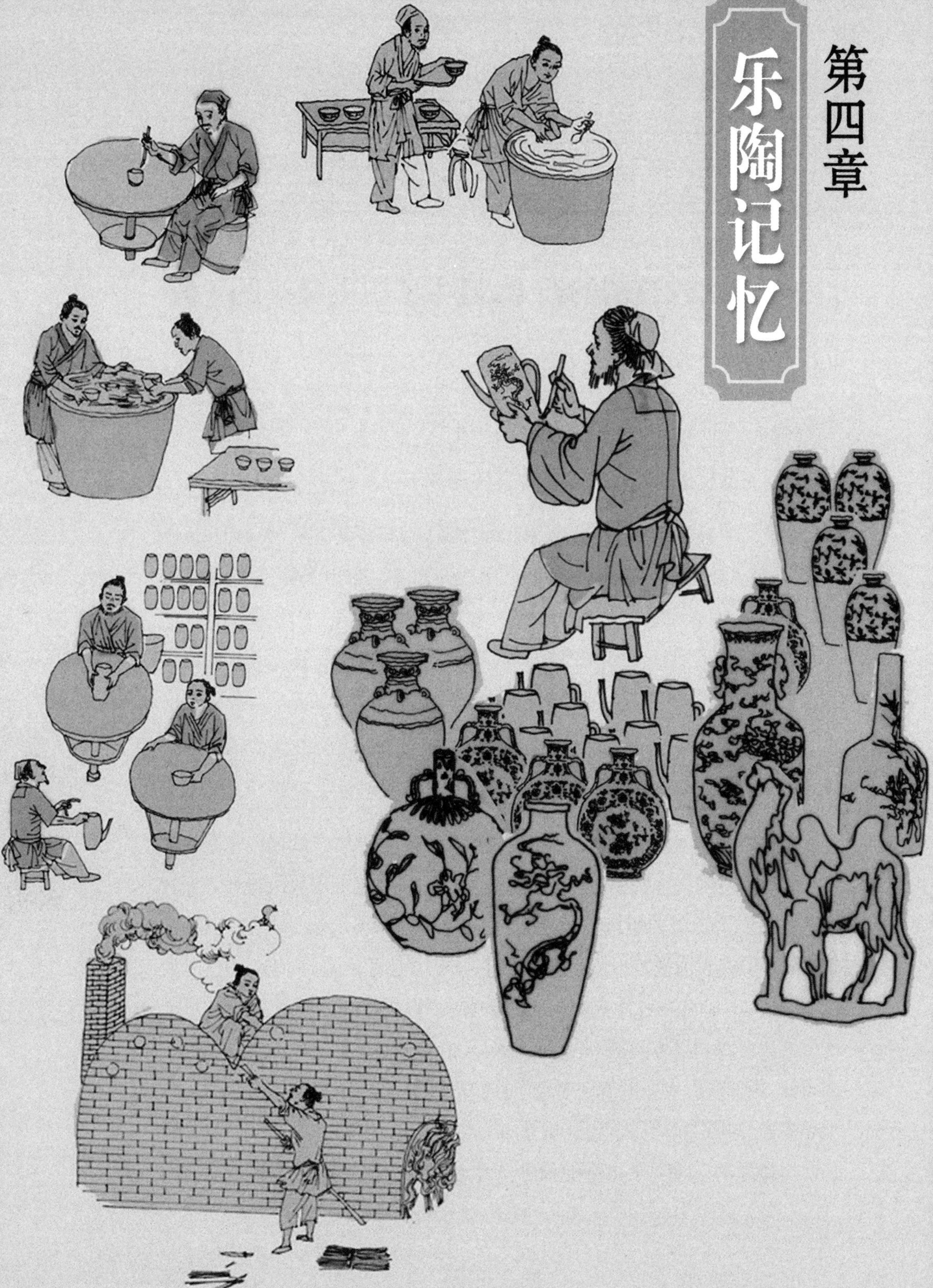

一项由女性首创的技术,诞生了史上最早的工匠

《墨子·鲁问》记载了一位制陶工匠:

鲁之南鄙人有吴虑者,冬陶夏耕,自比于舜。子墨子闻而见之。

这位名叫吴虑的陶匠很自由,所以也快乐,可以说是无忧"无虑"。他有地种,农闲就出去做手艺赚钱,工闲还能进行思考。自比于舜,说明思考的起点还蛮高,所以连墨子都赶去见他了。

这回就从墨子时代回跳三四千年,对制陶这一行做一番思考。我们争取有独到发现,将思考的起点垫得高一些。

人类为何由陶器实现定居?

再也没有比制陶成就的陶器更让我们熟悉的东西了。我们现在日常家用,还是少不了陶器的在场。广东人煲老火靓汤,总是以陶罐为最佳。你到一户家里经济比较困难的农家探访,会发现屋子里坛坛罐罐还是不缺的。哦,坛坛罐罐,还有缸啊盆啊什么的,这些廉价实用的陶器,构成了出身于农村的朋友对于老家多么丰满亲切的记忆啊!

即使放宽到世界范围内,这样说也没有什么问题:制陶技术诞生于新石器时代,它伴随着农业的发明而发明,或者说,它为农业的初生提供了条件。换句话说,制陶是全世界原始工匠的一项或先或后的共同发明。

中国经济史研究学者全汉昇说:"人类有陶器后,便可过定居的生活。"

（《中国社会经济通史》，北京联合出版公司，2016年）定居，在发明农业之后始成为可能和必要，而农业种植，首先需要将分散在外的种子装起来，陶器便满足了这一需要；产出的粮食，也先要储藏，才能吃到嘴，才有获得感，陶器也正好派上这个用场；定居，还需要汲水和贮水，还是用陶器解决了这一难题。过了一会儿，也就是一百年或者一千年，人类又学会了用陶器把水烧开，把生米做成熟饭，人就变得更美、更像人了。

所以说，自从人类有了陶器，实现了定居，革新了吃喝，也产生了价值观，比如：凝聚比分散要好，定居比游牧更近于幸福，而精于制作技术的人应更受尊敬，等等。

陶轮是如何旋转成型的？

人类从制作石器开始，便有了技术。无疑，人类在新石器时代比在旧石器时代掌握了更复杂的击打和精致化的磨制成器（生产工具）的技术，但是从掌握陶技（制作生活用具）开始，技术才专业化为只有一少部分动手能力更强的人才会、才拥有，即是说，经由制陶，诞生了史上最早的工匠。

考古学家根据出土文物发现，距今约7000—5000年的仰韶文化时期，制陶已经成为一门专业，各部落已经掌握了选用陶土、塑坯造型、烧制成器的技术流程，以及在陶器表面绘画和纹饰的精细工艺。

相信制作陶器的手艺大部分朋友都不会陌生。在你所在的城市，总会有一些陶艺坊，专供你带着小孩子去做一番亲子之"玩"。恭喜你，当你带着孩子走进陶艺坊，就已经置身于5000年前的劳动现场了。

陶艺师教你把已经和好的陶泥拍压在陶轮上，脚踩开关，陶轮逆时针旋转，你用左手手掌稳住泥坨，并使它始终处于轮盘的中央；右手掌托住泥坨的右边，拇指则从泥坨的顶部往下按出一个窝口，并蘸水润泥；陶轮旋转，由于离心力的作用，泥料都向周边甩离，同时根据你的意念，右手从食指到小指四指都从泥坨顶部的圆窝里向下、向外巧妙地抹着和掏着，使窝口变大，不时蘸水润泥；陶轮旋转，现在那被双手围拢的泥坨早已不是泥坨，而是变

转轮制陶（采自《彩图科技百科全书》第五卷）

圆升高为一个杯或壶的形状，同时里边已经中空，已经接近于一个杯或者壶了……

　　这种效率较高的陶轮拉坯成型技术在仰韶文化时期就已经有了。现在我们尽可以通电转轮，当时没有电，陶匠们是如何使陶轮旋转起来的呢？那是需要一对轮盘，装在一根轴的两端，直立竖放在地，一轮地下，一轮上边，陶匠们需手脚并用，用脚转动地下的轮盘，带动上边的轮盘随之转动，置于其上的黏土就变成器物了。

　　我在广州一家陶艺坊由一位陶艺师女孩手把手教着试了一回陶轮旋转制陶法，倍感手笨。无疑，陶轮转得越快，成型就越快，技术难度就越高。陶艺师只给我开启了一个很慢的速度，犹自感到难以为继。偶得要领，手抚细滑的泥肤，就有一种情感的"陶醉"。最后终于成器了，正要惊叹，却发现那壶状的容器已经被旋成了无底的。我由此更遥远深刻地体会到，这门技艺被那些新石器时代的工匠们所创造和熟练是多么、多么地了不起。

　　制作陶器所用的转轮,古人称"均",又多写作"钧"。从"均"到"钧",看来是经过了一个从泥制到金属为材的革新。"钧"(均)在制陶中的中心地位,使它成为比喻国家最高权力的喻体,古人多以之进行宏大修辞。《诗经·小雅·节南山》:"秉国之钧,四方是维。"《庄子·齐物论》:"是以圣人和之以是非而休乎天钧。"《汉书·董仲舒传》:"夫上之化下,下之从上,犹泥之在钧,惟甄者(陶匠)之所为。"

　　转轮制陶,经历了两个阶段,先是慢轮,后来是快轮。快轮制陶由两人合作,一人专司转动。这个由慢到快的过程,我从自己那次笨拙的实践中也体会到了。

　　在转轮制陶或陶轮拉坯制陶成型法之前,是效率要低很多的泥条盘筑成型法。陶艺坊也会教你的孩子试这种方法,专心体验那种更接地气的慢过程,并追求成器的古拙。这种慢和拙,实际上却需要更强的动手能力。

　　比这种方法更慢、更需要技巧的当然是直接捏塑成型法。最初,先民们是根据葫芦的造型捏出陶器的。所以葫芦的形象在中国传统文化中,一直含有几分神秘的创世意味。

泥条盘筑法示意图(采自《彩图科技百科全书》第五卷)

　　以上是成型。其实在此之前的采土、淘土、炼泥、和泥、揉泥也是技术含量很高的工作。大致来说,陶土是要那种具有良好可塑性的黏土,并且要含铁质。土要淘洗去掉砂质和杂质,还要细细地过筛,像罗面一样;泥要和得匀匀的,比手擀面的和面还要讲究。

为何那些古老的陶器都像女性的乳房?

女娲抟土造人的神话可以概括上述技术的过程和精神。我在后边的章节中将说到,女娲炼石补天是对中国传统冶炼技术的"神话反映",所以其抟土造人的传说正好就是对我国最早的工匠们制陶技术的反映和一种变相讴歌。"抟土造人,炼石补天",将这8个字叙述在一起,大约需要3000年时间。

通过女娲抟土造人的神话已见端倪,制造陶器是一项母性的工作。的确,很可能,因为男人们忙于渔猎,最初发明和从事陶器制作的是部落的女人们。瑞典汉学家林西莉女士在《给孩子的汉字王国》(中信出版社,2016年)一书中的一段描述,很支持我的这一想法。她发现,很多陶器那种鼓鼓的样子很像女人的乳房。她充满想象力地描写道:

女人们坐着,手里拿着柔软的泥,怀里抱着孩子。这些陶器制作者把自己的陶罐的形状做成养育生命的乳房是相当自然的。在这些妇女内心难道不会产生强烈的自我崇拜,一种对自己能生育很多孩子的躯体的快乐和满足吗? 否则她们能制作出这样的容器吗?

而女娲正是根据自己的样子造出了最初那些人。

林西莉举陶鬲(lì)为例。鬲是有中空三足的炊器。其造型设计颇富匠心。中空的三足从身部自然过渡而出,仍然是内部容积的一部分,可以多盛汤液;同时三足可立,其下留出加热的空间,且比起"平底"来,由于三足的延伸,加热面积更大,可以快速煮好小米粥什么的。正是这鬲的三足,林西莉发现,圆而丰满,特别像哺乳期

陶鬲(视觉中国供图)

女性的乳房,进而发现许多陶器都有这个突出的特征,"陶器越古老,这种特征越突出"。

鬲是陶器丛林中辨识度最高的陶器,样子也最亲切可爱。沈从文也说过:"中国有代表性的史前陶器,是三条胖腿的鬲。"鬲只存在于中国,是中国人的一项发明。黄河、长江、珠江……我在祖国三大流域地区的大小博物馆里,均看到鬲的丰富陈列。那时我们的祖先相隔在不同区域,却不约而同地塑造出同样的器物,或者就凭两条腿直立行走,跋山涉水,进行着跨地区的互鉴沟通,从而使器物趋同、文化趋同。这是很有意思的话题。

鬲的三足如果变成实心的,就是鼎了,陶鼎;陶鬲、陶鼎后来又演变为青铜鬲、青铜鼎。

林西莉认为,到了陶轮成型技术普及后,男人也成了陶器的制造者,容器的女性特征就慢慢弱化。她的意思也是说,原初的鬲,都是妇女们用手捏出来的。

远古陶器种种

中国远古陶器,根据自下而上的分布层次,分别是彩陶、黑陶、白陶(灰陶),可代表三种不同的文化:

彩陶就是上述"仰韶文化"的代表,在河南渑池发现,距今约7000—5000年。

黑陶是"龙山文化"的代表,最早在山东济南附近的龙山镇(今济南市章丘区龙山街道)发现,距今约4000多年。

白陶(灰陶)最早于河南安阳小屯发现,故称"小屯文化"。到了用白陶时,已同时进入青铜器时代,故白陶和青铜器一并被视为"殷商文化"的代表。

今天我们视野中的陶器,不过坛子罐子缸而已;走进博物馆,见我们古人所制造的陶器,却是非常复杂多样,看见它们的样子,我们往往叫不出它们的名字;而写下它们的名字,却又往往不认得那个字。我们已经介绍过的"鬲"就属于这种情形。下面再介绍几样。

甑(zèng)：底部有孔格的容器，置于鬲上用于蒸熟食物。这种炊具我们现在还很熟悉，觉得平常，而在远古，陶器能有此种利用蒸汽的设计，是很高明的。

甗(yǎn)：将鬲和甑二合一地制造出来，就是甗。通常的设计是甑无底，与鬲之间相隔以箅(bì)。龙山文化中已出现甗，到商代已很常见。

簋(guǐ)：食器，圆形，足较高，双耳或无耳。其功用和样态，正近似于我儿时记忆中家里那只豁了一个口的大黑碗。《诗经》中有一首诗，描写一位没落贵族在追忆昔日富贵生活时咏叹道："於我乎，每食四簋，今也每食不饱！"(《秦风·权舆》)进入青铜时代，簋也是重要的礼器，常与鼎配套陈列。

尊："尊"字好认，其原初是作为器物名称却已为大多数人所忘。陶尊为盛贮器，一般为敞口、颈内收、凸圆肩、深腹，平底或圆底。始于新石器时代。尊后来演变为酒器，并由此抽象出"尊敬"的意思。何以敬君？尊中之酒。

豆："豆"这个字我们也非常熟悉，但这里却不是黄豆、土豆之"豆"，而是"陶豆"。正如字形所示，陶豆是一种高足之盘，盛放食物。后来也演变为一种礼器，常俎豆连用，而"俎豆"一词也就指代了祭祀。顺便说一下，俎是一种盘状器具。

最后再介绍一样：缶。

缶：圆形(也有方形的)，一般大腹小口，用以盛酒浆。或有耳有盖。缶的样态和功用，略近似于我老家家家都有的黄酒坛子。当然，也有用于汲水的缶。

"缶"作为字，还是一个部首，可以说是对一切陶制器皿的总的命名。所以它还是"陶"字的核心构成。再一看，"缶"还是"窑"字的下半部分，根据其从甲骨文到金文的字形演变，可以看出它就是对窑的象形，清晰地指出成型后的陶器最后是从火窑脱胎而出的。

关于缶，是不是还想起战国渑池之会时，秦王被蔺相如所逼为赵王击缶的典故？古人宴会，饮酒兴起，就击缶而歌，所以缶后来还演变为土类打击

新石器时代陶甑(视觉中国供图)

马桥文化陶甗(视觉中国供图)

西周陶簋(视觉中国供图)

商代陶尊(视觉中国供图)

崧泽文化陶豆(视觉中国供图)

春秋战国时期青铜缶(壹图网供图)

2008年北京奥运会开幕式使用的缶（壹图网供图）

乐器的一种，似主要流行于尚粗放之音的秦国。

2008年8月8日晚上8点开幕的北京奥运会，就是以"击缶而歌"拉开序幕的。那是2008个巨缶，由2008名乐手击打着。其造型为方，源于湖北随州出土的曾侯乙铜鉴缶，也是盛酒和汤的容器，以其方作为乐器缶造型，实专由此次盛会所创新。

典籍中的陶者记录

关于陶器及其制作，可以说是典籍记载最少，而出土实物最多。每一个地方的博物馆（包括我老家的那个县区级博物馆在内），作为人类早期历史的陈列，无不以林林总总的陶器予人以深刻印象。作为一种"土制品"，陶器是最具永垂不朽的性质且迄今仍具有实用价值的人工器物。一件七八千年前的陶器仍然具有盛装家中黄酒或小磨香油的功能。

下面我们收集有限的典籍记载，以期还原远古陶器的制作于一二。

由于年代太早，留下产品的制陶匠们是不可能留下名字的。当他们使陶轮转动时，"工人"们甚至连姓名都还没有。所以，后来也是由炎帝和黄帝代表众工领受了这项发明的荣誉奖章。《考工记》称："有虞氏上陶。"有虞氏部落的始祖据说是黄帝的曾孙,而鼎鼎大名的舜帝就是该部落后裔。"有虞氏上陶"的记载,与陶器始作的历史时期相符。

《考工记》分"百工"为六大类共三十六工种,制陶是其中一类:"搏埴之工";一类又分二种:"搏埴之工二",分别是:陶人、瓬(fǎng)人。

陶、瓬分职,有何区别,一直存有争议。依照清代朱琰所著《陶说》所说:"陶人所掌,皆炊器……瓬人所掌,皆礼器。其制度必有精粗不同。"

在具体制作介绍中,《考工记》列举陶人的制作对象是:甗、盆、甑、鬲,都是炊器;还有一种叫庾的,则是量器,容量为二斗四升。我特别注意到,《考工记》规定甑底部的孔格是七个。瓬人的制作只举出簋和豆,二者都是礼器。

《考工记》还总记陶、瓬的制作,凡形体歪斜、顿伤、破裂、突起不平者,皆不能入市交易。又称:

器中膞(zhuān),豆中县(xuán)。膞崇(高)四尺,方四寸。

何谓膞?其形制究竟什么样?又有什么用途?闻人军著的《考工记导读》是这样解释的:"制陶时配合旋削的工具。陶坯在陶钧上转动时,树膞其侧,量其高下、厚薄,正其器。"看了这种解释,相信还是有些傻傻搞不懂那"膞"到底是个什么样的玩意儿,何以在量高下的同时又能量厚薄呢?我们只能这样说:远古陶匠制陶,其工艺技术比我们所能想象的还要复杂一些,其聪明才智比我们所能估量的还要胜出几筹。

"豆中县"要好想象一些。为了使豆柄做得端直,要悬以准绳,随时校正。

下面再掇拾先秦诸子典籍中关于陶器与陶匠的零星记录并点评之。

《墨子·备穴》:"令陶者为罌,容四十斗以上……"罌,盛酒器,大腹小口,亦即坛子。容四十斗以上的坛子,那是巨大的了,有那么多酒需要装吗?不是,供军用!是墨守之器。敌人如果挖隧道攻城,墨守一方就在城墙根每隔五步挖一井,井内置放大坛子,坛口蒙上薄皮革,利用声音共振原理,让耳朵"尖"的人伏在坛口静听,就能听到挖地道的声音,就能判断出挖地道的方位,于是与之对挖,通,则燃烟熏之。这时又有早让陶者烧制好的瓦管作为烟道。前边说过,墨家弟子多出身于工匠,其中也一定有不少陶匠,他们能利用制陶技术追随墨家巨子维护和平,这真是一份意外的光荣。《鲁问》篇中,墨子去拜访陶匠吴虑,也有劝其加入"墨党"之意。

《孟子·告子下》:"(白圭和孟子的问答)'万室之国,一人陶,则可乎?''不可,器不足用也。'"陶器已普遍应用于生活,国家和人民都需要大量陶匠。列国争战,车轮滚滚,陶器破碎,而陶匠们也在不断地转轮制作!

《庄子·马蹄》:"陶者曰:'我善治埴,圆者中规,方者中矩。'"陶器多为圆形,赖转轮而成,故须中规;为何还有"方者中矩"之说呢?晚清经学大师孙诒让解说称,中矩,即是制陶须用到肵这种工具的证明(器中肵)。可以理解,陶器之"圆",是圆柱体,使柱体端正,自然也必中矩。另,除了圆形陶器外,也有少量方形陶器,如陶钫、方形豆、陶方鼎等。

《荀子·性恶》:"夫陶人埏(shān,揉和黏土)埴而生瓦,然则瓦埴岂陶人之性也哉?"一、人工改变事物的性质。当黏土制成陶坯,尚不改土性;再当陶坯烧结成器,那就至少发生了上百个化学变化。二、不要忘了,瓦、砖等建筑材料也是陶器。陶器又称瓦器,瓦器也特指粗拙的陶器。提起砖瓦的历史,有"秦砖汉瓦"之说,但这已经是兴盛期了,据考证我国最早在西周初期开始烧瓦(板瓦、筒瓦),最新考古显示,砖(空心砖、条形砖)也在西周时期出现。

《韩非子·难一》:"东夷之陶者器苦窳(yǔ,恶劣),舜往陶焉,期年而器牢。"这是请来外地制陶技术专家帮忙解决技术难题。这次请来的专家居然是首领舜。我们说过,在部落时代,作为首领,首先必须是技术专家。"有虞氏上陶",传到舜手里,陶技又有大进。

《左传·襄公二十五年》:"昔虞阏(è)父为周陶正,以服事我先王。我先王赖其利器用也,与其神明之后也,庸以元女大姬配胡公,而封诸陈。"

虞阏父,又称遏父,他是舜的后人,由商入周,因善于制陶,成为周王室的陶正(负责陶器生产的工官)。好家伙,从舜时代到周朝建立,都一千多年过去了,虞阏父还传承着舜祖的手艺,并靠这门手艺当上了"官"。还不止于此呢,周武王见阏父陶器制得好,于人大有利(赖其利器用也),又是虞舜的后人,就把大女儿大姬嫁给了阏父的儿子妫(guī)满为妻,并把他封到陈地,建立了陈国。陈国位于今河南周口一带,是春秋时代十二大诸侯国之一。妫满逝世后谥号胡公,又被称为陈胡公、胡公满,他的后人就有陈、胡两个姓氏,因此有陈、胡二姓自古一家的说法。由一门祖传的手艺,建立了一个国家,并且又诞生了两个姓氏,这也是值得特别称道的"乐陶记忆"了。

打捞窑上那些事儿

当"陶"引申为形容词时，就有"快乐"的意思在其间，如可组成陶然、陶醉、乐陶陶等令人现出"微笑曲线"的词。这说明，制陶这门手艺，是快乐劳动，附加值比较高。我大胆推测，盖因先民始制陶时，劳动虽已趋于分工，但阶级还没有分化，大家平等，男女都尊，所以虽然面临的是九死一生的生存条件，但大家的心情都还不错，陶匠们一边转动陶轮，一边还哼唱着原始的歌谣。

制瓦和"担缸"

转动陶轮使陶器成型只是快乐劳动的前半部分。还有后半部分，就是烧窑。从事后半部分劳动的工匠，可单称窑工。在我们记忆中的农村也较常见。从我的脑海中，还能打捞出生产队烧瓦窑遗址的"图片"：一个被烟熏黑的、底部开有洞口的大坑，呈现着废弃的面貌。

我也还模糊记得烧窑。主要是烧瓦。因为最初，我们都住不起砖瓦房，只盖土坯瓦房。土坯自己脱。瓦也自制自烧。黄泥做的瓦坯码在窑里，封了口，开始烧。成捆成捆的柴被叉起来填进窑口，要连续烧它三天三夜。最后是从窑顶往下浇水，瓦就变黑了。

瓦，可谓最简单的窑中出品。而陶器也被称为瓦器，却又是其后来居上地位的证明。我是说，先有汲水贮粮的坛坛罐罐，后有用于建房的砖砖瓦瓦。宋应星说："上栋下室以避风雨，而瓴建焉。"（《天工开物·陶埏》）所谓瓴,就是房屋上仰盖的瓦,亦称"瓦沟"或"沟瓦"。屋不漏雨,沟瓦起关键作用。覆盖在沟瓦之上的瓦,则称"盖瓦"。瓦,大家印象还鲜明,在农村,黑瓦房的记忆犹如昨天,现在已经不常看到了。

瓦坯如何制作,我的印象就模糊而又模糊。在农村,农闲从事匠作的,永远只是极少数人。我家自然是不烧窑,用瓦就去别人的窑上购买,所以给我留下深刻印象的,只是把瓦从窑上挑回。但是我们生产队一户王姓人家,一个老爹,带着光棍汉弟兄仨,积极地说,就是三个壮劳力加上一位老师傅,要把草房变成瓦房,居然在自家院子里自制瓦坯了。我和我的小伙伴们都去看热闹。我模糊而又模糊地记得,他们把和好的泥巴坨子切得像面叶一样,包在一个圆桶之上,然后欢快地旋转其桶并拍打之,打得啪啪响。见我们围观,他家老二光着膀子,故意把那劳作夸张得像作秀一样,还吆喝着,我们也就惊叹而欢笑着,并跃跃欲试之。

我能写下的,只是一点点;我不能写下的,还有一大段。只能赶到明代,去向宋应星借他的《天工开物》。

初刊于明代末期崇祯十年(1637年)的《天工开物》是世界上第一部关于农业和手工业生产的综合性著作,或者说,它是一部工学著作,与先秦时期

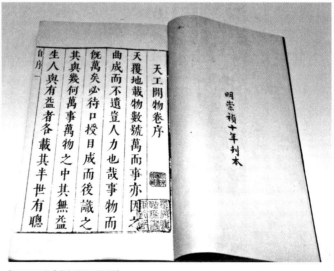

《天工开物》(壹图网供图)

的《考工记》遥为双璧。《天工开物》收载了诸如陶瓷、五金、纺织、造纸、食品加工等共18个门类的手工生产技术。宋应星因著此书而名列我国古代科学巨匠榜单并享誉世界。

《天工开物》"陶埏"一章就是关于陶瓷诸品的制作技术。按照宋应星一贯秉持的重民生的价值观,按照民生需求重要度递减的原则,《陶埏》一章,首讲瓦、砖,次则罂、瓮,最后才是彰显富贵的精致瓷器之类。

关于制瓦,宋应星写道:"凡埏泥造瓦,掘地二尺余,择取无沙黏土而为之。""凡民居瓦形皆四合分片。先以圆桶为模骨,外画四条界。"啊,想起来了,那桶是没底的,叫"筒"更为恰当。那筒就是瓦模,分成四片扣合在一起,最后是立放在一个转盘上。

宋应星所记还是太简,必须上网搜寻相关图片和视频才能更好还原。和好的瓦泥成为立体,须"叠成高长方条",用铁线弦弓片片切割,"似揭纸而起,周包圆桶之上"。然后是转动"圆桶",右手用一个弧形工具不停打压坯泥,抹平坯泥,不时沾水,磨光表面。王家乡邻制瓦单给我留下"旋转"和"啪啪啪"的印象,就源于这道关键工序。谢谢默默无闻的网上发布者,你与我,同志也。

瓦坯拍打到规定程度,就把内部的筒模松开提起,单剩一筒泥坯,晾晒至干透。筒模既分四块,块与块相接之处就在泥坯筒上留下棱印,尚未晒至干透时,在棱印处一划,使勉强相连,待干透后轻轻一拍,自然分瓦四片。

最后就开始烧窑。

在《陶埏》"罂、瓮"一节,宋应星说:"凡陶家为缶属,其类百千。大者缸瓮,中者钵盂,小者瓶罐。"以"缶属"总其名。凡缶,皆具有腹大口小的特征。但我记忆中的缸,却须底小口大,作为水缸贮水,安放在灶台边;大的装粮,也用于沤酸菜,或客串作为酿酒发酵之器。这大件圆器如何制作?还是要旋转成坯。宋应星说,要用"陶车旋盘","两人扶泥旋转,一拍(捏)而就"。

我记忆中还存有比较壮观的"担缸影像"。因为本地没有,包括我的父亲在内,我们本地的男性农民,有时需带上干粮,步行至五六十里外的河南

《天工开物》所载造瓦、瓦坯脱桶、造瓶、造缸图

地界,去一处窑上买或用粮食换河南人烧出的缸,担回来。担缸绝对是个费力多多而小心翼翼的活儿,万不能磕着碰着,平路尚且要多长个心眼,何况上坡过河,每一步都充满不安全因素。

路远迢迢,有时候是一个孤独的担缸者在上坡过河,有时候则是一队担缸者行进在大路上。那缸都很巍峨,前后一夹,人在中间就显得渺小,所以有些壮观。他们也会在平路上坐地歇息吸一锅烟,而一口口新鲜的缸则显出站立的样子,其中也有上了釉子的坛子在阳光下闪闪发光。"担缸"也是总括地说,所担者也会有坛坛罐罐等中小件陶器。

以上记忆充分证明,那时在土地平旷的河南,有一个大窑,能烧缸这种大件陶器,有一些河南农民能游离于农业之外从事着制陶和烧窑的工作。

我那时还小,只能摸着高过我身的大缸,还无缘得见远方那个神奇的大窑,在此无法描绘。好在宋应星调查过,在《天工开物》"陶埏"章"罂、瓮"节中描写得很细致:

> 缸窑、瓶窑不于平地,必于斜阜山冈之上,延长者或二三十丈,短者亦十余丈,连接为数十窑,皆一窑高一级。盖依傍山势,所以驱流水湿滋之患,而火气又循级透上。……其窑鞠成之后,上铺覆以绝细土,厚三寸许。窑隔五尺许,则透烟窗,窑门两边相向而开。装物以至小器,装载头一低窑;绝大缸瓮装在最末尾高窑。发火先从头一低窑起,两人对面交看火色。大抵陶器一百三十斤费薪百斤。火候足时,掩闭其门,然后次发第二火,以次结竟至尾云。

这是明代的形制和烧法。我们也可以通过地下发掘,介绍一下7000—5000年前仰韶文化时期的陶窑设计和烧窑技术要点。

目前,考古学家已发现仰韶文化各时期的陶窑上百座。据出土物来看,陶窑已有火门、火膛、火道、窑箅、窑室等5个部分。窑工们把燃料从火门送进火膛,火通过火道,再分别通向窑箅上的多个火孔,均匀地进入窑室,开始烧那些已经置入的窑坯。

陶窑的火烧起来后,便要连续加添热能高的柴火等燃料,万不能断,直

《天工开物》所载瓶窑连接缸窑图

到陶器烧好。据测,仰韶文化时期,窑工们已能将陶器火候烧至950—1050℃,使陶器硬度提高,色彩纯正。这有赖于陶窑的匠心设计,有赖于对烧火聚热技术的掌握。

陶窑分横穴窑和竖穴窑两种。横穴窑较原始,其特点是火膛、火道与窑室作横向排列,窑室在火膛后方并略倾斜向上,两者通过两条或更多的火道相连。竖穴窑的主要特点是火膛位于窑室的下部,两者基本相垂直。如在偃师汤泉沟所见的一座典型的竖穴窑,火膛中还立木柱以支撑上部有7个火眼的窑算。

起初,是没有窑的,直接放在火堆里烧。这样,只能烧至七八百摄氏度,烧出的陶器自不能达到结实耐用的程度。据报道,海南黎族至今还保留着这种最原始的烧陶手艺,成为一道返璞旅游景观。

彩陶种种印证"快乐劳动"

上回我们已经说了，仰韶文化时期烧出的大多是彩陶。

所谓彩陶，就是有彩绘花纹的陶器。具体说，就是在陶坯表面，施以彩色颜料绘制的动植物象形花纹或几何花纹。烧成后，附于器表，不易脱落，故称彩陶(亦有陶器烧成后，再施以彩绘的，然彩绘极易脱落)。

仰韶文化各种类型遗址发现的彩陶花纹，早期以红地黑彩或紫彩为多，中期流行先涂绘白色或红色陶衣为地，再加绘黑色、棕色或红色的纹饰，有的黑彩还镶加白边，"洵美且异"。

彩陶彩绘所用颜料是天然矿物质。可分以下几种：

红彩。取样测定，其显色元素为铁，显色物相为氧化铁。出土的矿物颜料是赤铁矿的风化物赭石，主要成分是氧化铁。有的地方还使用含铁量很高的红黏土作为红色颜料。赤铁矿在自然界较为多见易得，所以红彩成了史前陶工们早期彩绘的主要选择。中国人的"红色崇拜"盖源于此。

黑彩。是甘肃彩陶中最常见的色彩。显色元素是铁和锰，显色物相为四氧化三铁。其矿物以磁铁矿与黑锰矿为主。甘肃省博物馆和宁夏回族自治区博物馆曾做过一些实验，如果用纯锰矿颜料绘制彩陶，在高温下锰元素全部分解；若使用含锰赤铁矿，在稀释较淡的情况下，彩陶烧成后只显红色；较浓的情况下，则显黑褐色。这表明，史前陶工已认识到含锰赤铁矿，即赤铁矿与磁铁矿的混合矿物颜料具有两种不同的呈色性能，并且熟练掌握了浓淡变化规律，使其满足于彩绘需要。

棕彩。专家认为：棕彩与黑彩的化学成分相同，但锰的含量低于黑彩，铁的含量高于黑彩，可能是在颜料中掺和了红黏土。又有专家通过实验分析认为：此时已使用了黑、红两种颜料的复合颜料。通过配色后，色调发生了变化，彩陶的色彩层次因此也更为丰富。

白彩。仰韶文化中期开始，出现了白彩，其主要成分为石膏或方解石。

彩绘所用的工具有磨砚、研磨锤等。另从彩陶图案纹饰的痕迹分析，当时绘画已经使用了毛笔一类较软的工具，为后世书写毛笔之雏形。

　　现在我们是在介绍史前时期的工匠制作,所依赖的"典籍"只能是地下的出土物、那些"群星灿烂"的遗址,以及各地博物馆中的文物珍藏。

　　下面介绍三个珍藏在博物馆中的仰韶文化时期的彩陶"盆子"。

　　鹿纹彩陶盆。1955年陕西省西安市半坡出土,现藏于陕西省西安半坡博物馆。是比较写实的鹿的形象,因不甚奔跑,故推测为驯鹿,见证着畜牧业的初期。

鹿纹彩陶盆(视觉中国供图)

　　人面鱼纹彩陶盆。1955年出土于陕西省西安市半坡。新石器时代前期作品,多作为儿童瓮棺的棺盖来使用,是一种特制的葬具,现藏于中国国家博物馆。由细泥红陶制成,敞口卷唇,内壁以黑彩绘出两组对称人面鱼纹。人鱼合体的奇幻形象,构图已很简洁,线条已趋抽象。虽被认为是葬具,绘图却充满了勃勃生机。"鱼我所欲也",鱼在中国文化中向来具有生殖祝福的含义(可参见闻一多《说鱼》),这个含义原来从新石器时代就有了。我们记忆中农家土屋里,墙上总少不了胖娃娃骑鱼的年画。

　　舞蹈纹彩陶盆。仰韶文化时期马家窑文化代表作,1973年出土于青海大通县上孙家寨,现藏于中国国家博物馆。在接近盆口的内壁,绘有三组小人儿手拉手跳舞的纹饰,人物的头上都有发辫状饰物,身下也有飘动的斜向

人面鱼纹彩陶盆（视觉中国供图）

舞蹈纹彩陶盆（壹图网供图）

饰物。其用笔的简单幼稚和所呈现出来的纯粹的快乐，与你幼儿园里孩子的画风何其相似乃尔，恰好印证了人类童年时期的气派。李泽厚先生认为，这集体舞的场面还含有很庄重和神秘的图腾崇拜的内容。

彩陶图案是丰富多彩的。人、兽、畜、鸟、鱼、蛙、爬行动物、植物的花果均被工匠们采用入绘，表达了先民们的信仰和对美好生活的向往；彩绘还从写实走向抽象，形成鸟纹、鱼纹、蛙纹、水纹、涡纹、云纹、叶纹、花纹、齿纹，以及直线、曲线、三角形等"有意味的形式"。有专家认为，通过彩陶对大量的鱼、蛙、植物花果的描绘，可见其彩绘的主题聚焦于对生育的向往、崇拜和礼赞。据测，西安半坡时代人寿平均不过二三十岁，真是弹指一挥间，人类对自身的生产显得非常迫切！鱼、蛙这类卵生动物因其"多子"就被提拔至崇高的地位，成为生育的象征，植物年复一年开花结果遂也加倍为人类所喜。对生育能力的礼赞，就是对母亲的礼赞，也是女性对自身的礼赞，通过陶器上的纹饰及其主题，再次印证制陶这种劳动源于女性，一直带有母性的特征。直到今天，我们还习惯把大地和祖国比作母亲，真是与先民这种接地气、有技巧的劳动有关！

陶器上的图案丰富多彩，而它本身的造型又是那般千变万化。没错，陶器应储藏、汲水和加工食物的实用需要而被创造出来，即使是图案，起初也是为了防滑而刻印。但仅供日常使用，何须那么多样，何须还把一件陶鬲捏成猪的憨肥模样，而由陶鬲复合创新而成的陶鬶(guī)却又像极昂首汪汪的狗狗？这说明，我们陶时代的工匠们，已经有了艺术创造的冲动、热情和持久的积极性，更已经有了艺术创造的卓越才华，那些淘美且异的图案和纹饰，更不为实用所拘，仅为了"好看"、愉悦和祝福而作！这又充分说明，制陶是一项快乐劳动。

制陶是快乐劳动的理由还有，时当原始社会，所有劳动者都是平等的，而且是母系社会，男女也基本平等。劳动者地位既平等，劳动就快乐，有"自由劳动"的体验。所以，制陶作为一门艺术，或者附丽于陶器上的艺术，其基本情调是快乐，其审美风格表现为淳朴、生动、圆敞、亲切、接地气、母性化，而青铜器的制作，亦即自从陶鼎变成青铜鼎，则已彰显出阶级社会的"统治特征"，所以青铜鼎就是"高大上"的，见之令人敬畏，更惶惑于青铜饕餮的狞厉之美。

陶技是技术之母

关于陶，真有说不尽的话题。现在还要总结、发挥一下。制陶是快乐劳动，也是一项母性特征明显的劳动，诞生于女性，由她产生了人类最早的工匠型劳动和工匠，同时她也是一切技术之母和艺术之源。

关于艺术方面，附丽于陶器表面的彩绘是人类最早对于"有意味的形式"的自觉描绘，其图案和纹饰催生了紧随其后的青铜艺术，也遥远地启示着现代艺术的创新。而对于造型的熟练和发挥，也成就了雕塑艺术的独立，沿着这条路走下去，就有了秦始皇陵兵马俑这个令全世界都大吃一惊的奇迹，就有了汉代的陶俑和石雕造像……

关于技术方面，我发现，经由制陶，又诞生了以下新的核心技术：

一、陶火烧啊烧，经由对陶窑烧火成温技术的探索和掌握，工匠们能把炉温烧到1200℃以上，就把陶烧成了瓷，中国就有了瓷器，后来"中国"的英文单词居然就和"瓷器"是一样的字母组成了(china)，而"陶瓷"也牢牢结合成为一个词。

二、陶火烧啊烧，也是经由对炉火技术的精熟，广大无名的工匠们又学会了炼铜、炼铁，从而把文明带入了青铜时代、铁器时代。

三、陶轮转啊转，很快我们也有了陶制的纺轮，使制作纺织生产工具变得容易，而最初，先民们是用石片加工成圆形纺轮的，很费劲。

四、陶轮转啊转，下边的轮盘转，带动上边的轮盘转，两个轮盘之间装着一根轴。后代工匠还受陶轮旋转原理的启发，发明了车轮，于是就有了车，在春秋战国时期还领先于世界。这一点，我们在讲述奚仲如何造车的历史时，尚未发现。

此外，北宋毕昇发明的活字，也是用"陶技"成就的。这可是一个意外的"硬核"收获！

China 瓷器知多少

前面刚说过,陶火烧啊烧,就烧出了瓷器,烧出了一个china。本节咱们就讲"瓷器中国"。

说起瓷器,我们似乎都知道很多。知道它很常用,我们每天吃饭的碗就是瓷器;知道有些瓷器很值钱,常常是宫里才摆得起的排场;还知道青花瓷;也知道瓷器是咱们中国人的发明创造,等等。而我们如果这么一问:瓷器起源于何时? 许多人可能就蒙了。

一分钟读完的中国制瓷极简史

根据大量的考古发现可以断定,我中华工匠至迟在商代中期就已发明了瓷器。当时的长江中下游地区,就产一种青釉瓷,器型有尊、豆、罐、瓮、钵等。与成熟期的瓷器相比,其工艺还比较落后,被称为"原始瓷"或"原始青瓷"。

经过工匠们1600年的尝试摸索,至汉代,青釉瓷器进入成熟期。我们进入博物馆,已经比较容易感受到东汉时期的"瓷光"了。我上班的地方,有家民间的小型瓷器博物馆,里头就有东汉瓷。瓷,在我们印象中以白色为主流。这白瓷,是在南北朝北齐时期烧出来的。从青瓷到白瓷的变化,是制瓷史上的大事。

瓷产生于陶,先是依附,后是独立繁荣。独立繁荣的时期始于隋唐。隋代,瓷器已经成为日常生活用器,瓷窑已是广为分布。至唐代,判断瓷器是否佳品，已是首先看它产于何窑。当时白瓷与青瓷平分天下，形成"南青北白"格局。南，是越窑青瓷；北，是邢窑白瓷，分别代表南北制瓷业的最高成就。唐人流行饮茶，饮茶需有茶具。茶圣陆羽著有《茶经》，其中称，饮茶不仅茶要好，还要茶具好，他推崇青瓷茶具，称其品质"类玉""类冰"。饮茶之风助推了瓷器技术和工艺的进步及制瓷业的发达。

到了宋代，我们就有一个突出的印象——瓷器多。瓷在宋朝，可以说正式闪亮登场了。宋代是制瓷业全面发展时期，瓷器产量和质量都达到很高水平。青瓷烧制技术更是"炉火纯青"。也是从宋代，有了名窑，而且辈出，最受称道的有"钧、汝、官、哥、定"五大名窑。

今天我们说起哪个地方最以产瓷制瓷出名，许多朋友都会想起江西景德镇。想对了。景德镇向有瓷都之称。从东汉，古人已在景德镇建窑烧制陶瓷了。进入唐朝，由于该地土质好，陶瓷工匠们吸收南方青瓷和北方白瓷的优点创制出一种青白瓷。青白瓷晶莹滋润，有假玉器之美称。该地所产青白瓷实在太美了，宋真宗景德元年（1004年），就以皇帝年号为名，置景德镇。元代，景德镇已经是全国制瓷中心，朝廷在此设瓷局和官窑。延及明清，景德镇均是官窑集中之地，奠定其瓷都地位。

有时当我们说起瓷器，那是不能将其等同于平民百姓日用之需，而是强调其洵美且异的高贵出身，甚至要等同于皇家御用之物的。所谓官窑，即指专制专供皇家日用和赏玩所需之瓷器。进入当代，此类瓷器也多是有钱人家的藏品，往往是拍卖槌下最为昂贵的珍宝。因此之故，我对于瓷器，向来是敬而不喜，进入博物馆，也最不乐意看瓷，不像面对粗拙的陶器时，能产生亲近之感。但平心而论，瓷器，可以代表中国日用制造的最高技术和工艺水平，是中国制造出口最多的产品，也是中国工匠智慧面向世界的最高级最普遍呈现。官家需要，皇帝喜欢，都推动着瓷器制造向着最高水平跃进，瓷器之成为"中国"的代称，工匠呕心沥血，皇家也与有力焉。清代雍正，重奖制瓷工匠；乾隆更酷爱瓷器精品，康、雍、乾三朝，中国制瓷工艺水平和产量都达历史最高峰。

瓷与陶不同，但瓷乃陶之子

如果说陶器是全世界原始工匠的一项共同创造的话，那么瓷器则是中国工匠一项独有的发明。

陶器发展到商代，还增加了一道新技术、新工艺——施釉。釉（或称釉子），就是用矿物原料（长石、石英、滑石、黏土等，其化学成分是硅酸盐复合物）按一定比例混合制浆，涂在陶器表面，烧成后，形成玻璃质薄层，顿使烧出的陶器具有悦目的光泽，触之坚滑，涤之干净。更重要的是：一、提高了陶器的强硬度，使它们经摔打了；二、使陶器不易透水透气，且能耐酸碱腐蚀，更好贮水储物了。到了汉代，施釉技术有了飞跃性发展。

瓷器也必须是有釉的。从有釉陶始，就是向着瓷器跨近了一步。

中国古代瓷器制作。根据《天工开物》的记载，中国传统制瓷主要步骤有：制料、塑形成坯、瓷坯沾水、利刀修整、过釉、烧成（采自《彩图科技百科全书》第五卷）

还是在商代的一天,一位制陶工匠烧出了几件不一样的"陶器",它们泛着青光,比一般的陶器要细腻,也比一般的陶器要坚实,叩之俨有铜声。那位不知名的工匠被自己偶然的出品搞得有点诧异,也有些欢欣。为什么这样不同呢?经研究,他发现,这与他用了不一样的料土做胎有关……

现在我们可以用比较科学的语言,总结一下瓷器与陶器的不同了:

所用原料不同。陶器的原料是一般黏土,随处可取。瓷器则必须用瓷土,产地不多,以景德镇高岭村的为最好,因名高岭土,又名观音土。说到这儿,一些年长者或稍有知识者就会知道,包括上个世纪50年代在内的大饥饿年代,有些灾民曾吃过观音土。对,他们吃的,就是这种能制瓷的土。此土洁白色,细腻黏软,也称白垩土。呃,原来此土果然"可吃",可以制成瓷碗。高岭土具有最好的可塑性和耐火性等理化性质,这是它作为理想瓷土用料的重要原因。

烧结温度不同。陶器烧结的温度比较低,除烧制唐三彩(也是陶之一种,而不是瓷)需要1100℃外,陶器烧结温度均在1000℃以下,而瓷器的烧制温度均需达到1200℃以上。能烧到这样的温度,除了高岭土等瓷土具有优良的耐火性外,古代工匠们也必然是对火窑进行了进一步改造,使窑的聚火性能更好,通风更好,砌窑的材料也需更有耐火性。这是用火技术的进一步提高。

以上是从工艺方面总结的。从成器外观或物理性质方面总结,瓷与陶相比,又具有以下不同:

吸水率不同。陶是吸水的,吸水率大于10;而瓷几乎不吸水,吸水率小于0.5。这就是说,瓷器更能装了,装水不渗,装茶不潮,装吃的能保鲜。

坚强度不同。瓷几乎不吸水,因其质地远比陶要致密,看和摸起来也非常细腻,所以瓷比陶要硬,叩之发金属声。我老家有一个俗词叫"瓷实",就是结实、有硬度的意思;此意有时也单称"瓷"。南方北方,还有一句广为人知的俗话:"没有金刚钻,别揽瓷器活。"这是修复破瓷者的专业自信,要用金刚钻才能在瓷上钻孔,也足见瓷之坚、瓷之强。

透光率不同。瓷的胎体无论多厚,都具有半透明的特点;陶的胎体无论多薄,都不透明。这透明或半透明,似无关实用,但给人的感觉就是不一样。工匠们的制造,都是给这世界增加光明的,所以有"光性"的器物,总是更令人愉悦。瓷器透光,表面也就反光,看起来就是"闪亮登场",并且一路走下去,蔚为中国制造的"高光"。

以胎色论,瓷分青瓷、白瓷等,还有在釉上釉下绘画的彩瓷。我们今天官民日用瓷器,以白色为主流、为基础、为廉洁,器上描字或绘画,也均需白质方能更好彰显,这正是孔子所谓"绘事后素"的意思。所以白瓷在南北朝的出场是一件划时代的大事。白瓷较之青瓷,烧造更不容易,科技含量更高。瓷土中普遍含有呈色性很强的铁,如果铁的含量超过1%,烧出的瓷便呈灰白色,含量越多,色便越重。要烧出白净净的瓷器,则必须把胎料和釉料中铁的含量降到1%以下,这就需要瓷土筛选技术的提高。前边说过,做陶器需要筛土,做瓷器更需要这种细腻求精的功夫,做白瓷则最需要。唐代,景德镇出品的白瓷碗白度已达70%以上,接近现代高级细瓷的水平。

白瓷出场之后的彩瓷,以元青花瓷最为壮观。青花瓷首先创烧于唐代河南巩县窑,后中断近4个世纪,至元代又在景德镇创新而出,占据主流达数百年之久。今天仍很常见。周杰伦一曲《青花瓷》(词作者:方文山),唱得我们意动神摇:

　　素胚勾勒出青花笔锋浓转淡
　　瓶身描绘的牡丹一如你初妆
　　……
　　釉色渲染仕女图韵味被私藏
　　而你嫣然的一笑如含苞待放
　　……
　　天青色等烟雨　而我在等你
　　炊烟袅袅升起　隔江千万里
　　在瓶底书汉隶仿前朝的飘逸

……

色白花青的锦鲤跃然于碗底

临摹宋体落款时却惦记着你

你隐藏在窑烧里千年的秘密

极细腻犹如绣花针落地

……

就当我为遇见你伏笔

天青色等烟雨　而我在等你

月色被打捞起　晕开了结局

如传世的青花瓷自顾自美丽

……

清代康熙青花百寿纹瓶
（视觉中国供图）

　　元代，世界互联加速。青花瓷用钴料作为呈色剂，而钴料自中东进口。青花瓷是釉下彩瓷，它还和釉上彩绘技艺结合，烧出多色彩瓷，号称斗彩。其技法：预先在高温（1300℃）下烧成的釉下青花瓷器上，用矿物颜料进行二次施彩，填补青花图案留下的空白和涂染青花轮廓线内的空间，然后再入小窑经过低温（800℃）烘烤而成。

　　面对那些淘美且异的瓷器，宋应星充满激情地写道："后世方土效灵（各地又发现了灵效的瓷土），人工表异（人工技术，标新立异），陶成雅器（陶制成精雅的瓷器），有素肌、玉骨之象焉。掩映几筵，文明可掬。岂终固哉（事物怎么能是一成不变的呢）！"（《天工开物·陶埏》）

　　从宋氏的激情描写还可以延伸总结如下：

　　陶器更接地气，瓷器更接天光。陶器大众，瓷器高雅。陶器朴实，瓷器绚烂。陶器更讲实用，瓷器更重审美。瓷器烧造比陶器烧造具有更高的科技水平和匠心。但是，瓷器是在陶器基础上的传承、创新和发扬光大，陶为瓷之母。古人一般也称制瓷为"陶"，似乎这样说才觉得雅正。清代朱琰著有《陶说》一书，所"说"的都是景德镇官窑制瓷技术。但我们今天说起"陶瓷"产业,有时其实是单指制瓷业的,不单说"瓷业",也可见其是陶之分支,陶为其"姓",瓷则为"氏"。

瓷器大行于世,并不意味着陶器的谢幕,而是陶、瓷并行,共同满足着我们对美好生活的追求和向往。

制瓷工匠和大师

制瓷是劳动密集型行业。每一窑,需工人数十(康熙年间《浮梁县志》卷四)。作为制瓷名镇,景德镇在明代嘉靖年间(1522—1566)即已"聚佣至万余人"(《明世宗实录》嘉靖十九年)。万历年间(1573—1620),镇上佣工,更每日不下数万人(康熙年间《江西通志》)。清代乾隆年间,民窑发达,景德镇云集瓷业工匠更达十余万人。这就是说,四方之人,都到景德镇打工去了,如今日之南下广东。

与制陶相比,制瓷当然更是技术密集型行业。宋应星说,造一个杯子,要经过72道手续才能成器。宋应星调查到的景德镇制瓷,其配土技术又不同一般。他记录称,工匠们是用"两土和合,瓷器方成"。一是粳米土,其性坚硬;一是糯米土,其性粢软。粳米土即高岭土;糯米土则产于安徽祁门开化山,采之作成方块,小舟运至景德镇。制作瓷坯时,将两土等分混合,入臼春一日,然后入缸澄清。其下沉者为粗料。其上浮者为细料,舀起倒入另一缸。此细料缸中又有沉底者和上浮者,沉底者为中料。将上浮者再舀起倒入另一缸,谓最细料。都澄好后,以砖砌长方塘,使靠近火窑,借窑中火力将泥烘干,再重新用清水调和作坯。(《天工开物·陶埏》)

你看这过程是多么复杂、多么精益求精!

研究者告诉我们,制瓷,最初都是单料成瓷,即只用瓷石一种原料成就瓷胎,到元代,发展到二元配方,即使用瓷石和高岭土两种原料制造瓷器,由此中国制瓷工艺也日益优异。亦由此,高岭土闪亮登场,影响和改变了中国制瓷史。

瓷石是一种石质原料,由"石"粉碎而成,其主要化学成分是二氧化硅(一般超过70%),其对瓷器的主要贡献是可使坯体致密,提高瓷器的机械强度;其优点还有可以降低烧成温度,一般在1200—1300℃即可烧结。高岭土是一种土质原料,其主要化学成分是氧化铝,可塑性强,掺进瓷胎可防制品变形,但其烧结和瓷化温度比瓷石高得多,到1400℃仍不能烧结。故工匠们发现,需两者结合,方能更好成瓷。

一般认为——顾名思义——《天工开物》中的粳米土,自然是指瓷石;而糯米土,就是高岭。但宋应星却称,高岭土是粳米土,"其性坚硬";采自安徽祁门的"土",即我们认为是"瓷石"的,才是糯米土,"其性粢软"。这是为什么?难道是宋应星搞错了吗?

景德镇陶瓷学院吴洁等人通过试验证实,宋应星没错,高岭土虽看起来软,但烧结温度高,高温下不易软化,故实似粳米之硬;而瓷石看起来硬,但相对来说耐火度低,高温焙烧时易坍塌,故质同糯米之软(《〈天工开物〉中"粳米土"与"糯米土"考证》,《中国陶瓷》2011年第8期)。这种表里之不一,实在非常有趣。

总括来说,制瓷有三大分工:坯工、画工和窑工。

《天工开物·陶埏》记述窑工烧窑:瓷器经画过釉之后,装入粗泥制作的匣钵,连匣入窑烧造。瓷窑比陶窑又要复杂,烧瓷窑比烧陶窑更需注意:"其窑上空十二圆眼,名曰天窗。火以十二时辰(24小时)为足。先发门火十个时(先从窑门点火,烧十个时辰,即20小时),火力从下攻上。然后天窗掷柴烧两时(4

《天工开物》所载瓷器窑图

小时），火力从上透下。器在火中，其软如棉絮。以铁叉取一以验火候之足。辨认真足，然后绝薪止火。"读此知道，那土做的器坯，直烧得软如棉絮，这是发生质的变化了。正是经由这"棉絮"，最后冷成瓷的坚硬。

康熙年间《江西通志》卷二十七记述了景德镇陶瓷窑工的工作状况。其中称，陶瓷诸工种中，"惟风火窑匠最为劳苦"，最为关键：

> 方其溜火（窑在点火后的开始阶段，窑柴燃烧较慢），一日之前固未甚劳，惟第二日紧火之候，则昼夜省视，添柴时刻不可停歇，或倦睡失于添柴，或神昏误观火色，则器有苦窳（yǔ，恶劣、粗劣）拆裂阴黄之患。盖造坯彩画始条理之事也，入窑火候终条理之事也。火弱则窳，火猛则偾（fèn，败坏、破坏）。

如此关键的工序，今天工业制瓷（瓷砖）是完全可以电脑控制的，但在当时必须有赖于工匠的高超经验和高度负责精神。为了保证品质，记述者称，该工序"合用看火作头四五名，烧火匠二名"，每夜还需"厂官亲临窑边巡督，编立更夫，并民快各五名，分定更筹，递相巡督，以察勤惰，至开窑时，器皿完好，厚赏旌劳。倘有不堪，量其轻重惩戒"。

有篇初中课文《景德镇手工制瓷工艺》，简述了景德镇制瓷全套流程，其中说到烧窑：

> 烧窑，是成瓷的最后一道关键工作。它是将装有成坯的匣钵按窑位置放在窑床上，用松柴或槎柴烧至约1280度，采取先氧化焰后还原焰的方法，分溜火、紧火（强火，相当于氧化焰）、净火三个阶段，用一天一夜（24小时）的时间，把匣钵内的坯胎烧成瓷胎。

以上介绍的是普通工匠。而作为名瓷辈出琳琅满世界的瓷器中国，定然有赖于不少大师的非凡创造。同样，他们很少留名。现就于此"很少"中推介二三。

我首先找到了章生一和他的弟弟章生二。我很幸运，一下子找来俩。

章生一和章生二，南宋浙江龙泉人氏。说起龙泉，人们就会想起两大创造：一是龙泉宝剑；二是龙泉瓷窑。龙泉瓷窑，也是史上名窑系之一，开创于三国两晋时期，生产瓷器的历史长达1600多年，时间上也是最长的。

章氏兄弟都是龙泉青瓷的传承人，而双冠于当地当时。兄弟俩各在龙泉开窑，生一窑名"琉田窑"，人称"哥窑"；生二的窑，就被称为"弟窑"，或"生二窑"。

说起哥窑，那可不得了，刚刚介绍过，是宋代五大名窑之一。哥窑出品，辨识度非常高，那就是开片。开片，就是釉上有裂纹。把瓷器烧裂，本属意外之错，是要被惊出一头冷汗的，但细看那裂纹还蛮好看的，就硬着头皮供之皇上——那一窑本来就是给皇上烧的，皇上见了，反而格外喜欢，生一遂将错就错，着意化裂纹为装饰，"爆款"就这样诞生出来。"爆款"原理：将坯体烘

哥窑鱼耳炉（壹图网供图）

干，再沾水，涂上热膨胀系数比坯体大的釉。窑温下降，瓷面釉层收缩快于坯体，就出现自然裂纹。纹有多样。纹路交错形成许多细眼如鱼子者，谓鱼子纹，号"百坟碎"；还有如蟹爪者，似柳叶者；还有美其名曰"墨纹梅花片"，又称"金丝铁线"的，是进一步将纹片染色，大纹片呈深褐色，小纹片为黄褐色，故名。"金丝铁线"是传世哥窑的主要特征之一。

章生二亦非等闲之辈。其窑作继承了龙泉青瓷的正宗风格并有发展，着色葱翠，白胎厚釉，光泽柔和，滋润如玉，叩之如磬，极耐磨弄，其最精品也多进入了皇家。但因上有"哥窑"罩着，作为"弟窑"，名头就弱了许多。

记载章生一、章生二兄弟俩的典籍首见于成书于明嘉靖十八年（1539年）之前的《春风堂随笔》（陆深撰），次之有嘉靖四十年（1561年）出版的《浙江通志》（卷八）。

景德镇留名的制瓷大师，明代有昊十九。

昊十九，生于嘉靖前期，卒于万历后期。出身于景德镇数代以制瓷为业

的家庭,本姓吴,一名吴为,别号十九。他不仅善作瓷,亦会制壶,底款"壶隐道人",还工诗善书画,是工匠而兼文人型的人物,有"天下知名吴十九"之誉。

吴十九最善烧制薄胎瓷,其厚只有半毫米,奇巧绝伦,晶莹可爱。最著名的有"卵幕杯"和"流霞盏"。"卵幕杯"曾被誉为历史上九大登峰造极的瓷器之一,它薄如蛋壳,一枚重约半铢(约合1.1克),轻若浮云。其"流霞盏",胎更薄如蝉羽,其色明如朱砂,犹如晚霞飞渡。他烧制的瓷器太有特色了,他的瓷窑就被称为"壶公窑",以褒他瓷、陶兼擅。同代文人李日华《赠吴十九》诗曰:

> 为觅丹砂到市廛,松声云影自壶天,
> 凭君点出流霞盏,去泛兰亭九曲泉。

中国瓷器从唐代开始,就向国外出口了。南宋章生一哥窑瓷器,不仅行销全国,亦远销高丽、日本、东南亚、印度和西亚、埃及、欧洲。青花瓷自元代在景德镇重见天光以来,就以其浓郁的民族特色,走俏于亚、非诸国。明代,中国瓷器更是大批输往西方世界,尤以景德镇出品最受珍爱,拥有一件即被欧洲人视为殊荣。景德镇古称昌南(音 cina、china),在宋真宗将之改名"景德"之后,"昌南"之名仍没有从人们的记忆中淡化,欧洲人就以"昌南"作为瓷器(china)和生产瓷器的"中国"(China)的代称,久之昌南的本意却被忘却。当然,China 一词的来源向有多种,这里只是其中一说。不管怎么说,都改变不了"瓷器"与"中国"属于同一个英文单词的事实,改变不了瓷器一度等同于中国制造,进而等同于中国的观念。直到18世纪,欧洲人才学会制造瓷器。

等同于"中国制造",进而等同于"中国"的产品还有丝绸。古希腊人、古罗马人就曾称中国为"丝国"。以丝绸为纽带,我们从汉代就开拓出世界贸易之路——丝绸之路;其后又有海上丝绸之路,到宋代达到空前繁盛。海上丝绸之路,外销的主要产品就是瓷器。

那青春美少女为何要抱着远古的陶罐?

中国工匠制陶成器的历史非常悠久,七八千年前就开始了,还有考古资料证明约一万年前就有了。中国是世界上最早掌握制陶技术的国家之一。制陶作为技术之母这个命题,是世界范围内的。而起码在中国范围内,陶器是七八千年未曾中断地伴随着我们普罗大众生活的器具,唯有陶器与我们有着这么深远的交情。当青铜器大批地制造出来,主要用诸贵族和国家,以示奢华和尊贵,并曾象征权力和主权,但并不能替代作为"坛坛罐罐"的陶器进入平民百姓之家为生活做主的热情(如前所述,瓷器诞生后,是既与陶器平行又作为陶器的一个新部分进入生活的)。由于青铜资源的稀缺,而且要用之铸造货币,遂使陶(瓷)器进而成为官民都不可或缺的生活用器。进入现代,塑料被欧洲人发明出来,迅速成为器皿的主流,但仍必须有耐火、存温和无毒的陶器"定居"在我们的厨房和储藏室里,为我们煲着鸡汤、酵着米酒、泡着酸菜,而高雅人士还要养着、玩着紫砂茶壶什么的来提高自己的幸福指数;也必须是瓷的盘子、碗和杯使我们感觉到什么是真正的生活,当然也有玻璃和金属的容器分去小部分市场,但一直成不了主流。

我们仍然离不了陶匠。

诗歌中的"陶造"

我们可以在先秦乃至于之后的典籍中找到有关陶人制陶的零星记录,但要找出一篇较为完整的散文文本——如庄子笔下的庖丁、柳宗元笔下的

《梓人传》——则无可能。唐诗三百,绝无"陶诗"。宋诗中,却有梅尧臣的一首《陶者》,是写烧瓦陶工的,我们大家都很熟悉:

> 陶尽门前土,屋上无片瓦。
> 十指不沾泥,鳞鳞居大厦。

我们说过制陶是"快乐劳动",这一首却表达了"不快乐",显示制陶是没有获得感的劳动。这是进入阶级社会了,工作者过不上好生活一直是得不到解决的问题,做什么偏缺什么长使劳动人民心中感到很"怼"。汉代刘安《淮南子》(卷十七《说林训》)已经收录了几句谚语专道这种不公平:"屠者羹藿,为车者步行,陶者用缺盆,匠人处狭庐,为者不必用,用者弗肯为。""泥瓦匠没房住,纺织女没衣裳",有些地方也有这样的民谚。我从小也常听乡人爱说"木匠睡的(是)柯杈床",说的也是这个意思,但"怼"的色彩不浓厚,似乎早就以苦为乐,并带有一点励志的意思在其内了。

读梅尧臣的《陶者》,读者们一定会想起另一首同样时期、同样主题、同样构思、同样自小就学过的小诗——另一位士大夫诗人张俞作的《蚕妇》:"昨日入城市,归来泪满巾。遍身罗绮者,不是养蚕人。"

悲悯劳动人民的劳而无得,从唐诗以来,已经形成一个固定的主题。因为儒家重农,所以诗人的悲悯对象,多是农民,少数也会写到各种工人,如织工、盐工等,而梅尧臣还写到了陶工,这是少数中的少数。

明代缪宗周的《咏景德镇兀然亭》:

> 陶舍重重倚岸开,舟帆日日蔽江来。
> 工人莫献天机巧,此器能输郡国材。

缪诗描绘了景德镇瓷器产供销盛况,但也含悲悯在其内:工人越是争相献巧,越是被盘剥得厉害。从此诗也可看出,制瓷业也是可以称为"陶"的。

中国典籍如不能满足需要,也可以搜诸西方。希腊著名诗人、现代希腊诗歌创始人之一扬尼斯·里索斯(1909—1990)以《陶匠》为题写过一首诗(韦白译,参见黄礼孩主编的《诗歌与人》,2007年第16期):

一天,他造完了大水罐,花瓶,陶锅。一些陶土

剩了下来。他造了一个女人。她的乳房

硕大而坚挺。他有些恍惚。回家晚了。

他的妻子埋怨他。他没有回答。下一天

他留下更多的陶土,接下来的一天他留得更多。

他没有回家。他的妻子离开了他。

他目光熊熊。半裸着。只在腰上系了一根红腰带。

他整个晚上躺在陶女的旁边。拂晓时分

你听见他在作坊的篱笆后歌唱。

他解下了他的红腰带。他光着身子。一丝不挂。

围绕着他的是

空的大水罐,空的陶锅,空的花瓶

和那个美丽的、盲目的、聋哑的、双乳被咬过的女人。

我们可以仅仅在劳动的层面上解读此诗。整首诗实际上就是写了一位陶匠对制陶的陶醉和痴迷,亦即所谓"工匠精神"。他制作实用的陶器,有余暇也塑造艺术的陶女;他创造物质,也创造精神。因为精神的创造,他冷落了家中的妻子。进一步,他只与他创造的对象——裸体的陶女,裸体相对,这是忘我的最高创造境界,也可见创造者技艺的高超:他塑造的陶女活了。

经由劳动创造,劳动者就是造物主。《圣经》开篇说:"上帝说,要有光,就有了光。"这光说穿了就是劳动创造之光。《圣经》的作者有一个奇妙的比喻,即把上帝比作陶匠,信众则是黏土(《旧约·以赛亚书》)。从此处修辞,我们看见的只是对陶匠劳动创造的高度评价,他造"物",也塑造了人的主体性。由"陶造"这种最早的工匠型劳动来首先担起这种"高评",是合适的。"陶造":宣传基督教的神歌作者从上述比喻中提炼出来的一个词。这个词很美。

以上是直写陶匠。也可以只写产品,从中见到陶匠的天工、"陶造"的伟大。于是想起英国浪漫主义诗人济慈(1795—1821)的名作《希腊古瓮颂》

（查良铮译，参见《济慈诗选》，人民文学出版社，1958年）：

> 你委身"寂静"的、完美的处子，
> 受过了"沉默"和"悠久"的抚育，
> 呵，田园的史家，你竟能铺叙
> 一个如花的故事，比诗还瑰丽：
> 在你的形体上……

这位25岁就死去的诗人，不知在哪家博物馆看到了一只希腊古瓮，刻有风景和人物，具体是酒神祭祀和男欢女爱的内容，有树叶，有接吻，有吹奏风笛，有小牛……画面浪漫而写实，寓动于静，美不胜收。与中国春秋战国处于同一时代的古希腊，曾流行瓶画，即绘在陶制器皿上的图画，画面内容丰富，诸神和人民的故事都在画中，还有生产和体育竞技，战争和爱情当然也是必需的题材，总之戏剧性很强，生活气息很浓，表现了古希腊人精神中突出的乐观自信，也让我们看见了陶匠们高超的工艺水平和工艺精神中突出的乐观自信。济慈这首诗是一个很好的见证。

美国著名现代诗人华莱士·史蒂文斯（1879—1955）在《坛子轶事》（西蒙、水琴译，参见《史蒂文斯诗集》，国际文化出版公司，1989年）一诗中写过一只坛子。一只普普通通的坛子：

> 我把一只圆形的坛子
> 放在田纳西的山顶。
> 凌乱的荒野
> 围向山峰。
>
> 荒野向坛子涌起，
> 匍匐在四周，不再荒凉。
> 圆圆的坛子置在地上，
> 高高地立于空中。

它君临四界。

这只灰色无釉的坛子。

它不曾产生鸟雀或树丛

与田纳西别的事物都不一样。

这是上个世纪八九十年代的文青们都很膜拜的名作。在诗中,以坛子为中心和制高点,事物被重新组织,生活凸显出意义,而其意义还是生活。这只普通的坛子,为何能"君临四界"?因为它有着一万年之久的历史,它是"陶造"的奇迹。为什么"它不曾产生鸟雀或树丛"呢?因为它产生了凤凰嘛!而"树丛"也太矮,也不是它要产生的对象,因为它是从最初的文明之火中诞生的,它还要产生更伟大的创造。但另一方面,也说明它真的很普通,产生于普通工匠之手,以服务于普通人民的日常生活为目的。它自己就是目的,并不是产生其他事物的手段。

"诗无达诂",此其一解。总之,你必须到更远的地方去求解意义,如果作品中出现了一只坛子,你最好从仰韶文化时期出发,走回来触摸这只坛子。

美术作品中的"陶"

关于陶,文字典籍仍不足征的话,还可求诸美术作品。首先是法国新古典主义画家安格尔(1780—1867)的油画《泉》亮人眼球。《泉》以女神维纳斯为"模特儿",画了一名丰腴的青春美少女高举陶水罐,从中倾倒出源源不断的甘泉。这是安格尔描绘的最美的女性人体。我少时看此画,目光不离人体,现在则也颇注意及那陶罐。女性人体寄寓着安格尔"永恒的美"的理想,而能盛装这一理想的容器,只能是处于历史源头处的陶罐,而不是后发的玻璃瓶什么的,更不能是塑料水桶啦(这里并没有轻视玻璃和塑料的发明和贡献之意)!

安格尔《泉》（视觉中国供图）

　　还有一幅由美少女和陶罐组成的油画作品,画名就叫做《陶》,中国当代画家谢楚余的成名作。《陶》完成于1997年年初,画面中是一位东方的半裸少女抱着一只想象为半坡出土的陶罐亭亭玉立,背景是风起云涌的天海。为什么是最青春的少女抱着最古老的陶器呢?画家说,少女是集合了三个模特儿(一个山东青岛人,一个广东汕头人,一个混血儿)的优点而画成,已经美得绝伦了,因为抱着远古汲水的陶器,就更加美得无边。古老的陶器衬托着少女的青春之美,少女也给陶器注入了永远青春的生命——这仍然可以看成是献给制陶这种带着母性特征的劳动之美的一曲颂歌。说到底,包括文字形态在内的一切艺术一个重要的起源仍然是劳动。

　　《陶》一经问世,便打动世人,成为中国油画史上被翻版盗印最多的一幅油画,盗版数不少于一百万次。有一年我到东莞住一家鸡毛小店,见其墙上俨然也是挂着这幅作品。

第五章 铜铁时代

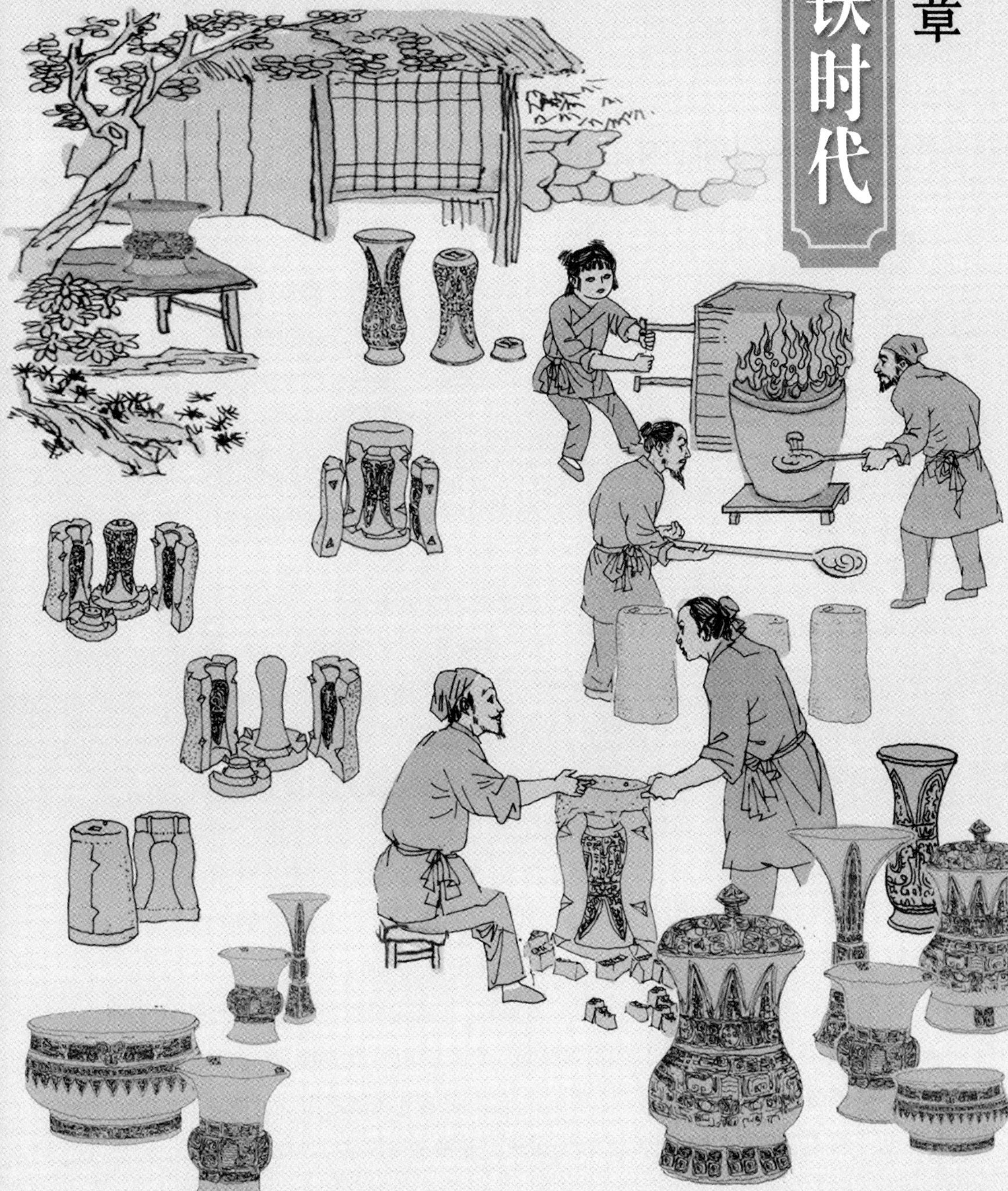

问鼎：国之重器如何铸成？

陶火烧啊烧，也是经由对炉火技术的精熟，广大无名的工匠们又学会了炼铜、炼铁，随之，本章我们的记忆就进入了青铜时代、铁器时代。

让我们首先从"问鼎"开始。

在中国，"问鼎"曾经是一个很严重的问题，弄不好就会有杀身之祸。但现在，你尽管问。根据我们收集到的问题，在这里就一古脑儿地把与鼎有关的故事和知识回答个透。

禹铸九鼎和庄王问鼎的故事

关于大禹，有三件事功我们铭记着：一是继位为帝前的治水；二是治水过程中将中国分为九州；三是继位为帝后的铸鼎。

大禹铸鼎，初载于《左传·宣公三年》。该记载也是关于"问鼎"的故事。后来我们常用的"问鼎"一词就出自这里。

话说大禹建国后，九州州长为表忠心，各献金于禹都阳城（考古学家说在今河南登封）。大禹就下令用各州所献之金各铸大鼎一只，一共铸了九只，排列在那里，象征九州一统，政权合法；德高望重，"一言九鼎"。

转眼夏朝到了末代。因夏桀缺德，商汤兴，九鼎就被搬到了亳（今河南商丘），亳就成为商的都城。又因商纣缺德，周武王伐纣，建都镐京（今西安市郊），九鼎就又被搬到了镐京。后平王东迁，九鼎遂亦搬往洛阳。

以上搬鼎的过程说庄严些就是"定鼎"。鼎被谁"定"去，政权就归谁。

鼎,实为国之重器,鼎在国在,鼎失国亡。

话说那年,南蛮楚国庄王率兵攻打了位于东周都城洛阳附近的少数民族小国陆浑,顺便进入洛阳搞了一场阅兵式——"观兵于周"。这是向周天子的权威挑战。周天子(周定王)只能派大夫王孙满前去犒劳楚师。楚庄王就向王孙满"问鼎之大小轻重"。 王孙满不客气地说:"在德不在鼎。……周德虽衰,天命未改。鼎之轻重,未可问也。"

明乎以上鼎的来历和意义,就知道庄王问鼎是多么赤裸裸的挑衅,比"观兵"洛阳的性质还要恶劣。但是他碰到了王孙满。

王孙满重述了以上搬鼎的过程,其核心观点是谁有德才搬得动,并不是比谁的力气大,何况鼎定于周后,卜得天命是七百年,虽然现在周朝国力有所衰减,但鼎之轻重,还是不宜随便问的。

楚庄王听王孙满滔滔一说,也感到搬鼎的条件还不成熟,"乃归"。

我国青铜铸造水平令世界望尘莫及

我们温习以上鼎的故事,其意也不在"鼎本身",而是要由此进入一个名为"青铜"的伟大时代。

禹铸九鼎,用九州之金,这金不是黄金,而是青铜。青铜是纯铜(红铜)与锡(还有少量铅)的合金,因颜色灰青,故名青铜。在先秦时代,黄金、青铜、红铜,都可以叫做"金"。

当历史发展到大量以青铜为器的时代,考古学就命其名曰"青铜器时代"或"青铜时代",其所创造的文化就是"青铜文化"。铜是人类最早利用的金属之一。在新石器时代和青铜时代之前,还有一个短暂的铜石并用的时代。就是说,在使用石器的同时,人类也开始尝试用纯铜制造一些小用具、小玩意。但铜的缺点是熔点高而硬度低,冶炼不易而成具不利。很快,那些赤身露体、胼手胝足的早期工匠,发明了冶炼青铜。青铜具有易熔而坚韧的优秀品质,所以一度还被称为"美金"。青铜的熔点在700—900℃之间,而红铜的熔点是1083℃。含锡10%的青铜,其硬度为红铜的4.7倍。当然,这数据是现代人用现代科学手段测出来的,而我们的先代师傅们当初纯是凭原始感觉发现。但感觉的原始,并不妨碍其发现是巨大的具有划时代意义的——一个光辉灿烂的青铜时代揭幕了!

世界上所有重要的文明,都经历过青铜时代。据祝中熹、李永平所著《青铜器》(敦煌文艺出版社,2004年)一书称,我国最早的青铜制造萌生于河陇地区。1975年,甘肃东乡林家村马家窑文化遗址(约公元前3800—前2000年)出土了一把青铜短刀,这是目前在中国发现的最早的青铜器,证明中国的青铜时代肇端于5000年前(约相当于传说中的黄帝时代),大致与世界范围内最早的青铜时代相当。

我国的青铜时代一揭幕,便发展开来,到商代便达到"鼎盛"的程度,于周、于春秋战国时代,则达到鼎盛的高峰。

我国的青铜时代,虽不能称世界最早,但我国先代工匠的青铜铸造水平,却绝对令世界望尘莫及。其水平体现在制作工艺的先进和文化内涵的丰富,也体现在青铜器种类的繁多,数量的巨大。就种类而言,包括食器、酒器、水器、乐器、兵器、农具、工具(手工业工具)、车马器、度量衡器、货币、玺印、装饰品等,林林总总,共达110多种。考古学家张光直先生曾说:"我毫不犹豫地大胆宣称:就已经发现的铜器来说,在中国古代所发现的青铜器的量,可能大于世界其余各地所发现的铜器的总和;在中国所发现的青铜器的种类,又可能多于世界各地所发现的青铜器种类的总和。"(转引自《青铜器》)

作为中国青铜时代形象代表的鼎

在此,我们仅举鼎为中国青铜器的形象代表。

鼎,最初也是以陶土为材,后来"革故鼎新",专属于青铜之器了。鼎之为器,最初非常平常,就是炊具,就是装着三条腿的锅而已;后来也成为食器,由必需品过渡到奢侈品——所谓列鼎而食——成为身份地位的区别和象征。作为炊食具的鼎,一般圆形三足。接下来,鼎又上升为祭器,盛放祭品,成为沟通天地鬼神的载体。作为祭器的鼎,更多方形四足。从活人地位的象征开始,鼎已经脱离"形而下者谓之器"的层面;再到服务于鬼神的功能创新,鼎更加被提拔到"形而上者谓之道"的层次。也就是说,鼎早已是、更加是一种礼器了。而从禹铸九鼎的故事开始,鼎更成为最重要的、象征国家政权的、神圣不可"轻问"的礼器。随着鼎从世俗之具到神圣之器的一步步转化,其"本身"也从轻到重并越来越重(重器),从小到大并越来越大(大器)。

楚庄王问鼎,起码是想一睹九鼎神秘的真面。但是他碰了一鼻子灰,终于是没见到。好像九鼎一直很神秘,谁也没见到。战国时,秦国齐国,都想夺取九鼎以镇诸侯,也都没有见着。到了秦武王三年,周王室已是气息奄奄,年轻仔秦武王"巡视"洛阳,直奔太庙,终于看到九鼎,并举起其中一只,却被压死了。秦武王举鼎,《史记》有记,只说举鼎而已,没说就是禹铸之鼎。到了冯梦龙的历史小说《东周列国志》里,就绘声绘色,说秦武王看见了九鼎,举的就是九鼎中的一只。其实在秦武王举鼎之前,神秘的九鼎就已经下落不明,各种记载已经互相矛盾。此后的记载继续叠加这种矛盾。据矛盾记载之一,秦始皇统一中国后曾经派人出去找过九鼎但没找着。

都知道九鼎却都没见着,九鼎到底有没有就是个问题。专家甲说,凭禹夏时代的生产力,还不可能铸出鼎这种大型青铜器,禹铸九鼎,盖出于后儒的想象叙事。专家乙说,禹曾铸九鼎完全可信,考古学家也能证明当时已能铸大型容器。顺着这种说法,一直还有许多人期待着某天九鼎出土于地下呢!

我认为,不管有没有九鼎,关于九鼎的故事都是真实的,它真实地反映了鼎是古代中国高度的物质文明和精神文明的双重载体;即使禹确实没有铸过鼎,通过这个传说,也可以证明禹夏时代,中国的天空,已经漫出青铜灿烂的光芒;无数工匠,已经在为铸造大鼎而"鼎力"准备着了。甚至黄帝,司马迁也采访到他"作宝鼎三,象天、地、人"的史料。这条史料起码可以佐证,从黄帝时代,中国的青铜时代已经揭幕。

工匠甲、乙、丙、丁、戊……

禹铸的鼎没看见,我们却看到过一个实实在在的大鼎:曾经在我们初中历史课本中作为插页彩图出现的后母戊鼎(原称"司母戊大方鼎","司"读为"祀"。现已解读为"后",并据之改名)。此鼎据考证是商代晚期某位商王为祭祀其母戊所铸,故鼎腹铭文"后母戊"。

后母戊鼎现藏于中国国家博物馆。博物馆现在都免费开放,可以"问鼎"并得到答案了:此鼎呈长方形,四足,口长112厘米,口宽79.2厘米,壁厚6厘米,连耳高133厘米,重达832.84千克,迄今为止,是世界上出土最大、最

后母戊鼎(采自《彩图科技百科全书》第五卷)

重的青铜礼器。此鼎不仅巨大,还很美异。鼎身雷纹为地,四周浮雕刻出盘龙及饕餮纹样,鼎耳外廓有"虎噬人纹":两只虎头,虎口相对,中含显露出安详面容的人头。后母戊鼎是商代晚期前段作品,从工业水平到艺术水平,均是商代青铜文化顶峰时期的代表,距今已经3200多年,堪称"镇国之宝"。2002年列入禁止出国(境)展览文物名单。

3000多年前,我国工匠就能生产出如此巨无霸而且美无比的青铜之器,令人膜拜有加。据估算,铸造此鼎,需要1000千克以上的原料,且要在大约二三百名工匠的密切配合下才能完成;经测定,此鼎含铜84.77%、锡11.64%、铅2.79%,与《考工记》所载制鼎的铜锡比例基本吻合。

《考工记》称:"金有六齐(同剂,配比),六分其金而锡居一,谓之钟鼎之齐",即青铜合金有六种,铜与锡(及铅)比例为六比一的,适于制作钟鼎之器。只有这样的比例,这样的含锡量,才恰够铸成鼎器所需要的硬度,而如果铜锡(及铅)比例为五比一以上的,则适于制造锋利的斧斤和武器之类。

最后,或许还有好奇宝宝要问:此鼎为"母戊"而铸,那"母戊"是什么样一位女性,何以能配享如此重器?

答:大鼎原名"司母戊",专家称"司"的意思是祀,是商王为祭祀母戊而铸造此鼎;后释名为"后母戊","后"突出了其商王之后的身份,"后"还可以是一个褒义词,如此"后母戊"的命名还可延伸解释为"伟大、了不起、尊敬的母亲戊"。至于她如何"伟大、了不起",她有何故事,这或许已经永远无从知晓了。

但从后母戊鼎,我们可以知道,它已经不是商王室的私家重器了,它已经是中华民族共同拥有的精神文化产品。它是某位商王为其母亲而铸造,但实际上的铸造者是那些没有留下姓名的伟大工匠——《考工记》所谓的"攻金之工"。鼎上固然只是铭刻着"母戊"的名号,但鼎上实际上是密密麻麻地显现着许多工匠的名字,分别是工匠甲、乙、丙、丁、戊……

想进一步知道这些工匠有多伟大、进一步了解这巨大的青铜容器里盛着多少"黑科技"吗?请继续往下看。

继续问鼎：模范与"模范"

　　一提起"模范"，大家脑海里都会浮现出王进喜、时传祥、袁隆平、钟南山这些人物的形象，以及时下评出的一个个"大国工匠"的事迹。也就是说，"模范"这个词是个荣誉称号，特指劳动模范；或者说是值得我们学习和效法的榜样人物，如"模范丈夫"。汉代扬雄《法言·学行》："师者，人之模范也。"

　　但以上已经是"模范"的引申意义了。"模范"的本义是指制造器物的模型。如原始制陶，其成型方法除转轮、泥条盘筑外，还有一种模制法，即以篮子等编织物为模范，涂泥在外而成。沈括《梦溪笔谈·异事》："袅蹄(niǎotí，马蹄金)作团饼，四边无模范迹，似于平物上滴成。"是说他看见一种马蹄金，就像团饼一样，但没见模子浇铸痕迹，就像直接滴成。不见"模范迹"，其实仍需用模，就像我们今天制月饼必用饼模一样。

　　但"模范"一词，还需细分。"模"已指模子、模型，何以又称"范"？ 二者是同义重复吗？

　　要想搞清"模范"一词的来龙去脉，我们还要回到青铜时代，继续"问鼎"。问出鼎是如何成器的，也就知道了"模范"是怎样成词并成为一种荣誉的。

内模与外范

　　以鼎为代表的林林总总的青铜器，其铸造首先也需要塑出一个"模样"，这模样就是"模"。这个好理解。而青铜器是以泥土塑模就不是人人皆知的

"工事"了。《天工开物·冶铸》称：

> 夫金之生也，以土为母，及其成形而效用于世也，母模子肖，亦犹是焉。

意谓：金属本生自泥土，当它被铸造成器物来供人使用时，它的形状还是跟泥土造的母模一个样。这正是所谓"以土为母"，"母模子肖"。宋应星这个思想非常棒，大地母亲创造一切，一切创造无不是对大地母亲伟大形象的模仿。

现在，铸造青铜器的工匠们依据头脑中的造型或已有的青铜实物制出泥模。注意，青铜器不像月饼或马蹄金那样是个"实物"，而是容器，容器则必须中空。老子说："埏埴以为器，当其无，有器之用。"（《道德经》第十一章）而制出的青铜泥模却不能"无"，必须是实心的。这个也比较好理解。仍拿制月饼为例做相反理解，月饼模就必须是空心的。

以上是青铜器铸造的第一步：制模。

第二步：制范。实心外凸的泥模成了，还要依据它的"模样"翻出内凹的外范，并脱模自成一"围"。

看到这里，你一定会恍然大悟："模范"一词，原是指青铜工匠为青铜成器而制出的器具，而且"模"和"范"是不同的两个部分或步骤，先"模"后"范"。

完全正确！继续"模范"。依据内模翻成外范后，还必须有内范。内范又如何制成？就是将最初制作的实心内模刮去一层变成。刮去的厚度就是将来器物的壁厚。不懂？继续往下看。

第三步，合范。现在，"模"没有了，只剩下"范"，内范和外范。以圆器为例，因为刮去了一层，内范直径要小于外范，于是将外范套在内范之外，形成一个环形的空腔。

第四步，浇注。将炼好的铜液浇到空腔里边。

第五步，成器。待浇注进去的铜液凝固、冷却，就打掉泥质的外范，再凿出实心的内范，就只剩下一圈铜壁围着一个中空，青铜器就这样成了。

这就是"模范"的作用。是不是匠心巧妙呢？

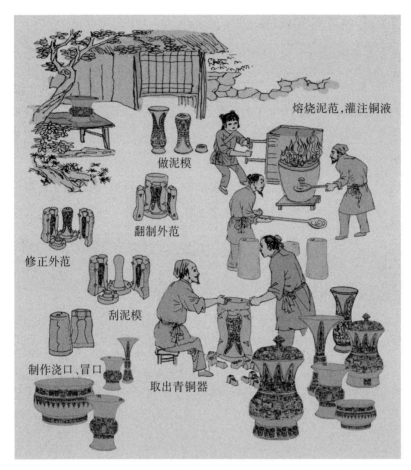

熔烧泥范,灌注铜液

做泥模

翻制外范

修正外范

刮泥模

制作浇口、冒口

取出青铜器

采用泥范法铸造青铜器(采自《彩图科技百科全书》第五卷)

　　了解了3000多年前青铜劳动中的"模范",有助于更好地理解我们今天披着红绶带的"劳动模范"。原来为了成就一件不凡的器物,需要匠心巧妙,也需要奉献和牺牲。首先是"模"无条件地被刮成了"范",其次"范"也要乐于献身,最后才有青铜器的光辉灿烂。

　　了解了青铜器铸造过程中的"内模"和"外范",就知道"模范"一词中的"模"和"范"是近义成词,是两个互相补充的词素构成的一个"词语整体"。"模"可以单独组词为模型、模子等,如果是指容器类的模子和模型,其中就暗含着"范"的构成;如果是实心物体的模型或模子,这"模"实际上就是空心的"范",如月饼模、土坯模子等。"范"因为是空心,只用边壁框定器物的形状和容积,故也可单独组成"范围""规范"等词,也可单独引申为可供效法的榜样或先进人物。《后汉书·赵壹传》:"君学成师范,缙绅归慕。"现在"师范"一词还特指培训教师的学校。

铸造后母戊鼎的"劳动模范"

以上这种铸造青铜器的方法就叫做"模范法";对于铸造大型器物来说,一般称为"范铸法"。

范铸法铸器,最关键的工艺还是制作模范。模、范都要先阴干,再烧制成陶。模、范用泥,均要匀细而黏,并混合一定的沙粒和草木灰,如此才具有一定的强度和耐热性,否则会在阴干和烧制过程中变形破裂。同为范,外范不能用沙过多,否则会影响青铜表面的光洁度;而由模刮成的内范用沙就要多些,以保持透气性,以免膨胀。

除材料之外,外范的成型制作也要难于内范。其厚度要与所铸的器物大小成正比,这也是为防止其在翻范脱模后变形。若是大型器物,外范要分成多块然后拼装,每范的边缘还必须制成榫卯结构,以紧密接合得像一整块一样。一方面是紧密,另一方面还要在外范上留出浇铸口和透气孔道,否则铜液从何而入? 又如何排放热气?

饕餮纹、圆涡纹、云雷纹、虎噬人纹……青铜器的表面,都是有着各种异想天开的花纹的,因为那些纹饰,青铜器才成为绝伦的艺术品。青铜是身体,纹饰是灵魂。青铜时代的身体和灵魂,都由那些无名工匠创造。纹饰也要先通过模范显现。凸纹要先在内模上塑出,然后凹印在外范上,最后就凸起在青铜器的表面了。反之,凹纹先在模上刻出,拓到范上则凸,成器后就是所需的凹。塑刻纹饰也绝不轻松,一丝"有"苟,便成废器。我们已知外范往往多块拼接,拼接时纹饰的线条与线条之间也要没有破绽才算合格(但据说鉴宝专家正是通过这种拼接处的微小印痕鉴定出古物为真)。

我们详细地讲解一遍之后，如果试按上述步骤去"模范"一下，保证搞出来的还是豆腐渣或铜泥疙瘩。这让我们切身地感到了远古青铜工匠的技艺之高超。即使放到今天，他们也完全可以评上劳动模范。只有模范才能制好"模范"。

模范中的模范，"模范"中的"模范"，还是铸造"后母戊"大方鼎这种大型青铜器。

上回通过"问鼎"我们已经知道大方鼎铜、锡、铅三种金属恰好的比例，锡降低熔点而提高硬度，一定含量铅的存在，则可使合金熔液具有流动性，否则就没法"浇"铸了，也没法浸渍形成那繁细的纹饰。这属于材料学范畴，也是最核心的技术。我到沿海一家中德合资的飞机修理厂采访参观，得知其相关合金材料配比全属独家机密，中方一概不能知不能问。由此也可证明，大方鼎的材料，是凝聚着工匠们的最高智慧的，只有深入了解，方能体会他们的伟大。

材料问题解决了，接下来攻克铸造技术方面的高难度。方鼎比圆鼎难铸，大更比小复杂。根据铸痕观察，大方鼎共用了28块陶范，鼎身8块，鼎足每只3块，器底及器内各4块。还让研究人员惊为奇迹的是，除双耳是先铸成后再嵌入鼎范外，鼎身部分与鼎足部分是一次浇注而成。

大方鼎当然是在殷都的铸铜工场制造。殷墟铸铜遗址发现有直径30—108.5厘米的草泥熔铜炉，学者推断铸造800多千克重的大鼎需准备1200—2000千克铜料，用大型熔炉熔铜浇注而成。

现在，要开始浇注了！最紧张、最忙碌的时刻到了。

此时，合好的鼎范已埋入地下，在范的周围，则修筑了多个高大的熔铜炉，每个炉子都有一个泥槽连于炉口，下则接于鼎范的浇口。炉火熊熊，铜液沸腾。到处都是火、火、火。泥槽的下边，也旺旺地烧着炭火。因那槽渠也需保持高温状态，以利滚烫的铜液在其中流动。鼎范也已事先高温预热，以防其突然接触铜液时因高温而炸裂。是最佳的时刻了，只听掌炉师高喊一声："开！"所有炉口的泥塞就被一齐拔开，铜液涌出，流动，注入鼎范的浇口,源源不断!

以上现场是根据《天工开物·冶铸》篇中的记载描绘出来的。宋应星所观看和记载的,是明代的铸造情形,但可以据此想象铸造后母戊鼎的过程也必然如此。

专家称,后母戊鼎的浇注现场需要二三百名工人在匠师指导下密切配合,起码需要四个以上的大熔炉同时熔铜。保证铜液流动的源源不断至为关键,否则铜液注入就不均衡,部分铜液可能先行凝固,最终会在器壁形成空洞,或凸凹不平。

我在一个模拟视频上看到,成器后的大方鼎,是倒扣着闪亮登场的。铜液是从鼎足浇注进去的,三足分别是三个浇口,第四足则是排气口。

《天工开物》中记载的失蜡法

除了范铸法,还有一种铸造青铜的技术叫做"失蜡法",又称"熔模法"。《天工开物》记载的铸钟工艺就是失蜡法。

失蜡法也是模范结合的工艺。其法先用蜂蜡为模,再在其内填充泥芯,在其外敷成外范。这样,蜡就在夹层,加热烘烤,蜡模就熔化流失,整个模型就变成一个空壳。然后往空壳里浇注金属熔液,器就成了。

此法的核心技术在于蜡的调制。如果要保密,就对这一块保密。

失蜡法在中国制造史上的出现要追溯到春秋战国时期。这是一种精密铸造的方法,是对范铸法的演进,以此法成器玲珑剔透,有镂空效果。最早采用失蜡法铸造的青铜器是楚共王熊审盂,时间在公元前5世纪;此外,河南淅川下寺楚墓出土的春秋中期云纹铜禁,湖北随州擂鼓墩

《天工开物》所载塑钟模图

出土的战国时期曾侯乙青铜尊盘也是失蜡法制作的典型器物。

至今,失蜡法仍用于铸造金属铸件,称熔模铸造,是现代工业文明的支柱技术之一。如飞机发动机零件的铸造,就必须用到这种技术。

3000多年前的商代,正是教科书上所说的奴隶社会,那些从事青铜铸造的工匠们,其身份就是奴隶,是在鞭影和剑影中从事其劳动的,却能有如此伟大的创造,其智慧的"含金量"并不亚于今人,怎不叫人啧啧称叹?

在《诗经·卫风·淇奥》一诗中,用了"如金如锡"的比喻赞美一位君子,从侧面说明了金锡合金为青铜的冶铸技术在当时之宝贵。《荀子·强国》一文一开头,就直接对我国先秦时期冶铸青铜为器的技术做了一番赞美性总结:"刑(型)范正,金锡美,工冶巧,火齐(剂)得。"

采用失蜡法铸造的曾侯乙尊盘(壹图网供图)

大诗人李白和炼铜工人的一次偶遇

大唐天宝十三载（公元754年）的一个秋天，54岁的大诗人李白漫游至安徽秋浦（今池州市贵池区），写下了17首《秋浦歌》，其中第14首居然是写冶炼工人的：

> 炉火照天地，红星乱紫烟。
> 赧郎明月夜，歌曲动寒川。

炉火照天地，李白写颂诗

那是晚上，李白来到一个矿区，完全被热火朝天、壮美无比的冶炼场面吸引住了。"炉火照天地"，好大的炉，好大的火，火星四溅，像放焰火一样，升腾的炉烟经通红的火光映照后，变成了紫色的。许多脸色通红的汉子，他们或是炉前工，挥着长钎捅着炉火并拨动矿料；或是投料工，高攀炉顶，把已经磨碎的矿石成筐投进炉中；高炉的左右两边，还各有一位鼓风工，不停而有节奏地推拉着风橐。高高的夜空，有明月悬照。李白歌咏过无数次的月亮，今晚却出现在冶炼场的上空。低头再看时，汉子们的脸更红了。

"赧郎"，第二天作诗时，李白用了这个有趣的词。"赧"本是形容因害羞而脸红，那些朴实的冶炼工人，当单独面对大人物时，他们的确会脸红，但是现在是劳动中的脸红，那是被炉火烤红的；也是兴奋的红，劳动使他们兴奋；那也是自豪的红，因为熟练地掌握着冶炼的技术；那还是团结在一起的力量之红,他们还"嗨哟、嗨哟"地吼唱着劳动的歌曲。"歌曲动寒川",矿山下就是秋浦江,江水已冷,也静,却被山上的歌声搅动了,可知那是大合唱,少说也有几十号工人在引吭高歌,而那片区域也不是只有一个炉,而是有一片炉。

写诗之外,李白还爱好神仙之术,常常亲自炼丹,但炼丹的炉子是很小的,而且总是一个人炼着,比较孤独。所以李白久久陶醉于那炉大人多的冶炼场面,以至于必须笔之于诗。

这是正面描写和歌颂冶炼工人的诗歌,在我国浩如烟海的古代诗歌典籍中极其稀罕,极其为现当代诗选家和李白研究者所青睐。郭沫若在《李白与杜甫》(中国长安出版社,2010年)一书中称:"歌颂冶矿工人的诗不仅在李白诗歌中是唯一的一首,在中国古代诗歌中恐怕也是唯一的一首吧?"

铜山四百六,古人留矿井

那么,李白歌颂的那些冶炼工人们炼的是什么矿石呢?这个已经毫无疑问,铜矿石;他们是一帮炼铜工人。

位于皖南长江边上的秋浦,唐代盛产铜和银。距秋浦不过60多千米,顺江而下不多时,就是因铜而名的铜陵。铜陵素有"中国古铜都,当代铜基地"之称,其采冶铜的历史始于商周,盛于汉唐,绵延3500余年。新中国第一炉铜水、第一块铜锭即出自铜陵。从秋浦到铜陵,当是同一条铜脉。秋浦和铜陵,隋唐时期曾都隶属于宣城郡。创作《秋浦歌》时的李白,就是在宣城的这条铜脉上走来走去。

此前,李白是由梁园(在今河南商丘)南下宣城的。他先到达铜陵。有人说他到铜陵就是为了应聘炼铜技师这个高薪职位的。据《新唐书·食货》记载,唐代素有对炼铜技术人员实行"重金募之"的政策。这么说,李白懂而且精于炼铜?是的,他是从炼丹积累的经验。当然这还是一家之言,但起码可以说,李白那时候对炼铜很有热情,他之南下,就是来观摩学习或者体验生活的,《秋浦歌》之十四就是他学习或体验的一个收获。

其实在创作《秋浦歌》之前,同样是在天宝十三载,李白在铜陵,就已经在一首答友人的长诗中写过炼铜生产了。诗见《答杜秀才五松山见赠》：

> 铜井炎炉歊（xiāo）九天，赫如铸鼎荆山前。
>
> 陶公矍铄呵赤电，回禄睢盱（suīxū）扬紫烟⋯⋯

歊：烟气升腾之意。"铸鼎荆山前"：用典，出自《史记·孝武本纪》中引用的一个传说："黄帝采首山铜，铸鼎荆山下"，鼎成，黄帝却被龙接上天。这又是一处关于青铜时代源起的铸鼎故事，也是一个成仙的故事。"陶公矍铄"："陶公"指陶安公，《搜神记》中记载的一位冶炼师，他炼着炼着，火光冲上了天，因也登仙而去。这位成了仙的冶炼师姓陶，也是冶炼来源于烧陶的证明。"回禄睢盱"："回禄"，传说中的火神之名；睢盱，睁眼仰视并有些喜悦的样子。

此诗中的"冶炼"，固也是作为诗仙的李白一贯运用的比喻道家高蹈的修辞法，但在"铜陵"的背景下，诗句已经反客为主，转化为以神仙传说中的陶安公、黄帝来比喻炼铜工人们的高超技术了。经由此处诗句的铺垫，到了《秋浦歌》之十四，那就尽逐神仙，只有工人了。而"紫烟"，也就从道家的祥瑞之气转化为一种"工业色彩"。

可以说，李白在秋浦与炼铜工人的接触，是有目的而来，并非偶遇，但就产生的空前绝后的作品而言，却又显得"偶遇性"很强。

我国铜矿资源丰富，古人已发现蛮多。《管子·地数》记载："出铜之山四百六十七山。"

李白在皖南长江边上的铜陵和池州游走，我们说他是在同一条铜脉上走来走去。该地区有丰富的古铜矿开采和冶炼遗址，均起于商周，盛于汉唐。在池州贵池区六峰山下，就有分布面积达2万平方米的百炉庄唐代矿冶遗址。"炉火照天地，红星乱紫烟"，李白《秋浦歌》中的诗句，或许正是百炉庄矿冶的写照。

目光再放"长远"一些，李白当年是游走在我国著名的长江中下游铜铁成矿带上。在这条"带"上，溯江而上，还有江西瑞昌铜岭古铜矿遗址、湖北大冶铜绿山古铜矿遗址。大冶铜绿山古铜矿遗址面积5.6平方千米，始于商,经西周、春秋、战国,一直延至西汉,时间长达1000余年,是我国目前已发现的古铜矿遗址中时代久远、生产时间最长、规模最大、内涵最丰富、保存最完整的一处。

有资料称,在考古学所称的青铜时代,亦即夏、商、西周三代,铜矿的发现和采冶主要集中在晋南和豫北的黄河流域。这三朝均迁都频繁,每一迁动,都是要往铜更多的地方去,但大体都不出黄河两岸。另有资料称,出产于长江中下游的有色金属铜,也多供应到北方,"鼎盛"着北方的王朝。但具体通过什么方式供应,是掠夺、朝贡还是贸易,则还需要进一步研究。

春秋战国时期,是中国思想文化大发展的第一个黄金时代,而思想文化的发展,必然建基于经济和生产技术的先行繁荣和发达。2019年6月25日,我参观了大冶铜绿山古铜矿遗址,只见商周时期的南方矿工对于铜矿的地下开采,已经采取了竖井、平巷、斜井、盲井多种井巷联合开拓的方式,并且用各种技术手段解决了井下通风、排水和巷道支护等一系列复杂的技术难题。还了解到当时矿井的开采深度已达地表以下60米,遗存炉渣平均含铜量不到0.7%,居然与今天的冶炼水平持平!

那是青铜时代的采掘,还不可能用到坚利的铁制工具,矿工们只能用木制工具去对付那些矿石,或以石采石,稍后则以铜采铜,其艰难可知。在铜绿山古铜矿遗址陈列馆以及次日在黄石市博物馆(今大冶是黄石所辖县级市)"矿冶文化展"展馆内,我看见很多商周时期的木铲、木锹,春秋时期的铜凿、铜锛、铜斧。铜制工具是很笨重的,铜绿山出土的最重的铜斧重16.3千克。这么重,如何用呢?图片显示,那是要用绳子吊起在竖井或平巷中用的。

看炉火是如何纯青的

开采之后,就是冶炼。前面说过,冶炼出于烧陶。在制陶烧窑过程中,工匠们无意中发现,窑中没有被清理干净的"石头"之一种居然可以被烧得透红,然后又烧软了,那石头就是铜、锡等金属矿石。同时,他们在山野采石为器时,也发现了一些有着绿、蓝、黄奇彩的含铜矿石。总之,采矿和冶金术就从窑火中、从打磨石器的节奏中萌芽了。

现在，低凹的陶窑改造成上凸的竖炉，工匠们有意识地开始了冶炼铜矿石的尝试。经由烧窑，他们已经掌握了一些高温技术，正好用于对熔炉的改造。要密封，材料要耐火，要有鼓风装置。他们的主要燃料是木炭，主要矿石是蓝色的孔雀石。这是一种氧化铜矿。他们把矿石和木炭都置于炉内，木炭持续燃烧，矿石只能熔化，同时产生一氧化碳，纯铜析出。这是内熔法，可以达到较高的冶炼温度。木炭不仅是燃料，同时可以作为还原剂使用。这是考古学家根据春秋晚期一处铜矿炼炉遗址还原的先进冶炼技术。

正是在冶炼纯铜的基础上，工匠们摸索掌握了冶炼青铜合金的技术。这要分别先炼出铜、锡、铅，再按"金有六齐"的配比，熔炼出铸造不同器物所需要的青铜。

青铜是人类炼出的第一种合金，它是创新的结果，伟大的青铜时代即经这个创新闪亮登场。

从开采，到冶炼，最后再经冶铸，就是把硬的铜锡原料再投炉熔炼，浇铸成器。这最后一道熔炼同时也是一道精炼的工序，可以最大程度地去掉铜锡中残存的杂质。

冶铸的技术难点是火候。《考工记》中有对火候掌握的记录：

> 凡铸金之状，金与锡，黑浊之气竭，黄白次之；黄白之气竭，青白次之；青白之气竭，青气次之，然后可铸也。

什么意思？因为记录简约，众说纷纭。根据闻人军先生《考工记导读》中的解释，"铸金之状"是指冶铸过程中从炉中散放的不同颜色的火焰和烟气。初加热时，附着于铜料的木炭燃烧，烟气黑浊；继续加热，温度升高，氧化物、硫化铜和某些金属杂质挥发，渐次形成黄白的焰色和烟气。如作为原料的锡块中可能含有一些锌。锌的沸点只有907℃，首先挥发，气态锌原子与空气中的氧原子高温结合可生成氧化锌，氧化锌是一种白色粉末状烟雾，这就参与组成了铸金的"黄白之气"。风火相激，持续加热，青铜合金熔化，焰色转为青白。这青白有复杂的组成，主要取决于铜的黄色和绿色谱线，锡的黄色和蓝色谱线,铅的紫色谱线,以及黑体辐射的橙红色背景。此外还有杂质砷,它的焰色也呈现出一派"好看"的淡青。炉温继续升高,焰色渐由黄过渡为青,而且铜的绿色所占比重越来越大。温度到达1200℃以上了,锌彻底挥发;虽然还有锡蒸气经燃烧生成的二氧化锡所吐出的白色,但已影响甚微。换句话说,铜、锡中的杂质大部分逃逸,铜的青焰已是绝对主宰,正是到了所谓"炉火纯青"的火候,可以浇铸了!

《考工记》所记的这种原始火焰观察法是近世冶炼中光测观温术的滥觞。

如上所述,李白所见所描绘的冶炼是对铜矿石的冶炼。一边开采,一边在矿区起炉冶炼。李白一定还和其中一位冶炼工人进行了一番对话,发现那位兄弟有几分羞赧,那被炉火热红的脸庞因说话就又红了一层,所以他用了"赧郎"一词。

最后我还想到女娲炼五色石补天的神话传说。这一神话最早见诸《列子》。这神奇瑰丽的"炼石"想象不正是对冶炼工人"劳动美"的曲折反映和间接讴歌吗?

亮剑之欧冶子

呼呼！剑，大家可是既熟悉又陌生的：熟悉，我们很多人都看见过它那修长的样子，被武士或侠客舞得呼呼生风、周天寒彻，不用时则敛锋入鞘，行走在身；陌生，是因为我们都只是在古装影视剧中看到的，在现实生活中，充其量只是看到作为体育器材的无刃剑，背在邻居老阿伯的背上，或比画在那位打太极的老太太的手中。

现在我们要亮的剑是真正锋利无比的剑，冷兵器时代的格杀剑，出自名工名匠手中的名剑。

让我们首先去看一把出土的"天下第一"名剑——越王勾践剑。

2500年仍然寒光闪闪

越王勾践，就是那位卧薪尝胆、十年生聚、十年教训，终于灭了吴国的越国国王。

越王勾践剑，青铜制的。

越王勾践剑于1965年冬天出土于湖北省荆州市江陵县望山楚墓群中。越国剑出土于楚国，这是邦交和战争使然。不说这个。且说那越王勾践剑重见天日之时，目击者都觉得应该高呼一声"天哪！"才能表达他们的震惊之感。那剑竟然还是那样寒光闪闪，毫无铜锈，视2500年悠悠时光若无物。那剑仍然锋利无比，前锋和两锷皆锋利无比。一位兴奋的工作人员伸手去抓，一触便被划破手指，血流如注。后来有研究人员有意摞起20多层纸，以剑割之，穿透无碍。

宝剑全长55.7厘米，柄长8.4厘米，剑宽4.6厘米，重875克。剑的制作也精美绝伦。剑身布满规则的黑色菱形暗格花纹。剑首外翻卷成圆箍形，内铸有间隔只有0.2毫米的11道同心圆，剑格（剑柄与剑身之间部分）外突，正面镶有蓝色玻璃（玻璃！这也是一种了不起的发明），背面再用绿松石镶嵌出美丽的花纹。剑柄为圆柱体，柄上缠着丝绳并刻有三道戒箍。

在靠近剑格的剑身部分，刻有8个鸟篆铭文："越王鸠浅自乍（作）用剑"。"鸠浅"通假"勾践"，专家由此识别此剑就是传奇国王勾践用剑，因名之"越王勾践剑"。

《考工记》称剑为大刃类兵器，记载该类青铜兵器的铜锡配比为：铜占四分之三，锡（铅等）占四分之一（三分其金而锡居一，谓之大刃之齐）。以剑而

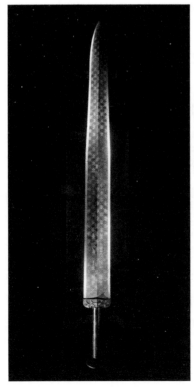

越王勾践剑（视觉中国供图）

论,这类兵器是必须既有韧性而又坚利的,成其韧性则需要四分之三的铜,坚利则需要四分之一的锡(铅等)。

1977年,复旦大学曾对越王勾践剑做过科学检测,测得含铜量约为80%—83%、含锡量约为16%—17%,另有少量的铅、铁、镍、硫。加上铅、铁等物质的含量,与《考工记》中的配比仍有偏差,即"含锡量"不足四分之一,这应当是越王勾践剑的铸造更加精密的缘故。

更加精密还体现在,剑身各处铜锡配比各有不同。其中剑脊含铜较高,含锡量只有15.2%,这就使得剑的韧性达到最好,不会被敌剑砍断(如我们常在格斗电影中看到的那样);剑刃则含锡较高,达到18.8%,这就使得此剑既坚且利。剑也是浇铸成器的。同一把剑而有不同的金属配比,这就要求在铸造过程中,必须分两次(以上)浇铸,再复合成一体,专业上称之为"复合金属工艺"。我国铸剑师在两千多年前就掌握了此项高级技术,实在值得高声喝彩。

采用复合金属工艺制成的剑可称为"复合剑",因剑脊含铜量较高,眼观呈黄(金)色;刃部含锡量较高,就泛出白(银)色。一把剑能闪射出黄(金)、白(银)两种光芒,因此也被称为"两色剑"。

越王勾践剑出土时插在髹漆的木质剑鞘内,躺在墓主人朽坏的身体左侧。专家说,密闭绝氧的墓葬技术,是越王勾践剑经两千多年而不锈的主要原因。

越王勾践剑是国家一级文物,现藏于湖北省博物馆,是与曾侯乙编钟齐名的该馆镇馆之宝。2018年11月,我在湖北省博物馆看到此剑,发现一如资料介绍,端的是三千年如新,剑锋、剑锷更如新发于硎。观者如堵,皆啧啧称奇。

说不定就是他,欧冶子!

吴越铸剑业一向发达。原因有三:一、吴越争强,且西向中原列国争霸,故都好战,刺激着兵器业的发达;二、吴越是水乡,且多丘陵,中原式战车难以驰其轮,故作战以步兵为主,步兵作战以短兵相接为宜,剑妥妥具此优点;三、吴地富藏铜、锡矿,为铸剑业提供了资源保障。《考工记》称:"吴越之剑,迁乎其地而弗能为良,地气然也。"此所谓"地气"者,可以将上述三个原因都包括在内;离开吴越就不能再铸出那么好的剑了,从这个判断句也看出,吴越铸剑师技艺水平是他国工匠所无法复制的。

我们知道,古时候的大部分工匠,他们的名字都是被遮蔽了的。越王勾践剑,由勾践自用是对的,岂能由他"自作"? 一个伟大工匠的名字被一个国王的名字遮蔽了。

但是越国也还有一位铸剑名师在典籍中留下了名字。

他叫欧冶子,被尊为中国铸剑业鼻祖级人物。

成书于东汉的一部典籍《越绝书》之《越绝外传记宝剑第十三》篇,记有欧冶子铸剑之事,很详细好看。书中说越王勾践有五把著名的宝剑,都是欧冶子铸造的,分别是:

> 湛卢
>
> 纯钧
>
> 胜邪
>
> 鱼肠
>
> 巨阙

这五把宝剑都是青铜铸造,其中前三把是大的,后两把是小的。对于这五把剑的铸造过程,文中极尽神奇之描写:

> 赤堇之山,破而出锡;若耶之溪,涸而出铜;雨师扫洒,雷公击橐;蛟龙捧炉,天帝装炭;太一下观,天精下之。欧冶乃因天之精神,悉其伎(技)巧,造为大刑(剑)三、小刑二……

赤堇山、若耶溪,都在今浙江绍兴(若耶溪还是大美女西施浣纱之地),说明欧冶子是越人,在越国,采越矿,铸越剑。但也有说是在越国另一个地方即今福建松溪铸造的,当地有山就叫湛卢山,故出炉的第一把剑就叫湛卢剑。

　　湛卢剑铸出后,却被吴王阖闾得去了(可能是越王勾践的父王允常进贡的)。但阖闾无道,子女死,以人殉,于是"湛卢之剑去之如水"。一天早上,楚昭王从不安的睡梦中醒来,竟发现湛卢就躺在他的枕边。

　　湛卢的故事代表了中国剑的总精神,即仁爱好生而非残暴好杀。这种精神,也是铸剑师工作的动力之源。欧冶子铸剑时,雨师、雷公、蛟龙都来帮忙,连天帝都下来亲为装炭,这情节是告诉我们,天地间所有的正能量都在参与和鼓动着这人间的创造。这正能量,就是生的力量。

　　后世传说,一代代风云变幻,而湛卢剑一直在人间辗转流传,后来传到了岳飞手中。由正能量参与铸造出来的名器,合当由一身正气的英雄使用,这也是铸剑师所追求的。

　　可惜,鱼肠剑就没有湛卢剑那样的好运气。鱼肠剑也到了阖闾手中,且马上就被藏在鱼肚子里,由阖闾(那时还称公子光)指使的刺客以之刺死了身穿三层铁甲的堂兄弟吴王僚,阖闾这才继位为王。鱼肠剑一出道就背上"凶器"的黑名,这是欧冶子始料未及的。也正是鱼肠剑的遭遇,加快了湛卢剑进入楚国的速度(此处亦参见《吴越春秋·阖闾内传》的记载)。

　　虽然后来那位名叫专诸的刺客也颇被人奉为英雄,鱼肠剑遂也被美为勇绝之剑,但终究有些惭愧惭愧的。

　　也许你会说,欧冶子毕竟也只是传说中的人物而已,当不得真;那五把绝世宝剑也一样,当真就累了。而越王勾践剑的出土,向世人证明,欧冶子是有的,欧冶子铸的宝剑也是有的!而且,说不定铸造越王勾践剑的匠师,就是欧冶子!

欧冶子和干将合作铁剑

　　同样,以下故事我们也不能只认其为传说。

　　还是《越绝书·越绝外传记宝剑第十三》记载的:

　　楚王召风胡子而问之曰:"寡人闻吴有干将、越有欧冶子,此二人甲世(甲于世,世上第一)而生,天下未尝有。精诚上通天,下为烈士。寡人愿赍邦之重宝,皆以奉子,因吴王请此二人作铁剑,可乎?"

这里提到的风胡子是相剑专家。在这个故事里,除了欧冶子,又提到一位铸剑大师干将,他们同受楚昭王高薪聘请,专为楚国冶制铁剑。他们"凿茨山,泄其溪,取铁英,作为铁剑三枚"。这里有一个很重要的信号:铁剑登场了。这意味着一个全新时代的登场。此处先画重点,下回分解。现在单说这三把铁剑分别是:

龙渊

泰阿

工布

龙渊剑后因避唐高祖李渊名讳而易名"龙泉",成为"出镜率"最高的宝剑代名词。龙泉剑还被视为中国第一把铁剑,具有开先河的地位。茨山据称在今浙江龙泉市,龙泉市也因龙泉剑而得名(重温:龙泉还有哥窑瓷器)。

却说楚昭王"见此三剑之精神,大悦",问风胡子三剑名称,因何称名。风胡子描绘说,看龙渊剑,如登高山而望深渊,深不可测,如有龙盘,故名"龙渊";看泰阿(又名太阿)剑,要看它剑刃放射出的光彩,那光彩"巍巍翼翼",又如"流水之波";而工布剑,据风胡子的描绘,是有纹理的,其刃彩就由纹理间起,到剑脊止,那刃彩具体像珍珠却又不能镶在衣服上,也像流水,绵绵而不绝。

却说楚昭王得此三剑,晋国及其附庸郑国闻而求之,不得,乃兴师围楚,三年不解。最后呢,楚王持泰阿之剑,亲自登城指挥,晋郑联军立马溃败,血流千里,而且一夜之间,将士们的头发都白了。楚昭王感叹道:"夫剑,铁耳,固能有精神若此乎?"

楚昭王这句感叹很经典。

首先,楚昭王是无意中表达了对铸剑工匠制造水平的赞叹。这一点他与我们有瞬时的灵犀相通。当我们面对真实出土的越王勾践剑而忍不住啧啧称叹时,我们称叹的是什么?不也是铸剑工匠那卓绝的技艺吗?

其次,楚昭王没料到铁剑有如此厉害,这说明他对铁这种剑材还没有充分认识。所以我们必须继续亮剑,帮助楚昭王充分认识铁。

亮剑之干将莫邪

这次我们亮的是干将(gānjiāng)莫邪(mòyé)剑。这是分不开的雌雄双剑的名称:雄曰干将,雌曰莫邪;是由一男一女两位铸剑名匠铸造出来的,男曰干将,女曰莫邪,是一对夫妇。剑以匠名,匠以剑著,剑匠合一,天下莫能与之争锋!

丈夫遇到技术难题,妻子投炉解决

铸剑师干将,就是与欧冶子合作铸出龙渊、泰阿、工布三把铁剑的干将。而干将和他的妻子莫邪合作铸剑的故事,出自多典。我先取东汉赵晔著的《吴越春秋·阖闾内传》所载:

干将是吴国人,"与欧冶子同师,俱能为剑"。原来他俩是师兄弟的关系。干将奉命为吴王阖闾铸剑,"采五山之铁精,六合之金英(金属的精华),候天伺地,阴阳同光(十五月儿圆),百神临观,天气下降",于是开炉冶炼。炼了许久,却总不见金属熔化,而规定的三月期限将到,干将大愁。而干将的妻子莫邪亦能为剑,并且显得比他更有经验。莫邪说:"老公啊,我听说神物的成就,都需要人的奉献。我们是不是奉献精神还不够啊?"干将说:"昔日我师傅冶炼,也遇到这个难题,最后夫妇俩都跳入冶炉中,才成功的。"莫邪说:"先师铄身成物,我也不难做到。"于是"干将妻乃断发剪爪投于炉中,使童女童男三百人鼓橐装炭",金铁就熔了(金铁乃濡),"遂以成剑"。雄雌两把,雄的就叫干将,雌的就叫莫邪。雄剑刻以龟纹,雌剑则水纹。

一代名剑、一双神剑就是这样诞生的。

"干将妻乃断发剪爪投于炉中",这个情节后来却演变为莫邪全身投炉、轰轰烈烈地牺牲了,且终于是这个结局更为人所乐传。

查莫邪投炉之说出自唐代学者陆广微所著《吴地记》。在这本书里,干将熔铁不成,对莫邪说:"先师欧冶子铸剑,也遇铁汁不流,就以'女人聘炉神',终于成了。"莫邪闻言说:"我也可以做到。"即奋身投炉。

在这里,干将的师傅有了名字,就是欧冶子。原来他和欧冶子不是师兄弟,而是师徒关系。另有传说称,欧冶子是干将师傅而兼岳父,因为莫邪就是欧冶子的女儿。不管真实还是传说,反正干将莫邪与欧冶子一直亲密地交集着。

另请注意,《吴越春秋》中,干将说他师傅是和师母"俱入冶炉中",夫妻二人都牺牲了,而到了陆广微笔下,欧冶子却只以"女人聘炉神",其中的逻辑是炉神男性,当然只需要美女。

原来炉中有神。各行各业,都有神在暗中相助,是谓行业保护神。但也有少数神却专爱在你成功的路上设障,于是需要飨之以最昂贵的牺牲,也就是活生生的人。

撇开这野蛮的信仰不谈,只谈其中的科学成分。神话学者袁珂这样解说其中的"科学":"在生产水平低下的古代,像冶铸这类技术性强、危险性也大的工作从事起来就很艰困了。因而神话传说中常有用人作牺牲来祭炉神这样的情节,而且牺牲的往往是剑工本人或剑工的妻子。"(《古神话选释》,人民文学出版社,1979年)

据《吴越春秋·阖闾内传》,干将还告诉莫邪说,自从他的师傅师母双双投炉后,以后干冶铸这一行的,都穿着丧服在山上开工,一为纪念先烈;二也是"下定决心,不怕牺牲,排除万难"的意思表示。

这真是高危行业!高危体现在发生生产安全事故的概率之高;还体现在生产误期或品质不良时,有被残暴的统治者砍头的危险,而当生产出好产品时,统治者因要垄断,也要把工匠杀掉,以免神技他传。所以干将莫邪的

《马骀画宝》所载干将铸剑图

故事在东晋干宝的《搜神记》里就演绎成一个复仇的故事。在这个故事里，莫邪没有死，死的却是干将，在他献出新出炉的神剑之后，果然被王杀了，就用那剑。然而干将也留了一手，他只献出了雌剑，还有雄剑在莫邪手中，而且莫邪还生了儿子，儿子还长大了，遂使复仇成为可能。鲁迅据此写成"故事新编"《铸剑》，是他的小说中最为精彩出异的一篇。

我们古代的工匠就是冒着这么多、这么大的生命危险在从事他们的创造的。

从莫邪投炉的故事，我们读到了牺牲，但是再加留意，我们就会强调那是为了创造而主动献身的精神，并不是迫于统治者的"压力山大"，而是自由选择。这，也是工匠精神的一个内涵。

然而从科技的层面上，我们首先注意到干将莫邪是冶炼出了铁这种金属材料来铸剑的。

钢铁是怎样炼成的？

铁，我们大家很熟悉。随便一看，就看见许多铁制的东西。然而关于铁，我们其实也还有许多"冷知识"需要重温。

我从小就认得铁，知道它是硬的，摸起来是冷的，还可以生锈。我和我的小伙伴们都知道，铁还有生熟之别。指着铁锅，我们懂得说："生铁做的。"生铁是脆的，可以砸烂，所以俗有"砸锅卖铁"之说。我们农村里有些家长常常会说："砸锅卖铁也要供孩子读书。"除了铁锅，犁铧的铁也是生铁。与锅和铧不同，制成镰刀、锄头、挖镢、锨等农具的铁就是熟铁，是铁匠打出来的。熟铁砸不烂，经打。

我们常把"钢铁"连用成一词。后来我知道，钢与铁也有区别，钢比铁厉害。通过炼，铁就变成了钢。1958年"大炼钢铁"（就是要炼铁成钢），为此真的把铁锅砸了。我还知道有一句俗话说："恨铁不成钢。"还有一句："人是铁，饭是钢，一顿不吃饿得慌。"

关于铁的知识，我小时候就知道这么多。但忽然发现，我现在知道得并不更多，所以赶紧恶补了一下。

有"铁血"之说，还有一种"贫血"叫缺铁性贫血，所以我想纯粹的铁，大概只存在于我们的血液里吧。而在自然界中，铁是以铁矿石的形式存在的；经人工冶炼后，也只是铁碳的合金。

含碳量最高的铁合金，就是生铁，其含碳量为2.06%以上，又称铸铁。生铁里除含碳外，还含有硅、锰及少量的硫、磷等；生铁最硬，只可铸不可锻。

所谓熟铁，就是含碳量最低的铁，含碳量在0.025%以下，是用生铁精炼而成的比较纯的铁，又叫锻铁、纯铁，其中碳、磷、硫等杂质元素含量也很低；熟铁最软，易锻打，冶炼难度较大，用途也较窄（就现代而言）。

钢也是铁的一种。所谓"钢铁"，其实应该是"钢的铁"，简称"钢"。钢的含碳量介于生铁和熟铁之间，即含碳量为0.025%—2.06%的铁，称为钢。钢，既坚又韧，众所周知，用途最广，是衡量一国工业化程度的支柱性原材料，所以我们国家一度"以钢为纲"，发愤"赶英超美"。那个年代，做一名钢铁工人是很光荣的。同龄的朋友记得吗？在我们曾经经手的钱中，有5元面值的人民币，就印着手持钢钎捅洪炉的钢铁工人的光辉形象。

要充分弄懂干将莫邪是如何铸出干将莫邪剑的，我们还要看看"钢铁是怎样炼成的"。对，不是指那本苏联小说，我们现在进入的就是实实在在的物理和化学。

铁矿石中含的铁，也不是以单质金属的形式存在，而是以氧化物的形式存在的。所谓炼铁，就是将金属铁从含铁矿物中提炼出来的工艺过程。简单地说，从含铁的化合物里把纯铁还原出来。但实际生产中，纯粹的铁不存在，得到的都是铁碳合金。这个我们已经知道了。我们还知道，炼铁要用炉。对，这是炼铁的主要方法。我们还朴素地知道，炼铁要加炭，有煤后就加煤。我们大概认为，炭和煤就是燃料，却不知，炭和煤除了是燃料外，还是还原剂，参与还原反应，最终目的是将铁给还原出来，即"炼"出来，以"铁水"的形式流出来。其化学反应式为：

$$Fe_2O_3+3CO=2Fe+3CO_2（高温）（还原反应）$$
$$Fe_3O_4+4CO=3Fe+4CO_2（高温）（还原反应）$$

这个化学反应式说的是，炭或煤中的有效成分一氧化碳和铁的氧化物

(三氧化二铁或四氧化三铁)反应,生成铁(铁碳合金)和二氧化碳(前边说过,炉中炼铜也是一样原理)。

说了炼铁,还要说炼钢。炼钢就是把生铁投炉(高温条件),用氧气或铁的氧化物把生铁中所含的过量的碳和其他杂质转化为气体或炉渣而除去。与炼铁相反,炼钢主要是氧化反应,需要氧化剂的参与。

以上其实只说了如何把生铁炼成钢,差点忘了还有熟铁炼钢。生铁炼钢的原理是降低含碳量——降碳,是谓脱碳制钢技术;而熟铁炼钢就是增加含碳量——增碳,是谓渗碳制钢技术。渗碳制钢,中国古代工匠更是摸索出了很先进的方法,留待后叙。总的来说吧,炼钢就是一个求其中庸的过程,碳含量太低了不行,那是熟铁;太高了也不行,那是生铁;务必降高增低,使其不高不低,无过无不及,方是钢。

雌雄神剑中的"黑科技"

经过以上基础知识的培训,现在回到干将莫邪的铸剑。

干将莫邪为吴王阖闾铸铁剑,以及干将和欧冶子为楚昭王铸铁剑,这二王是春秋末期同一时代的对手。这说明,在春秋末期,中国已进入铁器时代,铁已经代替青铜成为工具制造材料的主流。是的,那时铁犁已经普及。而铁剑则正在成为"新锐"。铁的硬度比铜高得多,铁制农具就比铜制农具更易开荒犁田,而铁剑的锋芒也使得铜剑相形逊色。可以说,谁握有铁剑,谁就自信可以一统天下。

铸剑先需炼铁。干将采"五山之铁精"。这是将品质最好的铁矿石用于炼铸剑之铁,即铸铁或生铁。此时期,中国的人工冶铁技术已经成熟。冶铁术首先由古代地中海沿岸人民发明出来,但他们炼出的只是块炼铁。所谓块炼铁,即铁矿石在较低温度(800—1000℃)的固体状态下用木炭还原而得到的铁。说白了就是把铁矿石包起来烧烧烧,烧完了得到呈海绵状的"铁疙瘩",杂质较多,含碳量很低,质软,要反复锻打后才能用之造物。只能炼出块炼铁,是因为不能掌握达到更高温度的炉火技术。最初,我国工匠也只能炼出块炼铁,但到春秋中期,已经发明生铁冶炼和铸造技术。这期间具有划时代意义的制造事件是,公元前513年,晋国铸造了一只铁鼎,用以铭刻国家的刑法。

冶炼生铁或铸铁,必须使铁熔化变成"铁水"。铁的熔点是1535℃,纯铜的熔点是1083℃,所以以冶炼纯铜的炉火技术冶炼铁,是不行的。但先代工匠从烧制陶器到冶炼青铜,炉火技术一直在进步,到了必须冶炼铁时,就摸索掌握了冶炼铁的技术温度。1535℃是纯铁的熔点,但是当铁中融入硫、磷、硅、锰特别是碳后,就可以使熔点降至1150℃左右,所以冶炼生铁,大约将炉火烧至1150—1300℃,就可以化铁成"水"了。

欧洲一些国家发明块炼铁后,经2000年,才能生产铸铁。也就是说,我国最早生产铸铁,早于欧洲国家1900余年。

冶炼铸铁所需要的更高炉温,需要扩大和改进鼓风设备才能达到。春秋末期,冶铁炉已经用上了一种叫做排橐的大鼓风设备。这是一种特制的大风囊,皮制,囊上装柄,以人力推动,有竹制输风管通往冶铁炉。所以莫邪投炉后,赵晔写道,干将"使童女童男三百人鼓橐装炭"。三百人齐心协力,可见这排橐之大,也能想见那是一座洪炉。

在《道德经》第五章,老子比喻说:"天地之间,其犹橐籥(yuè)乎?虚而不屈,动而愈出。"籥,同"龠",原指吹口管乐器,这里借喻橐的输风管。本句大意为:"所以说天地之间,岂不像个风箱一样吗?它空虚而不瘪,越鼓动风就越多,生生不息。"生当春秋战国时期的老子必是观摩过炼铁炉后,才写出他的著名比喻的。

干将夫妇通共才铸了两把剑,要那么大的炉子干什么呢?这个不可拘泥理解。《吴越春秋》叙述春秋末期故事,但成书于东汉,赵晔必是把汉代已很成熟的冶铁技术、规模已经很大的冶铁生产场面代入了。这样代入的描写也符合这篇故事夸张神化的风格。

返回到春秋末期,因为毕竟刚从冶铜过渡到冶铁,干将遇到了技术难题,或因燃料问题,炉温无法升得更高,铁很难熔化充分。莫邪就全身投炉,

中国古代冶铁图(采自《彩图科技百科全书》第五卷)

燃烧人体内的脂肪,炉温于是急升,铁就熔成水了。她用生命帮助丈夫解决了炉温难题。这种解释比较直观朴实。

　　干将铸剑,光炼出铸铁还不行,还必须进一步炼出钢。前边说过,炼钢有二法,一是脱碳;二是渗碳,全称固体渗碳制钢技术。干将莫邪可能用的就是第二种方法。前提是,仍然因为冶炼技术的限制,他们炼出的还不是铸铁,而是含碳量较低的块炼铁。将这种铁铸成铁剑工件后,要用木炭加促进剂组成渗碳剂一起装在密闭的渗碳箱中,将箱放入加热炉中加热到渗碳温度,并保温一定时间,使活性碳原子渗入工件表面。这是一种最早的渗碳工艺。这项技术又遥遥领先于西方。"采五山之铁精,六合之金英",有专家解释"铁精"即是用块炼法炼成的海绵铁;"金英"就是一种含碳量较高的渗碳剂;最后"金铁乃濡","濡"是相互渗透的意思,是说"金英"的碳分不断地渗入到"铁精"中,钢就成了(参见杨宽《中国古代冶铁技术发展史》,上海人民出版社,2014年)。

　　而莫邪为何又"断发剪爪投于炉中"呢? 仍从"有神"的层面讲,发爪也是身体的一部分,以部分代全体,也是一种祭炉方式吧,而且是可以保命的,如曹操的"割发代首"一样。但我们这里讲的是科技的真相。瑞典冶炼史专家丁格兰(曾任北洋政府农工商部矿业顾问)认为,"断发剪爪投于炉中",因为头发和指(趾)甲含磷,所以实质是加入相当的磷质,从而为渗碳成钢起了催化作用(转引自彭华《宝剑与中国文化》,《关东学刊》2018年第1期)。莫邪用身体帮助丈夫解决了成钢难题。

然而现代炼钢均视磷为钢中的有害杂质元素,它会降低钢的韧性,要想办法将其含量降低到小于0.04%,方为优质钢。但也有人说不能一概而论,磷能使钢的强度及硬度显著提高,所以某些钢中还要加磷以改善其切削性能。另有人发论文称,磷的有害,主要是与碳共同作用的结果,如果去除碳的影响,磷还能使钢的韧性有所增强,如含磷钢(PR钢)就广泛用于汽车制造中。

返回干将莫邪的故事。大部分接受者还是宁愿相信莫邪舍身投炉的结局。这是更加浪漫而且惊悚的叙事,更具美学意义。我说过,这个意外事件毋宁说是寓意着铸剑工匠们的主动献身精神。很显然,工匠们把诚信、名誉、产品、品牌看得比生命还要重要。正是将这种献身精神铸入剑魂,才亮出了干将莫邪惊世神剑。

干将莫邪剑不止是一个传说,战国典籍中多有提到。

《墨子》(宋《太平御览》卷三四四引《墨子》佚文):"良剑期乎利,不期乎莫邪。"良剑在乎锋利能用,倒不在乎是不是莫邪名牌,这口吻确实像墨子重实用轻华贵的风格。这是战国诸子中首次提到莫邪(干将)剑的。

《庄子·大宗师》:"大冶铸金,金踊跃曰:'我且必为莫邪。'"金属都说话了,狂喜自己就要在铸剑大师手中变成莫邪神剑,这是庄子诗化行文的风格。

《荀子·性恶》:"阖闾之干将、莫邪、钜阙、辟闾,此皆古之良剑也,然而不加砥厉,则不能利。"从这里看到,吴王阖闾拥有的名剑除了干将、莫邪,还有钜阙(即《越绝书》的"巨阙")、辟闾等。

《战国策·齐策五》:"(苏秦说齐闵王曰)今虽干将莫邪,非得人力,则不能割刿矣。"苏秦有三寸不烂之舌,我们可以给予美喻:他的口才像干将莫邪剑一样锋利。

它被称为"恶金",却带来了黄金时代

人猿相揖别。

只几个石头磨过,

小儿时节。

铜铁炉中翻火焰,

为问何时猜得?

不过几千寒热。

——毛泽东《贺新郎·读史》,1964年春

"断山木,鼓山铁"

毛泽东只用35个字就概括了人类从旧石器时代、新石器时代的"小儿时节"到青铜时代,再到铁器时代总共两三百万年的技术发展史或生产斗争史。

"铜铁炉中翻火焰",是指青铜和铁的冶炼和铸造。从青铜到铁,又是一次伟大的技术革命,并带来社会革命。历史教科书上讲,铁器时代的到来,是中国从奴隶社会进入封建社会的标志。我们换一种概念来说,是中国历史从春秋时代过渡到战国时代的标志。

丹麦考古学家汤姆森(1788—1865)首次用石器时代、青铜时代、铁器时代分期法作为欧洲技术发展的三个阶段,后来也成为世界技术发展的三大阶段。在古希腊历史神话中,也将历史划分为几个阶段,分别是黄金时代、

白银时代、青铜时代、黑铁时代。两种划分，最后都落在铁上了。按照古希腊历史神话的划分，世界从金、银、铜到铁的演变进程，是每况愈下的，到了黑铁时代，人都变得很坏很坏，置身这个时代，我们简直没法活。但是考古学中的时代划分意义恰好相反，是后一个总比前一个好，落到铁器时代，就相当于最好的。也就是说，恰恰是看着很不起眼的"黑铁"，把世界带入了最初的黄金时代。我们的战国时代百家争鸣，是中国思想文化的第一个黄金时代，而其物质上的标志也是"黑铁"。

现在我们又已经经历了蒸汽时代、电气时代，并已进入信息时代，但张目所见，从一根小针到上天的火箭，仍然都需取材于铁。从材料意义上说，铁器时代具有永久性。由此反观铁器时代的诞生，真是又一次开天辟地；再反观最早掌握了先进冶铁技术的中国古代工匠，觉得他们真是创世英雄。

像古希腊历史神话中对于"黑铁"的失望一样，当铁在中国被发现，对它的评价也不高。我们古人称其为"恶金"，而作为对照，称青铜为"美金"（另称"吉金"）。《国语·齐语》称："美金以铸剑戟，试诸狗马；恶金以铸锄夷斤斸（zhú，大锄），试诸壤土。"此说也见于《管子·小匡》。

另，《管子·地数》载："出铜之山四百六十七山，出铁之山三千六百九山。"铁矿因为比铜矿分布得广，又没有铜矿石那样好看的颜色，故被恶名化，所以当它最初被冶炼出来，只是用它铸造农具，还没有资格成为高贵的兵器材料。谢天谢地，幸亏铁不被待见，一出来便派它与草根打交道，殊不知这恰是它理想的归宿。我们判断中国从春秋末期进入铁器时代，具体正是以铁制农具的普遍使用为标志，而不是以其后铁剑等铁制兵器的出现为依据。

考古发现，湖南长沙、江西九江、河南洛阳及江苏六合，都出土了春秋晚期的铁制农具。这些农具都是生铁，质硬、耐磨，断口呈白亮色，又称白口铁。显然，这些农具都是生铁冶铸技术发明后的创新产品。

以上生铁农具虽然坚硬耐磨，终有韧性差、脆而易折的缺点。至迟到春秋战国之际，我国工匠又掌握了生铁柔化（可锻化）处理技术。这又是一项重大技术发明,早于西方2300年。

生铁(铸铁)柔化,即在高温下将生铁件长时间加热,再经退火脱碳处理,就得到有韧性的可锻铸铁,其性能介乎钢和铸铁之间。

按照热处理条件的不同,铸铁柔化处理技术又可分为两种工艺:一种是在氧化性气氛中对白口铸铁件进行高温脱碳处理,使之成为白口韧性铸铁或白心韧性铸铁;另一种是在中性或弱氧化性气氛中,对白口铸铁件进行高温热处理,使之成为黑心韧性铸铁。洛阳出土的战国早期铁锛和空首铁镈,长沙出土的铁臿(chā),湖北大冶铜绿山战国古矿井中出土的六角锄,河北易县出土的铁镢(镢),还有石家庄出土的两件战国铁斧等,其材料就都是黑心或白心的韧性铸铁。

以韧性铸铁为材,大大提高了农具的使用寿命。战国中晚期以后,韧性

中国古代农事图(采自《彩图科技百科全书》第五卷)

铸铁广泛用于制造农具和手工业工具。《管子·轻重乙》记载,一位献言者对齐桓公说:

> 一农之事必有一耜(此已指铁犁)、一铫(yáo,一种大锄)、一镰、一耨、一椎(平土具)、一铚(zhì,短镰),然后成为农。一车(车工)必有一斤、一锯、一釭(gāng,车毂口穿轴用的铁圈)、一钻、一凿、一銶(qiú,另一种凿子)、一轲(轴上包铁部分,与釭合套),然后成为车。一女必有一刀、一锥、一箴、一钑,然后成为女。

以上列出的农具和"工"具,都是铁做的啊!那时手无寸铁已不能顺利务农、务工,进而不能立国、强国。所以书中的对话者立马又献言道:"请君上下令在山中伐木烧炭(请以令断山木),鼓炉铸铁(鼓山铁)!"

"断山木,鼓山铁",论者认为,这表明齐国早在春秋中叶就开始冶铁了,是我国典籍中为时最早的关于冶铁的记录。

犁以"恶金"为齿

春秋战国时期中国进入铁器时代最具体显著的标志是铁犁的出现。河南辉县出土的战国铁犁,是现存我国最早的铁犁实物。

犁这种耕田农具是全世界劳动人民共同发明的。5500年前,美索不达米亚和埃及的农民就开始尝试使用犁。中国的犁是由传说中的神农发明的耒耜发展演变而成的。初时由人拉牵引,后来使用牛力。中国牛耕据说起于商代,但论据不足。当然,还有为时更早、论据更加不足的传说,比如相传是蚩尤发明了牛耕。可以肯定的是,我国牛耕技术的使用,始于春秋战国时期,是伴随着铁犁的出现而普及的。因为铁犁实现深耕,深耕则需要更大的牛力。铁犁牛耕,是人类进入文明时代的一个重要标志。具体到我国,是犁出了农业的丰收,犁出了战国七雄、诸子百家,亦即我们前边说过的,"恶金"犁出了"黄金"。

关于犁,直到我20多岁的时候,中国还在普遍使用。当然,现在我家的犁只挂在老房子的山墙上,早已或者终于成为乡愁之物了。所谓铁犁,主要是在接地的木镜装上一个铁质的犁铧。这犁铧呈等腰三角形,前头尖,两边宽。犁地时,尖头在前犁出沟垄,同时翻起来的土垡子像波浪一样滚滚推开。这是我记忆犹新的。当我们用铁锨翻地(我老家叫捺地)时,是一下一下并且后退的,而犁改变了破土方向,是向前并且是连续作业的,使用牛力耕作则更好地实现了这种连续向前的功能。这就提高了耕作效率和质量,成为农业史上划时代的技术革命。

这犁铧所用铁,也经历了从铸铁到柔性可锻铸铁的材质改良。

春秋战国时期的犁,形制还比较简陋。至西汉时期,犁才按照我们头脑中的样子定型了,不过还是直辕的。而我记忆中老家的犁已经是弯弯的更美的样子,这是经隋唐时期改进后的曲辕犁。

元代王祯著有《农书》,其中对农器皆画图明示且配以诗文。配犁的诗文是:

> 惟犁之有金,犹弧之有矢。
>
> 弧以矢为机,犁以金为齿。
>
> 起土锸刃同,截荒剑锋比。
>
> 缅怀神农学,利端从此始。

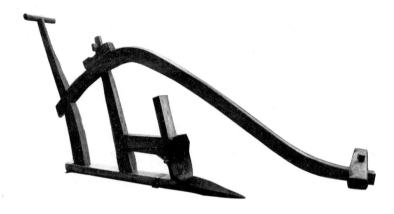

曲辕犁复原模型。唐代曲辕犁的出现,标志着中国传统犁已发展到成熟阶段,在技术上领先欧洲一千多年(采自《彩图科技百科全书》第五卷)

诗中句句是对铁犁铧的赞叹,叹其像弓上之箭一样有用,又像剑锋一样锋利。作为那犁上的铁,真是自豪得闪闪发光。

前面我们说到欧冶子,他是干将的师傅,被尊为中国铸剑业鼻祖级人物,更被具体认为是他造出了铸造史上第一把铁剑。另据说他是从他的舅舅那里学来的冶铜冶铁技术。最初,铁也是被他用来打制锄头、犁铧等农具。想那欧冶子更愿意做的,就是一位打造农具的铁匠,而终以铸剑成名,实非其初心也。再想那欧冶子和干将莫邪之铸剑,追求的是真正的剑的精神,那就是仁爱好生的精神,具体则是捍卫和平的精神,而不是好战杀人的精神。按我们传统的概念说,他们铸造的是王道之剑,而不是霸道之剑。他们能答应楚王,为楚国铸剑,可以想象是对其寄予着期望的。而历史并不按他们的善良意愿出牌,乃至于剑成锋指,杀人盈野。这已不是工匠们所能左右的了。

所以以铸剑成名后,欧冶子还时时起着毁炉再造、化剑为犁的念头。

炼钢催生铁兵时代的到来

中国冶铁术的另一发展就是炼钢。掌握了炼钢技术,铁就用于制造兵器了。刀、枪、剑、戟等十八般兵器,铁剑首先登台亮相。长沙杨家山出土的春秋晚期钢剑,经检验为含碳量0.5%—0.6%的中碳钢;河北易县燕下都出土的战国晚期钢剑、钢戟和钢矛,经检验是块炼铁渗碳后锻打而成的。

燕下都的块炼钢剑长104厘米,还在高温下淬火得到很强很硬的马氏体。请注意这把剑的长度,比越王勾践青铜剑几乎要长一倍,这是以韧性的钢铁为材才能这么长。所以战国君主、贵族和士人都爱好佩长剑。秦始皇的剑长,所以当荆轲近身以匕首刺他时,一时之间竟拔剑不出,差点丧命。屈原自歌曰:"带长铗之陆离兮",长铗,就是长剑。那位名叫冯谖的门客倚柱弹铗歌曰:"长铗归来兮,食无鱼!"这里的"铗"专指剑柄,也可从此铗之长度判断此剑全体是钢铁材质。到了汉代,铁剑铸得更长了。广州南越王墓出土的铁剑长达146厘米,这是迄今所见汉代古剑中之最长者。

《天工开物》所载锤锚图

春秋末期,先是吴越铸剑技术高超,而吴、越相继灭国,统归于楚,其铸剑技术很快为楚国继承。楚国铁剑的厉害令还只熟稔铜兵的诸侯胆寒。《史记·范雎蔡泽列传》记载,秦昭王曾经向秦相范雎叹道:"吾闻楚之铁剑利而倡优拙。夫铁剑利则士勇,倡优拙则思虑远。夫以远思虑而御勇士,吾恐楚之图秦也。""倡优拙"是说楚国文工团的艺术水平比较差,因为楚国深谋远虑,只在铸造铁剑这种先进武器方面下功夫!所以楚之亡秦,不是不可能啊!

"夫剑,铁耳,固能有精神若此乎?"被视为"恶金"的铁从楚国开始逆袭,开始了取代"美金"青铜为兵器原材料的历程。至西汉,则全部取代铜兵,使中国完全进入铁兵时代。

"恶金"为何能取代"美金"?

最后总结提问:铁与铜相比具有哪些优点,使得"恶金"取代"美金",把中国乃至于人类社会带入黄金时代?

答案有以下几点：

一、最重要的，铁比铜多。铁在地壳中的含量是4.75%，要远远大于铜的0.007%。《管子·地数》："出铜之山四百六十七山，出铁之山三千六百九山。"多就意味着便宜、易普及，所以铁制农具迅速进入千千万万贫穷的农户，从而使粮食大面积增收，人口大幅度增长。

二、铁比铜利。铁炼成钢，铸成剑，化为犁，打成斧头，都比青铜材料的要利得多，使得大片难垦的土地得到开发，工匠们的制作也变得高效且更加灵巧、富于创新。

三、铁比铜韧。这一点使铁比铜易于加工延展，而且经打、耐用、好用。所以铁剑比铜剑长，镰刀还可以打制成弯月形。而青铜镜是可以摔破的。

四、铁比铜"轻"。纯铁的相对密度是7.86，纯铜的相对密度是8.92。试掂量同样体积的铁块和铜块，明显感到铜重铁轻。也就是说，铜制手工工具和农具比起铁制的，要笨重难用许多。

当然铁也有两大缺点：

第一是熔点高于铜。第二是活性强，易氧化生锈。地下能出土越王勾践剑，而干将莫邪和欧冶子制的那些铁剑为何不见踪影？恐怕都锈蚀了吧。博物馆里见到的古代铁制兵器和农具陈列，无不锈烂不堪，令人感慨系之。

但铁的缺点早被我们聪明的古代工匠和现代工匠（冶金专家）所克服，从而专意发挥其优点，贡献于人类的生存和幸福。在古代，中国工匠们通过改进冶炉升高炉温，使铁从矿石中熔化出来，又掌握了制钢技术，使铁成器成具。在生锈方面，我们现在已有各种防锈措施。第一次世界大战期间，英国冶金专家亨利·布里尔利通过在钢中加入铬而发明了不锈钢。

一个名将和名匠的故事

剑在冷兵器时代领了风骚后,到汉代,就是刀杀出来成为主流。本节我们讲的"匠的故事",主人公就是一名刀匠。

在《梦三国》网络游戏中,居然有神刀英雄蒲元这个角色,他的蒲元刀据说能亮瞎人的眼睛。蒲元?《三国演义》中没有哇!没有是正常的,因为他是匠而不是将,但他的故事一点也不逊色于将。

姜维为他作传

不管是铸剑还是造刀,最后都要经过一道淬火的程序,方能成就。

淬火,我们在民间打铁坊中也看到过,将加热红透的工件夹起来浸入冷水中,急速冷却,增加其强度和硬度。工件入水,"嚓啦"一声,青烟腾冒。这是一种热处理工艺,用的是"冷处理"的手段("淬火"也引申成为一个育人成才的词)。

我国在战国时代掌握了淬火技术,一般都是用水作为冷却介质。但不同的水因冷却速度不一,也会影响刀的品质。三国时代,这个奥秘就被蜀汉制刀名匠蒲元认识到了。

话说蜀汉 N 次北伐曹魏,蒲元在斜谷(今陕西眉县之秦岭汉水之畔)为诸葛亮铸刀三千口,刀成,要淬,却不就近取汉江水,而宁远道返蜀,从成都运来蜀江水,"自言汉水钝弱,不任淬",而"蜀江爽烈,是谓大金之元精"。汉水钝弱,是说汉水水软,所含钙、镁离子较低;蜀江爽烈,则是硬水,水中含有较多可溶性钙镁化合物,按蒲元的话说,那水中有"金属的精气凝聚"。蒲元用这种水淬刀,就淬出了称绝当世的蒲元神刀。如何见得其神？淬毕,试刀,在竹筒子内装满铁珠,挥刀一砍,筒珠都断,竟如割草一般。他就是用这种办法来检验其产品质量的。

蒲元神刀之成就与他对淬火冷却介质的挑剔有莫大关系。他掌握到水质不同就有着不同的冷却速度,而冷却速度不同,刀质也不同。像蜀江水那样含钙镁化合物较高的水,淬火时可以获得较快的冷却速度,这可以说是成就蒲元刀的关键,或者说秘诀。

安徽池州杏花村中的老铁匠高师傅告诉我,他打制镰刀、剪刀等农具和手工工具时,淬火用的水是山泉水,一般的河溪水是不行的。"用水是有讲究的。"他说。

蒲元造刀的故事见诸《蒲元传》和《蒲元别传》两篇文章,分别出自唐代欧阳询主编的《艺文类聚》和北宋李昉等编纂的《太平御览》,两篇文章前略后详,大同小异,实为一篇文章的扩(缩)写。

蒲元造刀的故事更精彩的还在后边。后边这部分可另起标题曰"蒲元识水"——

说是蒲元派兵士回成都运蜀江之水,水至,蒲元淬刀,却发现水不纯,说里面掺了涪江水。运水的说:"没有啊！咋个可能嘛！"蒲元拿刀在水里划了一下说:"掺了八升。"运水的脸上就出汗了,跪下磕头说:"确实,小的们走到涪江边上时,不小心水桶翻了,水洒出来,我们就就地补了八升涪江水进去。"

很神奇不是？大约有夸张,但其中所蕴含的工匠精神还是让我们很是信服。"蒲元识水"这个标题也可以概括前半段,认识到必须用蜀江之水才能淬刀,也是识水。这是技术上的创新点。工匠精神一方面是一丝不苟的传承,一方面还必须精益求精,勇于和善于创新。我们试想,就用汉江水淬了,那刀也会不一般的,因为蒲元一贯"性多巧思",在"熔金造器"阶段,就已经"特异常法"了。毕竟蜀道往返,天梯石栈,代价很大,时间上的成本也很高昂。算了,就取汉江水吧,甚至他的领导都这样建议了。但蒲元就是不将就,非蜀江水不可。这种精益求精、一精到底的坚持精神,也是工匠精神的体现。最后的识水,是识出"掺水",是水中掺水,不是酒中掺水,这更是工匠精神的极致体现,这是需要以聪明的头脑实践一辈子工夫才能练出的识辨力啊。

查找蒲元造刀故事的滥觞,没想到竟查到了姜维头上。姜维是诸葛亮选出来的接班人,也是三国故事中的著名人物。大多数人都知道姜维是将军,只有少部分人知道他还是文士。而作为文士,他还留下一篇文章,那就是《蒲元别传》。这是钱锺书先生在《管锥编》中就做了指引的:"按《能改斋漫录》载陆鸿渐品茶,《中朝故事》记李文饶辨水,皆类蒲元事,则姜维之记述亦为其滥觞也。"这是说后世还有识水故事,都抄袭了姜维所记述的蒲元识水的创意。

姜维总共也就留下了《蒲元别传》这1篇文章,总共只有252字,却也在文学史上留下一笔。徐公持编著《魏晋文学史》(人民文学出版社,1999年)在介绍"蜀国文学"时特别举到姜维:"作为蜀国后期主要领军人物姜维,亦颇具文采风流。""姜维既敏于军事,亦有文采……作品今存虽不多,而时见精采……更有奇者,姜维有一'传'存世,此即《蒲元别传》。"称道《蒲元别传》:"上承刘向,下启魏晋,于志人小说领域别开生面。"并全文收录"别传"一文。

名将姜维和名匠蒲元之间的缘分故事,颇能供茶余清谈之资。姜维只写了一个工匠的故事,就把自己的名字也留在了文学史上,这是姜维的光荣和幸运;而蒲元本来应该只是寂寂无名的工匠,却幸得名将青睐,写入笔记,从此成为"名匠",从历史的云烟中脱颖而出向我们走来,这也是他的幸运和光荣。

既知蒲元其名其人,让我们继续在典籍中寻找其事迹。

我们找到《全三国文·蜀六》的记载,知道蒲元曾为蜀相诸葛亮相府之西曹掾。西曹掾,管吏员的小官。蒲元能获此职,盖以其技也。蒲元在斜谷造刀,可能仍担任着这一职务。

南朝梁代陶弘景所撰《古今刀剑录》也载,谓蜀汉章武元年(公元221年)辛丑,蜀主刘备采金牛山(或泛指蜀山,今成都市有金牛区)铁,令蒲元"造刀五万口",刀口都刻着"七十二鍊(炼)"。一下子都造了五万口刀,可见刀且蒲元刀已是蜀军实战之标配,亦可见工匠蒲元在刘备时代已颇得重用。至于何谓"七十二鍊",留待下回分解。

刘备逝世,蒲元仍受诸葛亮青睐。诸葛逝世,又颇得姜维赏识,以至于亲自为他作传。除此之外,蒲元生平仍不太详。今《成都通史》《诸葛亮与三国文化》等书称蒲元籍贯为蜀国临邛人(今四川的邛崃与蒲江县一带)。

说到临邛地区,我们就想到秦始皇统一中国后冶铁富商卓氏主动求迁到此的故事。我国冶铁业诞生以后,至战国、秦汉就迅猛发展,能人竞开铁矿,广招工徒。司马迁在《史记·货殖列传》中记载了五位冶铁致富的矿主,其中最著名的就是卓氏。卓氏本赵国冶铁富人,秦破赵,有迁虏之令,他主动求迁到很远的四川临邛去,因为知道那里有铁矿而缺开采技术。果然,到四川后,很快又因冶铁富到家僮都达上千人,拟于人君。其孙子辈就是卓王孙,大才女卓文君的老爸,大才子司马相如的岳父。当时和卓氏一起迁来的"铁商"还有山东(是指函谷关以东,属三晋大地,不是今山东省)程郑。程郑锻铸铁器卖给平民,因此也富得像卓氏一样。

据常璩《华阳国志·蜀志》记载,临邛有古石山,山上的石头多大如蒜子,以火烧之,却流出铁水。一言以蔽之,此地多铁矿。临邛是汉代西南地区的冶炼中心,朝廷还专在此设铁官管理冶铁。古石山遗址位于蒲江县西来镇马湖村三角堰。迄今蒲江县境内发现古代冶铁遗址76处,至迟在西汉中晚期时代,蒲江的生铁冶炼、炒钢、退火脱碳等冶金技术,都已居世界前列。这,与卓氏、程郑这样的资本兼技术移民的努力生产经营是分不开的。

正是在这样的冶炼历史背景下,诞生了蒲元这样的刀匠,他俨然是蜀汉王朝的"大国工匠"。

诸葛亮的木牛流马实际是他发明的

蒲元不仅会造神刀,还是一位神奇的木匠。

少时读《三国演义》连环画,对诸葛亮发明木牛流马运输军粮印象深刻。这事《三国志》也是记载着的。如《后主传》:"建兴九年,亮复出祁山,以木牛运,粮尽退军;十二年春,亮悉大众由斜谷出,以流马运,据武功五丈原,与司马宣王对于渭南。"《诸葛亮传》:"亮性长于巧思,损益连弩、木牛、流马,皆出其意。"但另有一些断简残篇式的资料证明,木牛流马的实际发明者是蒲元,最起码也是发明者之一,而诸葛亮所起的作用是肯定了以蒲元为主的工匠们的大胆创意,从而给予大力支持。唐初虞世南编著的《北堂书钞》(卷六十八)载,蒲元曾牒书诸葛亮:"元等轵率雅意,作一木牛,廉仰双辕,人行六尺,牛行四步,人载一岁之粮也。"观此可知,蒲元是木牛流马的制作者之一,而诸葛亮确乎"雅意"在先。杜石然等编著的《中国科学技术史稿》明确结论蒲元是木牛流马的创作者。《辞海》收录有蒲元词条,解释其"长于淬钢",并简述了姜维原创的那个故事,最后也附一句称:"传曾设计木牛流马。"

蒲元的故事于我们到底有些陌生。但我搜阅发现,蒲元试刀、淬火、识水的故事曾经可能连孩子们都能讲。明代萧良有编撰、杨臣诤增订的四字经童蒙读物《龙文鞭影》就录有"元性成刀"典故。"元性"是蒲元又名。

我还在网上发现《蒲元造神刀》连环画原稿,陆俨少画的,已是藏品,成交价达数万元。这说明,现在唱红歌的大叔和跳广场舞的大妈们,恐怕不少人从小也对蒲元的故事耳熟能详。

我们今天也有将"蒲元识水"作为成语故事收在幼儿和少儿读物中的,这很好!让我们的孩子从小也多听一些工匠故事,是传承和发扬工匠精神的基础。

百炼成钢不一定就好

　　我们从小就知道北宋那位官员科学家沈括,他著的《梦溪笔谈》是我国科学史上一部重要著作。

　　在《梦溪笔谈》卷三,沈括写到钢铁——《锻钢之法》:"铁之有钢者,如面中有筋,濯尽柔面,则面筋乃见,炼钢亦然。"以面筋与面的关系喻铁与钢的区别,我们古代的科学家只能借助文学的手段来表达他们的发现,这一点我们要理解。其实即使在今天,我们也需要这样的科普手段,好给我这类"文科生"一点自信、一双慧眼。

沈括看见的百炼钢

　　沈括说,那年他出使磁州(今河北磁县),至该地锻坊看炼铁,方识真钢,并看见那真钢是怎样炼成的。其法:取精铁加热锻打一百多次(但取精铁,锻之百余次),每锻一次称一次,每称一次就轻一点,直锻到不能再轻一点,就是纯钢了。此乃铁之精纯者,其色清明,磨光后呈青黑色,与常铁迥异。

　　沈括所记之炼铁法,主要是锻,即所谓"锻炼",俗谓打铁。当然,打铁还有一层意思是锻造。我们记忆中铁匠铺中的打铁,就是在锻造,如打一把镢头、一把镰刀等。现在我们清楚了打铁也是一种冶炼工艺。《说文解字》释"锻"字为"小冶",可理解为辅助性、进一步的冶炼,或精炼,可专指炼钢。"大冶"则指冶炼矿石,即炼铁、炼铜等。用反复锻炼法所成之钢,就是百炼钢,此法亦即所谓"千锤百炼""百炼成钢"。

呵呵，"锻炼""锤炼""精炼""千锤百炼""百炼成钢"，从学生时期写作文起就常用的词，终于知道是怎么回事了吧？本是劳动技术，是对冶炼工艺的描述和命名，因为充满了劳动的正能量，就转化为精神上的正能量词语，其中如"精炼"等，还恰好是要求我们把作文写得更好的词语。我们一再从古代工人的劳动创造中发现物质变精神的造词秘密。

俗话说："打铁还需自身硬。"这句俗话的另一层意思是：打铁是为了铁的硬，钢硬。从现代技术原理看，反复锻打可以排除夹杂，还可均匀成分、致密组织，有时亦可细化晶粒，这就硬了。因不断去除夹杂，氧化铁皮不断产生并脱落，所以每锻一次就轻一点，直到不能再轻一点，自然纯之又纯、硬之又硬，钢性十足。

沈括所看见的作为原材料的精铁，有解释说是指含碳量稍高、所含夹杂不十分多的铁碳合金。这即是说，这精铁已经是钢了，之所以还要精益求精地炼，主要目的只是为了进一步去除夹杂、致密组织等，百炼前后的含碳量倒无明显变化。但也有释此"精铁"为熟铁者，这样，百炼的主要目的就是渗碳成钢。

先不细辨此间是非。但最初的百炼钢确实是指将质柔的熟铁或块炼铁用木炭反复加热折叠锻打的炼钢法。锻打去除夹杂物，木炭燃烧，碳微粒就均匀地渗进铁层中，成为块炼渗碳钢——原始的钢。反复折叠锻打精炼，以之铸造刀剑。百炼技术始于战国晚期，成熟于东汉，鼎盛于魏晋时期。

自然，大家一开始就明白了，"百炼"只是概言次数之多，并非一定要一百次以上。数十次可能是有的。东汉早期，刀剑往往有铭文，记录炼的次数。如1974年山东苍山出土的钢刀铭文为："永初六年(公元112年)五月丙午造三十湅大刀吉羊宜子孙"。1978年江苏徐州出土长剑的铭文为："建初二年(公元77年)蜀郡……造五十湅……剑"。记起来了吧？三国蜀汉制刀名匠蒲元造的刀都刻"七十二錬"。时人认为，炼的次数越多，刀就越好，后来就竞称百炼。

其实如果是好铁，何须百炼。百炼毕竟是效率低下的表现，且会因此成本高企。东汉的唯物主义者王充就在他的《论衡》中说："有好铁，有好工匠，炼一次就能制出好剑。"

我国在西汉时期还发明和应用了炒钢技术。炒钢的原料是生铁，操作要点是把生铁加热到液态或半液态，利用鼓风或撒入精矿粉等方法，令硅、锰、碳氧化，把含碳量降低到相当于低碳钢和熟铁的层次。炒钢因在冶炼过程中要不断搅拌，好像炒菜，故名。

炒出来的熟铁或低碳钢，亦需反复锻打，得到百炼钢，亦即成为中碳钢和高碳钢，成就兵器的锋利。上边说到出土实物"三十涑"大刀和"五十涑"长剑，经科学鉴定，都是以炒熟铁锻打而成。

炒钢出品，自然是品质较好的铁，是精铁。根据我们刚才的分析，精铁不必炼那么多次。如此看来，沈括在磁州那家锻坊看到的精铁，未必很"精"。

綦毋怀文的灌钢法

百炼成钢既然是效率低下的表现，就有工匠致力于技术革新。灌钢法就是这样的革新，而与这项革新连在一起的工匠有名有姓，叫綦毋怀文，襄国沙河（今河北邢台沙河）人，生活在公元6世纪北朝的东魏、北齐时代，曾经做过北齐的信州（今河南省沈丘县）刺史等。拜托，正是这一官职使他留下了姓名，并在《北齐书》中有传。

沈括在上述笔记中首先记道：

世间锻铁所谓钢铁者，用柔铁（熟铁）屈盘之，乃以生铁陷其间，泥封炼之，锻令相入（再锻打使生熟互掺），谓之"团钢"，亦谓之"灌钢"。

灌钢法始创于东汉，到綦毋怀文手里再作革新，趋于成熟，得以推广应用。所以我们就将此功归于綦毋，并封他为冶金家。

与百炼法和炒钢法相比，灌钢操作简单。生、熟铁抱团，温度尚未达到更高时，熔点较低的生铁就先熔化成"水"，灌到熟铁当中，生熟中和，成为新的一团。接着我们用现代科学术语描述：液态生铁中的碳及硅、锰等与熟铁中的氧化物夹杂发生剧烈氧化反应，这样可以去除杂质，纯化金属组织，提高金属质量。然后也是反复折叠、锻打，但次数已少得多。沈括看见的是，三三炼就行了。

《北齐书·列传第四十一》描述此法是：

> 烧生铁精（生铁溶液），以重（重叠，引申为浇灌）柔铤（熟铁），数宿则成刚（钢）。

先把含碳高的生铁熔化，浇灌到熟铁上，使碳渗入熟铁，增加熟铁的含碳量。"数宿成钢"，此中"宿"字原意为男女交媾，正像我们俗话中将性事婉称为"睡"一样，这里的描写很生动而又富有哲理：生铁和熟铁在一起抱着"睡"了几次，就有了钢。这样子成的钢就叫宿钢或宿铁。

我们已说过我国古代炼钢有加法（熟铁和块炼铁的渗碳成钢，具体则百炼钢），有减法（生铁的脱碳成钢，具体则炒钢），然则灌钢法即为加减法。我还说过，炼钢就是一个求其中庸的过程，然则自灌钢法出，就把这个过程发挥到极致。

灌钢"数宿成钢"，比百炼钢提效至少数倍，也比炒钢省时多多。灌钢出，就取代了炒钢和百炼钢，至宋代流行全国，成为当时主要的炼钢方法。在1740年英国人亨茨曼发明坩埚炼钢法之前，灌钢技术一直是世界上最先进的炼钢方法。

然而沈括在上述笔记中却称灌钢是"伪钢"。他认为，在这种办法中，熟铁只是暂时假借生铁而变硬，再经二三次锻炼后，也只是把生铁锻成了熟铁，都是假的钢，不是他所见到的百炼之后的真钢。不得不说，沈括错了。他一不小心忽略了灌钢是一种更先进的技术。我们今天赋予"百炼成钢"这个词以一种无限的褒义，也建立在同样忽略的基础上。

灌钢法在明代又有改进。且看宋应星《天工开物·五金》：

> 凡钢铁炼法，用熟铁打成薄片如指头阔，长寸半许。以铁片束包夹紧，生铁安置其上，又用破草履（粘带泥土者，故不速化）盖其上，泥涂其底下。

洪炉鼓鞴(bèi,鼓风吹火器),火力到时生铁先化,渗淋熟铁之中,两情投合。取出加锤,再炼再锤,不一而足。

改进就体现在不再使"生铁陷其间",而是把熟铁扎紧再将生铁安置其上,这办法就增大了熟铁接受生铁液的面积,使碳分能更迅速且均匀地渗入。为什么还要用带泥的破草鞋盖在生铁片上呢? 也是改进。这是为了既不散失温度,又能从空气中获取充足的氧气,使生铁顺利熔化。

对于生熟铁作用的过程和效果,宋应星也用了一个拟人化的词:"两情投合",与《北齐书》中的"数宿则成刚"如出一辙,令人莞尔。

"好钢用在刀刃上"的宿铁刀

綦毋怀文在制刀方面也作出了杰出贡献。

我们已经知道,在綦毋怀文之前,我国制刀大都用百炼钢,费时费力,成一锋利,往往旷日持久,且花费高昂。如三国曹操命有司制作宝刀5把,竟耗时三年。还有人匡算,东汉时期,一把名钢剑的价钱相当于7个人两年零9个月的口粮。

更先进的技术意味着可以用更小且很小的代价生产质优且更优、价廉且更廉的产品,否则那先进就没有意义,没有生命力。

于是綦毋怀文着手对制刀工艺进行重大革新。与我们分享过的铸造复合青铜剑的工艺相类似,他的革新也是复合式的,他用灌钢法炼制的钢做成刀的刃部,而用含碳量低的熟铁做刀背,以钢保证刃口锋利,以韧性熟铁制刀背,则保证刀背在遭遇冲击时不轻易折断。忽然又想起一句俗话:"好钢用在刀刃上",这下算透彻理解啦! 又想起"刚柔相济"这个词,这会儿也从一把刀身上又明白了一次。

以上办法不仅能制成更好的刀,还大大节省了价比铁贵的钢材,降低了制刀成本,符合我们对技术革新的要求。

我们曾在民间看到的打制农具和手工工具的铁匠,他们也是只把"好钢用在刀刃上"的。以一把镰刀而论,都用熟铁打制,只有刀刃是钢。我在安

铁匠铺中的打铁场景（采自《彩图科技百科全书》第五卷）

徽池州杜牧笔下的杏花村游览，见一铁匠铺，一位高姓老铁匠寂寞地坐在里边，那是要给游客看打铁的，因为这已是就要失传的老手艺。好钢是如何用在刀刃上的？高师傅兴致勃勃地告诉我，先把钢材剪下所需的一条，在熟铁材刀口部位开出一个凹槽，把钢条嵌入，黄泥封裹，炉中烧红，钳出打之；钢材部位必是先熔化成水，自然渗入凹槽，就是钢刃。我听得大喜：这不也是"灌钢法"吗？而且用的是现成的钢材。高师傅还说，他师傅还曾经以日本鬼子留下的钢刀作为制造农具之刃的钢材，那可是上好的钢！这个细节也有些"化剑为犁"的意思。

綦毋怀文用生熟铁相"宿"的灌钢法制的刀就叫"宿铁刀"，成为时代名牌，锋利到能一下子斩断30札铁甲（斩甲过三十札）。

綦毋怀文能制成那么好的刀，还与他在淬火方面也有绝活有关系。

綦毋怀文在制作"宿铁刀"时，所用的冷却介质又超出了水，他用的是牲畜的尿液和油脂（浴以五牲之溺，淬以五牲之脂）！动物尿液中含有盐分，冷却速度比水快,用它淬火,比用水淬火的钢坚硬;而动物油脂冷却速度则比水慢,淬火后的钢比用水淬火的钢有韧性。这是对钢铁淬火工艺的重大改进,一则扩大了淬火介质的范围,再则可以获得不同的冷却速度,以得到不同性能的钢。

宿铁刀淬出,震动朝野,后代有传承。在隋唐至宋代,綦毋老家所产的宿铁刀一直被列为贡品。

从灌钢术到宿铁刀,綦毋怀文在冶炼和铸造技术方面的贡献,使他也被"评"为神。从隋朝开始,便为他修庙塑像,到河北邢台旅游,可以去看"冶神庙",其内供奉的便是綦毋怀文。

蒲元终究还在水上做文章,綦毋怀文则突破了水,因而取得了更大的成功。

"为缔为绤"为葛衣

如果说陶、木、铜、铁这些门类的制造都是硬性的,那么还有一门独属软性的工匠制造,而且往往是女工所为,这就是纺织。

在《乐陶记忆》一章,我们其实已经和纺织建立了联系。工匠们烧制出了陶纺轮。在出土的早期陶器上,有时会发现纺织品的纹迹。在出土的青铜器以及玉器表面,更显见挂有丝织品的残痕。这不是微小的发现。

让我们仍从《诗经》开始。

《诗经》第一首大家都知道是写"窈窕淑女,君子好逑"的,第二首就很少有人知道了,叫《葛覃》(《国风·周南》),我认为就是写一位女工或女工自写面临假期的欢乐之情的。全文如下:

葛之覃(tán,延长)兮,

施(yǐ,蔓延)于中谷,

维(句首语气词)叶萋萋。

黄鸟于(助词)飞,

集于灌木,

其鸣喈喈。

葛之覃兮,

施于中谷,

维叶莫莫(茂盛貌)。

是刈是濩(huò,煮),

为绤(chī,细葛布)为绤(xì,粗葛布),
服之无致 (yì,厌弃)。

言(发语词)告师氏(相当于女领班),
言告言归。
薄(语助词)污(搓洗去污)我私(内衣),
薄浣我衣。
害(hé,何)浣害否?
归宁父母。

劳动创造假期

我曾在拙作《〈诗经〉里的意思》一书中,以《劳动创造假期》为题,将此诗完整地"意译"如下:

葛在山谷的中央蔓延
它们的叶子萋萋的
它们的花已紫红色
黄鸟在灌木丛中聚集而且飞
它们的鸣声喈喈的
我割这些葛啊
我又将它们煮
将它们制成粗葛布
将它们制成细葛布
穿在身上
谁能厌弃
谁不珍惜
我搓洗我的内衣啊

> 我又洗外衣
>
> 我思量哪件该洗哪件不洗
>
> 我啊我就要请假回娘家去！

看见这位女工都做些什么了吧？采葛，制布，洗衣。她正在洗衣，她要穿上干净的内衣和外衣"归宁父母"。"归宁"一词后来多指出嫁女子回娘家，其源在此。她就要享受与父母团聚的假期之乐了，只不过这假不是"法定"的，而是请来的，是"言告师氏"的结果。师氏者，管理者也。

之所以判断是一位女工，是因为采集和浣洗之类，都是女性的劳作。自然诗中的"师氏"也是一位管家婆或女工头。有的专家说这里写的是一位贵族女子，可贵族女子何必辛辛苦苦上山刈葛还要把它们煮，又何必亲自浣洗衣裳；更过分的是，回个娘家，还要向"师氏"告假，未免太苦了吧。因此应当是在王室作坊效力的女工或女奴。她和姐妹们一起劳动，服从统一管理。

多辛苦而不自由的劳动，似乎劳动的目的就是劳动。终于有一天，请到了假，可以回家了，劳动的本来意义顿时凸显：劳动是为了生活，为了顾家，为了"归宁"。这样的劳动，才是快乐的，有创造可能的，所以我"译"出的诗题是：《劳动创造假期》。我们现在一年有了这么多的假期，都是劳动创造出来的美好。假期越多，说明劳动的效率越高，越具有创造性。

春秋时代的那位女工，以一种就要回家的心情看过去，倍感劳动的美好，大自然也是那么美丽。山谷中葛藤青青，早已蔓延开去，黄鸟（黄雀或者黄莺）成群，集于灌木，忽然又飞起来，接着又在另一丛灌木上落下来，它们叽叽啾啾的叫声，透着一个高兴！这是她时常劳动的山谷，时当夏初，她在作坊里洗衣，同时"内视"着那片萋萋山谷。她从正洗着的葛衣回溯上去，想到煮葛制布，再想到采葛上山，想象她也像葛衣一样，经过蒸煮的工序，返回自然的家园，又变成蔓延的青葛。再倒回来，由青葛一路走来，走上身，变成敬爱的外衣和亲爱的内衣，这也是快意无比的过程，也是"回娘家"。

葛衣是古人夏服

写到这儿,该要进入我们的正题了。

从《葛覃》一诗你已经看出来了:葛布是先秦时期服装的质料之一。

葛,豆科藤本植物,我们现在还常用其根磨粉用以"食疗",有丰胸美容、利尿解酒等功效,故人工种之不辍。回到春秋,那时的葛还多是野生,但也开始人工种植,其块根已见食用,其嫩叶也可为羹,而其藤茎富含纤维,这个重要的秘密被发现后,葛的主要功用就是制布了,采葛也就成为一项关乎穿衣的劳动。

采回来,浸泡,水煮(渡),把纤维抽取出来,然后就织成葛布(详法待考),可以很细,叫"绨";也可以是粗的,叫"绤"。自然,绨比绤贵。绨、绤,都是古之人夏天常用的衣料。

1972年,在江苏省吴县(今苏州市吴中区和相城区)草鞋山发掘出三块已经炭化的葛布残片,为罗纹组织,经线由两股纱合并而成。据鉴定,该遗址距今已有五六千年。这说明,生在新石器时代的先民们,已开始采葛制(织)布为衣了。《帝王世纪》(西晋皇甫谧著)载,尧初见舜时,赐给他葛衣一件。传说中的尧舜时期,其实就是新石器时代。西汉刘向所撰《说苑》采集

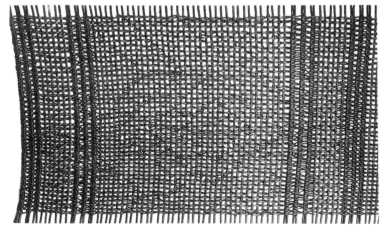

葛布复原图。江苏吴县草鞋山新石器时代遗址出土的葛布残片,是中国发现的最早织品实物之一(采自《彩图科技百科全书》第五卷)

有一首关于葛的歌谣："绵绵之葛，在于旷野，良工得之，以为绤绤。"这歌谣当是回忆葛与衣结缘的最初时光的。这缘分越来越深，东汉许慎的《说文解字》干脆就将"葛"字解为"绤绤草"。

周代开始，采葛织布已经是一项普遍和重要的手工艺了。《周礼》载，西周王府设有"掌葛"之职，"以时征绤绤之材于山农"。《韩非子·五蠹》中有称，唐尧时"冬日麑裘，夏日葛衣"，以此知葛衣是古人夏天常服。

既是常服之料，则野生之葛必不足用，所以赞成周代已开始了对葛的人工种植之说。所以打开《诗经》，多见青葛绵绵，《周南》有葛（今河南南阳和湖北北部汉江流域），《王风》有葛（周之东都，今河南洛阳一带），《齐风》有葛（今山东北部），《魏风》有葛（今山西西南部），《唐风》有葛（今山西中部太原及稍南的翼城、曲沃一带）……平原有葛，山地有葛，南有葛，北有葛，到处有葛，到处有采葛之人。请看《王风·采葛》（也可以诵唱的）：

> 彼采葛兮，
> 一日不见，
> 如三月兮！

这是思念情人的诗。采集工作也多女子为之，故此处思念者是男，思念对象是女。这是一首融爱情于劳动于自然之中的"绿色情诗"，虽"相思"，却不"病"，是十分健康、草根味十足的情欲表白，是一个劳动中的男子对一个劳动中的女子的恋爱。大胆想象：这采葛的女子，可能正是《周南》中那位要请假探亲的女子，未婚，又被征集到离家很远的南方采葛了，思念他的男子就在北方的伊洛之野唱诵着上述深情的歌谣。

葛纤维除了加工成线纱纺织成葛布以成葛衣外，还可以粗加工，搓捻成线绳，用于编织葛屦(jù)——也是夏天穿的"凉鞋"。《齐风·南山》：

> 葛屦五两，
> 冠绥双止。

翻译过来就是：

> 那葛屦都是一对对地摆成行，
>
> 那冠带也必是一双双地下垂。

比喻男女匹配。"近取譬"，葛屦被顺手取来作为喻体，正说明葛屦之普遍。技术是先易后难地发展的，先民们必是先掌握了用葛编织鞋物的技术，再学会用葛纺织衣料的。编织是纺织的前奏。

葛布成为贵重礼品

接下来有个问题：由葛布制成的葛衣是平民常服还是统治者的夏衣呢？

可能从发明葛布开始，葛衣是大家都可以穿之过夏的。在都可以穿的前提下，后来也有了分别，细的葛（绤），在上者穿；粗的葛（绤），在下者穿。《葛覃》诗中的女子，作诗时正当葛叶萋萋，夏季来临，正好也是换穿葛衣的季节，故道眼前事，写目下景。她穿的是自作的衣服，从纺织到剪裁，无不亲力亲为。故吟写起来，十分方便；且当假期，也快乐有加。她是女工，穿的当是粗葛；她制的细葛，用来供应王室贵族。《淮南子》云："贫人则夏披葛带索"，所披显系粗葛；《礼记》载，"先立夏三日"，"天子始绤"，则明言细葛。"为绤为绤，服之无斁"，《葛覃》的作者写道，不管粗的、细的，都穿不厌。无分贵贱，大家对劳动成果都很珍惜。

但这种平民贵族共享葛衣的时光好像不长，因为很快典籍中关于葛衣的记载都指向贵族了。

周代已设"掌葛"之职，则起码自传唱《诗经》的春秋时代始，葛衣已经开始变为王室的专利。此期王都洛阳一带的葛纺业应十分发达，其技术还传向吴越一带，也带动了吴越葛纺业的兴旺。《越绝书·越绝外传记地传》："葛山者，勾践罢吴，种葛，使越女织治葛布，献于吴王夫差。"越女织葛，西施浣纱，所浣或是葛纱。这条资料一以证明吴越葛纺已踵继中原；二亦证明葛布已贵为国之贡品礼品，已非平民可以穿用得起的了。

东汉，洛阳官营制葛作坊更为发达。其时葛布还染为多色，供皇家御用,也用于赏赐大臣。仍然没有平民的份。东汉末年,献帝封曹操为魏王,下《封魏王诏》:"今以君为魏王,青、绛、皂、黄、白葛各二匹,越葛一端(古代布帛二端相向卷,合为一匹,一端为半匹,其长度相当于二丈)往,钦哉!"这五色葛都是官营作坊出品,越葛则是东吴特产。

《周书》(唐令狐德棻等撰):"葛,小人得其叶以为羹,君子得其材以为绨绤,以为君子朝廷夏服。"无论粗细,都是朝廷夏服了,而平民仅得煮食其叶。这是南北朝时代。

唐代,葛纺业仍然活跃,官方和民间都有大批采葛织布的女工,而葛衣仍然穿不到她们身上。《新唐书》记载,洛州(洛阳)民间生产的一种如丝的细葛,名洛州丝葛,是洛州每年向皇室缴纳的贡品。大量的唐诗,大名的诗人,多有对"葛"的描写。生于洛阳的鬼才诗人李贺就留下了一连串有葛的诗句:"大带委黄葛","石云湿黄葛","葛衣断碎赵城秋,吟诗一夜东方白"……

有一天,李贺一位客居于广东博罗罗浮山的哥们儿,给他捎到洛阳一匹葛布。他展开一看,大为惊叹,诗兴大发,急作《罗浮山人与葛篇》:

> 依依宜织江雨空,雨中六月兰台风。
> 博罗老仙持出洞,千岁石床啼鬼工。
> 毒蛇浓吁洞堂湿,江鱼不食含沙立。
> 欲剪湘中一尺天,吴娥莫道吴刀涩。

那葛布柔软若细雨,以之为衣,暑天穿上,好像穿着风,好不快哉!是谁送给我这神奇的葛布?简直不是人,是博罗老仙,从他神仙的洞窟里取出来的。这葛布也不是人织的,而是鬼工们织的,他们用的也不是普通的织机,而是"千岁石床"!当葛布被拿走,鬼工们都伤心得哭了起来,因为舍不得啊!天热得连冷血动物蛇都喘着气,鱼儿也把头倒栽到水底的沙里,因为水都热烫了。就是这么热的天,吴娥啊,快借我你们吴地的好剪刀,我要赶快剪裁这犹如映在湘江水中明净的天空一样的葛布,做成葛衣!

明清广东葛布被天下

李贺看见的那么好的葛布出自广东博罗,不是偶然的。与中原同步发展,广东葛布一向也很有名,一度还最为有名。早在东汉时期,中原皇室就常派人越岭索取粤葛。葛衣夏服,岭南亚热带气候,对葛衣需求量自然大,因而刺激葛纺更加发达。清屈大均《广东新语·货语·葛布》记粤葛甚细。

按照屈大均的记载,李贺得到的博罗葛,名叫"善政葛"。还有比这善政葛更神奇的呢,那就是与博罗仅隔一罗浮山的增城女葛,市上少卖,该地女子终岁才织成一匹,只为其夫做衣而已。还有一种女儿葛,是未婚少女才能织的,出嫁的则不能(为什么呢?),其丝缕细入毫芒,成布薄如蝉翼,无比珍贵而不实用,大约已走向工艺品一途。此外,增城实用粗细葛布的生产是很普及的,"东家为绤,西家为絺",各有分工,"织工皆东莞人"。

广东各地都产葛。出潮阳者曰凤葛,出海南者名美人葛,出阳春者曰春葛,还有产自广州附近的龙江葛,又名絟葛。

要说广东葛布最受市场欢迎的,当数雷州葛。"雷州妇女多以织葛为生"。屈大均自己有诗云:"雷女工絺绤,家家买葛丝。"又云:"蛮娘细葛胜罗襦,采葛朝朝向海隅。"

屈大均时代,雷州半岛俨然已是全国葛布生产基地。雷州葛布成为最为时尚的布料、最珍贵的礼品。遇端阳节,清代广东巡抚在向北京进贡的礼品中,总少不了雷州葛布五十匹。屈大均称:

惟雷葛之精者,百钱一尺,细滑而坚,颜色若象血牙。名锦囊葛者,裁以为袍直裰,称大雅矣。故今雷葛盛行天下。

在雷州,絺和绤也是分工生产,生产者且分村而居。

最后的结论:在屈大均时代的广东,葛布依然可以是贡品、礼品、奢侈品,但另一方面,市面上也颇有专供普通老百姓消费的大众品、便宜货。这是近代资本主义在中国萌芽所带来的福祉。

如果穿越到古代,你该穿什么衣服?

前面说到古人夏天常穿葛衣,但并不是说只穿葛衣,所以这里我们要介绍的是——麻衣。走,先跟我回老家,指给你看麻——我从小就熟悉的植物。

麻和一位沤麻工人

在我老家鄂西北山区,我从小就认得一种茎秆直立、喜欢密生、叶子卵圆带绒毛的灌木,那就是麻;我们剥取其茎皮,可以制成"线麻",可以搓成麻绳,比草绳、棉线绳要结实得多的麻绳。

生在植物丛里的人,通常植物学知识最为贫乏,许多植物,但知以类呼之,不知类中还有许多细分。麻,只是麻类植物的总称。我印象中的麻,其实是苎麻,荨麻科苎麻属,其可以作为麻绳的用途也不是主要的,其主要的用途是可以织麻布。和葛一样,麻也是纤维类植物。我生在棉布和化学纤维布时代,对于麻布,直观的印象仅是做了麻袋,其可以成为身上衣的纺织原料,是"学习"了才知道的知识。

《诗经·陈风·东门之池》是一位正在与麻打交道的男性工人写的(或专业诗人写他的):

> 东门之池,可以沤麻。
> 彼美淑姬,可与晤歌。

东门之池，可以沤纻。

彼美淑姬，可与晤语。

东门之池，可以沤菅。

彼美淑姬，可与晤言。

这是一位正在沤麻的男工。第一节中的"麻"只是麻的一种，今名大麻，桑科大麻属，又称线麻、白麻、黄麻、火麻等，叶掌状全裂，裂片披针形或线状披针形，花黄色；雌雄异株，雄株叫枲(xǐ)，只开花不结果；雌株称苴(jū)，开花结果。

沤麻是一种获得麻纤维的初加工技术。分水浸和雨露两种。此处是水浸沤麻，"池"是护城河，收割的麻株被浸在城东门的护城河里。那城是陈国首都宛丘(在今河南淮阳城关一带)。麻株入水发酵，利用细菌和水分的溶解或腐蚀作用，包围在韧皮纤维束外面的大部分蜂窝状结缔组织和胶质就被从麻茎分离出来，通常需要8—14天。如果说护城河是天然水池，也有人工水池，沤4—6天，沤出的麻纤维品质要均匀一些。沤麻这道工序又称脱胶。麻纤维中含有胶质，手感粘连。胶质含量越多，纤维越是柔软。

五胡十六国时期，建立了后赵国的奴隶皇帝石勒在他的老家武乡(今山西榆社)就曾做过沤麻工。他常与一位叫李阳的邻居为争沤麻池而互殴。(《资治通鉴》卷九十一)石勒称帝后，这个故事已化为他不计前嫌的美谈。

我生也晚，没见过石勒沤麻，更没见过《诗经》中那位哥们儿在"东门之池"沤麻，却见过我父亲沤青桐树皮。将整株青桐树沤在水渠里，一段时间后，其皮就可剥下，也用于制麻绳。道理一样。

《东门之池》诗第二节是"沤纻"，"纻"就是苎麻；用苎麻制成的布也称为"纻"。资料介绍，苎麻是中国特有的以纺织为主要用途的农作物，是中国国宝，中国的苎麻产量约占全世界苎麻产量的90%以上，在国际上被称为"中国草"。

诗第三节是"沤菅"，"菅"是菅草，俗称茅草，沤之也是为了制索，正跟我父亲沤青桐树皮的目的一样。

沤麻是要把成捆成捆的麻茎投放水中,压在水底的烂泥里,最后还要打捞上来。这活儿不轻。《诗经》中,那位兄弟一边沤着,一边作出或唱出了他的情歌。思之不禁莞尔。

"把酒话桑麻"

和葛一样,《诗经》中也在在有麻。

《王风·丘中有麻》:"丘中有麻,彼留子嗟。"叙女子与情人幽会,情人可以字子嗟,刘(留)姓。"丘中有麻",正是幽会的好地方,可见那麻是"密密麻麻"的,分明已加以人工种植了。

《齐风·南山》:"艺麻如之何? 衡从其亩。"这里明言种植:"种麻怎样去培育? 横行纵行不乱套。"

关于种麻的记忆,"桑麻"这个词是最有力最大众的证据。"桑":植桑,饲蚕,取茧,缫丝,成绸。这是我们再熟悉不过的记忆了。现在我女儿还惯于在家里养蚕玩,去商店里买回桑叶来。"麻":种麻,取其纤维,织出麻布。"桑麻"连用,泛指一切农作物或农事。春秋,《管子·牧民》:"藏于不竭之府者,养桑麻、育六畜也。"晋,陶渊明《归园田居·其二》:"相见无杂言,但道桑麻长。"这已是我们较为熟悉的诗句了。唐,孟浩然《过故人庄》:"开轩面场圃,把酒话桑麻。"这更是从小学过的课文。宋,辛弃疾《鹧鸪天·游鹅湖醉书酒家壁》词:"闲意态,细生涯,牛栏西畔有桑麻。青裙缟袂谁家女,去趁蚕生看外家。"我女儿刚刚学过辛弃疾的"茅檐低小,溪上青青草"(《清平乐·村居》),我要推荐她课外阅读这首"桑麻"词。"桑麻"能成为农作物和农事的代称,正说明其需求量大,种植面广,是主流作物。而我们已经介绍过的葛却没有这种待遇,所以我推测葛是小众化的作物。

古人种麻,如果是大麻,除了穿衣,还为吃饭。上边说过,大麻雌株称苴,麻籽也叫苴,这麻籽就可以吃。《诗经·豳风·七月》:"九月叔苴……食我农夫。"九月捡麻籽;麻籽只是农夫的食物,想来应该很不好吃。但麻竟因此荣居五谷之列。哪五谷？黍（黄米）、稷（小米）、麦、菽（大豆）、麻。

大麻迄今仍在种植，仍有织布、制索之用。但另用其麻籽榨油，可供做油漆、涂料等；另可入药，中医称"火麻仁"或"大麻仁"，性平，味甘，主治大便燥结；花称"麻勃"，主治恶风，经闭，健忘；果壳和苞片称"麻蕡"（fén），有毒，治劳伤，破积，散脓，多服令人发狂；叶含麻醉性树脂，可以配制麻醉剂。我们一定知道大麻还是一种毒品。这能制毒品的大麻是专指印度大麻中较矮小、多分枝的变种，并非所有大麻。

我国种植大麻和苎麻的历史都有数千年。迄今都仍在种植，但挽不住江河日下的趋势。

绩麻

种麻，沤麻，接下来就要绩麻了。不过，在此之前，还要漂洗。把沤好、漂洗好的麻捞上来，除去表皮，抽出纤维，晒干，然后搓捻成线以备经纬，这就叫做"绩麻"。

"绩麻"这个动宾词也大量见诸从春秋直到近代的古体诗词中，以此知这是一项悠久而普遍的手工劳作。

首先还是《诗经》。《陈风·东门之枌》："不绩其麻，市也婆娑。"有意思。陈国巫风盛，这一天天气很好，宛丘城来了个美丽的女巫，在市场那边婆娑起舞，正在绩麻的年轻男女纷纷丢下手头的工作"追星"去了。似乎在批评，但也分明在向这个意外的节日致敬。"不绩其麻"，反过来说明他们天天都忙着绩麻，绩麻太重要了。

南宋，范成大《四时田园杂兴·其一》："昼出耘田夜绩麻，村庄儿女各当家。"

一直到现代，俞平伯还写了《绩麻》一诗："脱离劳动逾三世，来到农村学绩麻。"

绩麻，把乱的、短的麻纤维都理顺了，合股，搓捻，紧密，延续，这个过程进行得不好，就仍是"一团乱麻"，就是"败绩"；这个过程进行得好，效率高，就是"麻利",就有"成绩";"成绩"加"成绩","成绩"乘"成绩","成绩"的 N 次方,所得就是"功绩"。线纺成布,布裁成衣,人民告别裸体,文明赖以灿烂,还不是"功绩"吗?

以苎麻而论,从种麻、沤麻、绩麻,到最后织成布,中间还要经过绞团、梳麻、上浆等,一共是 12 道工序,一道也不能少。这是当代工匠介绍的,这个产业虽然式微,但还没有消逝。加以打造,说不定还可以复兴。

葛衣为何被遮蔽?

可以织布的麻,以大麻、苎麻为大宗,此外还有亚麻、黄麻和罗布麻等几种补充。目前考古年代最早的麻布是苎麻布,浙江钱山漾新石器时代遗址出土,距今有 4700 余年。

现在可以全面回答一下古人到底穿什么。

最早就不用说了,以树叶遮羞而已。越过这个阶段,开始在寒天穿动物的毛皮,然后次第出现了葛布、麻布、丝绸,使热天也有得蔽体,使四季都有合身的衣饰。可以这么说,葛、麻和丝之被发明出来成为制衣的质料,皆在新石器时代末期,或原始社会母系氏族公社时期,其发明首功应记在妇女们身上。大抵葛布最早,次之麻布,然后是野蚕吐丝的奥秘被我们发现和控制,使中国历史进入了丝绸时代。古希腊人和古罗马人都称中国为"赛里斯"(Seres),意思就是产丝的地方。在《旧约全书》的《以赛亚书》还记载中国人为"丝人"。

丝绸是"我国古代劳动者对于人类物质文明最有贡献的发明之一"(沈从文语)。丝绸和瓷器,同为中国创造,从某种意义上说,是它们创造了中国。在古代中国,一般老百姓的盘子碗啥的也可以是瓷器。然而却只有极少数人才有资格做"丝人",如果"丝人"是指穿丝人的话。这极少数的"丝人",首先是统治者,其次是有钱人,非贵则富,我们合称其为"丝绸阶级"。

"遍身罗绮者,不是养蚕人。"作为"沉默的大多数"的劳动者只能做治丝的"丝人",而穿不起一根丝。孟子在描绘其理想国时称:"五亩之宅,树之以桑,五十者可以衣帛矣。"又称:"七十者衣帛食肉。"(《孟子·梁惠王上》)看,如果条件变好,平民阶层也只是活到老才有可能"衣帛"。"帛"是丝织品的总称。《盐铁论·散不足》亦称:"古者庶人耋老而后衣丝,其余则麻枲而已,故命曰布衣。"布衣,一直是平民脱不掉的标志。布衣者,麻衣也。晚唐诗人杜荀鹤也有一首《蚕妇》诗,当是张俞《蚕妇》立意所本,更直接地道出了"治丝丝人"或广大平民的"麻衣之身":

> 粉色全无饥色加,
>
> 岂知人世有荣华。
>
> 年年道我蚕辛苦,
>
> 底事浑身着苎麻?

而平民中的最贫者,或劳动者中的最下者,又只能穿麻衣中的最劣者,一般称为"褐"——麻毛编织品,极粗极重而不暖,正像我们今天还能见到的"麻袋片子"那样子的。《诗经·豳风·七月》:"无衣无褐,何以卒岁。"这里是连褐都穿不起!

特别提醒一下,当我们在说到"布衣"的时候,不要忘了,这布衣除了麻布衣之外,还应有葛布衣。

我们很多时候似乎已经忘了葛布的存在。有专家竟解《诗经·葛覃》中的"绨""绤"为麻布,解"葛"为苎麻,错矣。有高中语文教材也注《韩非子·五蠹》中的"夏日葛衣"之"葛"为麻布,错矣!

许嘉璐在其著作《中国古代衣食住行》(北京出版社,2016年)中称:"上古无棉花,衣服除皮毛外只有丝、麻。"也忘了葛的存在吗?

"上古无棉花"句则让我们想到棉花的存在。我们知道,宋末元初,棉花才被我国人民局部种植;至明初,因朱元璋大力在全国推行种植,棉布才成为主要衣料,从此丝、麻才退居二线。

从我们所掌握的资料可以推测,先民先发明了葛布,次之是麻布。麻虽后起,却有"后发优势",因其有比葛易于种植、易于加工等优点,在先秦时期,已与葛平分秋色。在《诗经》中,咏葛、吟麻的诗句一样多见。到隋唐时期,麻就成为主流,而葛为小众。葛之成为小众,还与丝织品被大量生产出来有关。

棉布是新秀,不过数百年历史,在语言学中还没有什么地位,葛则早被遮蔽,所以终究还是"桑麻"并列,以括农事;"丝麻"对举,以概纺品;虽也有"布帛"之词,"布衣"之谓,也多解布为"麻"。

葛虽为小众,却颇能走精细化发展的道路,故能成为贡品、赠品、赏赐品、奢侈品。但麻布也能精致加工,成为贵人压箱底的衣服,所以《诗经》中也有"麻衣如雪"的诗句(《曹风·蜉蝣》)。

如果穿越到古代,你该穿什么? 总体而言,如果穿越的结果,分配你是统治者和有钱人,可以专穿丝绸,但居家也会穿精细化的葛布和麻布的"深衣"(上衣下裳相连的那种);特别是夏天来了,必须以有一件特透汗的葛衣为爽。如果你有兴趣做平民和穷人,则应"布衣终身",这布衣是麻衣、葛衣兼有,隋唐以后以麻衣为主。如果你只想浅浅穿越到明代以后,则不分贵贱,都以棉衣为主了;当然,丝织品也仍然是贵族显摆的盛装,精细的葛衣和麻衣出品也越发稀贵,在试穿之前,你应首先对制作者的工匠精神表示赞叹。

为什么织女和七仙女都那么美?

"慈母手中线,游子身上衣。""衣裳已施行看尽,针线犹存未忍开。""敢将十指夸针巧,不把双眉斗画长。"……此处所引唐诗都是描写妇女针线活儿的。三句诗,分别承载着我们对母亲、妻子以及恋人的温馨记忆。在不远的过去,我们身上的衣服都由母亲手工缝制;男人们往往以妻子漂亮的针线活儿而感到心里满意和脸上有光;而找个合格老婆的标准首先也要看她"针线茶饭"是否拿得下来。

针线活儿,在我国古代谓之"妇功",是妇女四德之一。当然,妇功不仅包括针线活儿,即制衣或缝纫、刺绣等,还有上游的绩麻、缫丝、纺线、织布(丝绸)等,合称纺织,也包括厨房里的那些事儿等,但重点是为成就"身上衣"(包括头衣、足衣)而进行的一应手工劳动。《考工记》总结当时的社会有六大分工,分别是王公、士大夫、百工、商旅、农夫、妇功——"治丝麻以成之,谓之妇功"。

北宋王居正《纺车图》(壹图网供图)

《考工记》特别将"妇功"从"百工"中分出,以示重要。妇功,相当于今天轻工业中的纺织和服装产业中的劳动技能。

关于妇功,我们还可以用一个字来概括或重点提出:"织"。顺此就有最基本的男女劳动分工:"男耕女织"。《商君书·画策》:"男耕而食,妇织而衣。"男耕女织的悠久画面,寄寓着多少中华儿女通过劳动过上好日子的向往啊!"你耕田来我织布……"写到这儿,我耳中马上就传来黄梅戏《天仙配》中那段著名的男女对唱。

下面我们就重点说说历史上与"织"有关的那些事儿、那些人儿。

伯余初作衣和腰机

虽说"男耕女织",而原始农业也是由妇女发明的。大家知道,那是新石器时代母系氏族社会时期,儿女们只认妈不认爹。原始纺织业也是在此时期由妈妈们发明出来,并一直主要由她们从事,直到现当代。

纺织是在编织的基础上发明出来。关于原始纺织,大家都会引用《淮南子·氾论训》中的一句话:

伯余之初作衣也,緂(tián,搓)麻索缕,手经指挂,其成犹网罗。

伯余开始制作衣服、搓麻绳、捻麻线,手缠指绕,编织成网罗那样粗疏的衣服;进一步说明,就是把经线的两头各结在两根木棍上,一系腰一手持,绷紧,然后开始织——对,就像编席一样地"编织",织成,用骨针简单一缀,披在身上就是衣服了。由此可见,最初织造与制衣还紧密地联系在一起,没有分工。

但是后人却把这项发明归功于一个男人——伯余。伯余是黄帝的臣子,自然由黄帝分派抓这项工作。所以,不严格地说,也可以记载为"黄帝制衣"。严格地说,还是伯余吧。相传,伯余还发明了裙子。他见他的老婆长得很美,身材也好,便灵机一动,发明了裙子给她试穿,结果更美了,比所有女人都美。

　　到了我们可由文字来书写历史时,早就是男人的天下了,所以初作衣者是伯余,"手经指挂"是伯余教会大家的。在此,我们姑且认为"伯余"就是原始公社时期从事织造和制衣的妇女们的一个总名。我们给伯余"变性"。

　　稍后,伯余就从上述那种简单的织造发明出一种原始的织机——腰机。织者席地而坐,腰系卷布轴,脚踏经轴,拉直经线,用分经木挑出梭口,穿过纬线,再用机刀将纬线打齐,如此这般,织啊织,一晃就过去了100年或者1000年。我小的时候,父母和父老乡亲们还要打草鞋穿的,所用的工具我们管它叫"草鞋耙子",正是要一头系在腰里,一头蹬脚,绷紧经绳编入"纬草",正是原始腰机的结构和理念。

腰机(采自《彩图科技百科全书》第五卷)

　　原始腰机由于需坐地操作,所以又称踞织机。1975年,浙江余姚河姆渡新石器时代遗址出土的踞织机件,有机刀、卷布轴、梭子和分经木等。总的来说,原始腰机已经有了上下开启织口、左右穿引纬纱、前后打紧纬纱三项主要动作,具备了最基本的纺织织造功能,展示了构成织物的基本原理,已与编织技术不可同日而语。原始腰机所织,已不再是网罗。最初的葛布、麻布和丝织品,就由这些腰机织出。由此,人类告别草衣木食,宣告从蒙昧时代进入服用纺织品的文明时代。

嫘祖始蚕

有些讲服装历史的书籍是从嫘祖养蚕缫丝开篇的。这是强调丝织品在世界文明史上的独特地位,我们作为丝绸之国开创文明交际的丝绸之路的重要性,这样开篇令人印象更加深刻,而且强调"嫘祖始蚕",也更符合"女织"的实际。我们庆幸,嫘祖终于没有被后世讲述历史的男人们"变性"为男。

相传,嫘祖是西陵氏部落的女首领,她受蜘蛛织网的启发,开始用蚕丝织出了人类第一件衣裳。《史记·五帝本纪》:"黄帝居轩辕之丘,而娶于西陵之女,是为嫘祖。嫘祖为黄帝正妃。"

黄帝为什么要娶嫘祖呢?还不是看上了人家的缫丝技术嘛!认识黄帝前,嫘祖已经在西陵氏部落普及了这项伟大的发明。唐代大诗人李白的老师赵蕤所题《嫘祖圣地》碑文称:

> 嫘祖首创种桑养蚕之法,抽丝编绢之术,谏诤黄帝,旨定农桑,法制衣裳,兴嫁娶,尚礼仪,架宫室,奠国基,统一中原,弼政之功,殁世不忘。是以尊为先蚕。

嫘祖是从北周(557—581)开始被祀为"先蚕"(蚕神)的。根据赵蕤所创作的碑文,嫘祖嫁给黄帝,带来养蚕缫丝的技术,并大力发展人工种桑,还发展了编绢之术,亦即纺织技术;进一步又设计制定了衣裳的法式,也就是彰显服装的符号化功能,以别男女、序人伦、定等级,这是融精神文明于物质文明当中。中国为什么又被称为华夏或中华?"夏"谓盛大,"中"称居中,"华"则指美丽,具体是指穿得美丽。除了设计服装,嫘祖还设计制定了男女婚姻的礼仪。而婚礼的庄严肃穆,也要从服装中体现出来。嫘祖,实在是和黄帝平分秋色的女性人文始祖,考其功劳,从纺织始。毛泽东说,妇女能顶半边天。考诸华夏人物,从嫘祖始。

手工纺纱与缫丝(采自《彩图科技百科全书》第五卷)

那么西陵氏部落也就是嫘祖的娘家在哪里呢？有说河南,有说山西,而叫得最响的居然是四川绵阳市盐亭县,那里有嫘祖山,山有嫘祖穴,出土了大量蚕桑文物,李白老师赵蕤刻写的《嫘祖圣地》碑,也是在那里发现的。

母亲、妻子和姐妹们都坐在斜织机前

伴随着伯余和嫘祖时代纺织制衣的那种踞织机,到了先秦时代,就变成在我们大脑中印象深刻的斜织机。

先不看图片想一想,这种斜织机,是不是有一个机架？是的。还有一个斜面,在斜面上固定着布幅,专业描述称,经面和水平的机架构成五六十度的倾角。印象深刻,这种织机是要脚踏操作的,应用杠杆原理,用两块踏脚板分别带动两根绳索,这个装置叫综(zèng),织工就用脚踏一长一短两块踏板(杆),当脚踏动提综踏板的时候,被踏板牵动的绳索牵拉"马头"(提综摆杆,前大后小,形似马头),前俯后仰,就使得综线上下交替,把经纱分成上下两层,形成一个三角形的织口,由此口投梭引入纬线。最后还要将一个叫做

竹筘的部件往胸前一拉一紧,完成打纬。手脚并用,用双脚代替了手提综的
繁重动作,这样就能使左右手更迅速有效地用在引纬和打纬的工作上。比
之踞织机的伸长两腿用双脚抵住轴棍,斜织机的脚踏既减轻了劳动强度,还
使生产效率可比踞织机提高十倍以上。

　　印象深刻,有机有人。《三字经》称:"子不学,断机杼。"讲的是孟子的母
亲家教有方,也让我们看到了她作为一名家庭织工坐在纺织机前的生产画
面,她用的已经是斜织机了。江苏泗洪曹庄出土的汉画像石上刻着"慈母投
杼图",讲述的是曾子的母亲听说"曾子杀人"之后的反应,图上也是斜织机
的形制。孟母所断之杼,曾母所投之杼,就是织工们拿在手中用以引纬的梭
子(古人有时也称竹筘为杼)。这梭子是要从那个三角形的织口(又称梭口)
穿过来穿过去的,动作越熟练,穿得就越快,就越可称"巧"。"穿梭"这个词就
是这样来的,一并形成的还有"日月如梭"这个比喻。

汉画像石慈母投杼图

　　通常"日月如梭"前边还有一句:"光阴似箭"。这就又让我顺便想起了
儿时读物上《纪昌学射》的故事,因为里边也有织机的信息。

　　纪昌学射载于《列子·汤问》。学射,师傅告诉纪昌,要先学会不眨眼
睛。于是,"纪昌归,偃卧其妻之机下,以目承牵挺"。"牵挺":织布机踏脚板。
纪昌回到家里,仰面躺在他妻子的织布机下,用眼睛由下向上注视着织布机
上提综的踏脚板。这是有几分喜感的画面,老婆坐在织机前忙个不停,

老公却不务"正业",仰卧老婆脚下,练习不眨眼睛。我们也不眨眼睛地看过去,就注意到那是一台用脚踏提综的斜织机。

"僵卧其妻之机下",从这句话还可看出,我们古人会把织机单称为"机"。这一点李约瑟博士也注意到了。在《中国科学技术史》中,李约瑟写道:"中国人赋予织造工具一个极佳的名称:机。从此,机成了机智、巧妙、机动敏捷的同义词。"

纺织机,机械之母。从腰机起算,诞生于新石器时代母系社会时期,是一项属于女性的"机智"发明。它一诞生,就与女性相伴,并形成男耕女织的分工,塑造了中国女性的"劳动美"。

"唧唧复唧唧,木兰当户织。"母亲在织,妻子在织,待字闺中的女儿也在织。我们还用织布的女子——"织女",命名天上天琴座中一颗最亮的恒星,并衍生出关于牛郎织女的爱情故事和乞巧的美俗,这都是与织造、织机密切相关的想象。

牛郎织女的传说非常古老,《诗经》中已有织女星和牵牛星的记载。东汉,《古诗十九首》中有一首诗已经比较完整地讲述了牛女二人爱而相隔的剧情。其中描绘织女的劳动称:

> 纤纤擢素手,
> 札札弄机杼。

织女是天帝的女儿,在天上织造,织出一天云锦。这是女神级的纺织高手。与织女身份相近、技艺相同和水平相当的还有一位女神——七仙女,这是黄梅戏《天仙配》中的女主人公。《天仙配》的神话传说最早载于西汉刘向的《孝子传》,此后三国曹植的《灵芝篇》和东晋干宝的《搜神记》也都有相关记载。严格地说,都是关于孝子董永的传说:因他孝感上天,遂得天女下嫁,并带来神奇的纺织技艺,助他还债脱奴。至黄梅戏《天仙配》,主角就是这位女工,因严凤英的出色演绎,并借助于电影传播,七仙女的艺术形象遂在中国家喻户晓。《牛郎织女》的故事也被改编成黄梅戏,也由严凤英主演并拍成了脍炙人口的戏曲电影,成为一代经典。

织女也罢,七仙女也罢,其实都是人间的女神,是我国古代劳动妇女的美丽代表。她们的美丽不仅在于外表,本质上更在于出神入化的织造技艺,加上勤劳爱人的品德,就美成了理想,成为劳动男人的梦中情人。

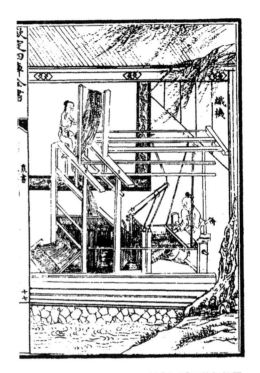

王祯《农书》所载织机图

织机结构比较复杂,织布也是"错综复杂"的手工,是"综合"的手工。对,"错综复杂"和"综合"这两个词源于织布。"综",前边已经介绍过,就是织机上吊一经线然后上下提放以接受纬线的踏动机构。一综可提数千根经丝,"综合"就是将几千根不同的经线通过综合并起来便于操作。经线吊机是要分为两层的,"错综"就是用综的运动使两层经线交错形成梭口,使可穿纬,在接下来的踏动中,纬线和经线就相互交错或彼此浮沉地"织"在一起,形成严密的布匹"组织"。这里我们又发现了"组织"一词的起源。

写来写去,还是绕不是? 需是亲自上机学习才能非常明白! 有部讲述纺织家黄道婆故事的情感电视剧叫《天涯织女》(又名《衣被天下》),剧中童年黄道婆(黄巧儿)第一次上机操作,其师傅在旁边教她的那段台词说得很好:

首先脚踩右边的踏板,提综,最底一层的经线就提高了,你会看到一个三角形的梭口。现在投梭送纬,以竹筘打纬,要用力一点打,纬线才会打得扎实。好,现在用左脚踏板,让综框下降,经线就回到原来的位置,一个动作就这样完成了,织品就会慢慢慢慢地形成。织好一段布帛后,就要扳动经轴的轴牙去放经,再转动卷布轴的轴牙去张紧经纱,继续织下去。

　　与台词相配,是一组黄巧儿操作的短镜头。我目不转睛地看着,反复回放一遍遍地看,终究还是不能看到经纬交织的细部"机智"和巧妙。还是要亲自上机操作啊! 应走出家门,遍寻纺织博物馆,参与体验上机操作的项目。

丝绸是怎样练成的?

中国曾被称为丝国,自然有着精致发达的制造丝绸的技术和工艺,对此我们知道多少? 下面咱们就解密这个!

灰练+水练+日晒

首先是养蚕缫丝,这两项劳动知道的人多,可略。我们从接下来的练丝开始说。练丝,《考工记·幌氏》记载了全过程:

幌(huāng)氏涷(同练)丝,以涚(shuì)水沤其丝七日,去地尺暴之。昼暴诸日,夜宿诸井。七日七夜,是谓水涷。涷帛,以栏(liàn,即楝,楝树)为灰,渥淳其帛,实诸泽器,淫之以蜃,清其灰而盝(lù,去水)之,而挥之,而沃之,而盝之,而涂之,而宿之。明日,沃而盝之,昼暴诸日,夜宿诸井。七日七夜,是谓水涷。

《考工记》把从事"练"工的工匠或负责人称为"幌氏"。练,分为练丝和练帛两个途径。

蚕丝由70%—75%的丝素和20%—30%的丝胶组成,另外还有少量杂质。丝素就是我们需要的纤维组织,丝胶则是附着于丝素外的胶体保护膜,对丝素有保护和胶粘(成茧)之功。缫丝时,要保留一部分丝胶,可使丝素免受损伤。这样缫出的丝叫生丝,用生丝织物精硬,且不易染色,故需练,今称"精练"。

我们已经说过从麻秆中提取麻纤维以成就麻布,先需以沤处理之,亦称脱胶。练丝也是要沤,也是要脱胶。练丝之沤,先沤以"涚水",就是和了草木灰汁的温水,取其含氢氧化钾,呈碱性,而丝胶正是在碱性溶液里易于水解和溶解。直到现代,大部分丝的精练还是用碱性溶剂。

况水沤七日,再离地一尺曝晒。白天曝晒,夜里还要将丝悬挂于井水中。这样又是七日七夜。这是在合适的湿度下利用日光紫外线脱胶漂白的工艺。

这样练出的丝,就变成了熟丝,可以织帛了。这个过程也叫"熟练"。熟练,原来是一项技术,我们今天用它形容所有技术所达到的令人满意的水平。

另一种途径,另一种"熟练",是直接将生丝织成生帛,再行练帛。练帛,烧楝叶为灰,调成稠汁,将帛浸入(渥淳其帛),再放到光滑的容器里(实诸泽器),用大量和了蜃灰的水浸泡(淫之以蜃)。(早晨)取帛清洗去灰、脱水(清其灰而盏之),再抖去细灰(而挥之),再浇一层楝灰,或蜃灰水(而沃之),过一夜(而宿之),第二天再清洗、再脱水或拧干。这样子也要辛辛苦苦地经历七天。这个过程或叫灰练。之后也是七日七夜反反复复地水练:"昼暴诸日,夜宿诸井。"

练帛的工艺理念也是以碱溶胶。楝灰水是钾盐溶液,蜃灰水是钙盐溶液,均呈碱性。前者渗透性强于后者,故先用较浓碱液(楝灰水)使丝胶充分膨胀、溶解,再用大量较稀的碱液(蜃灰水)把丝胶洗下来。

可想而知,帛的精练比丝更难,更难均匀,所以要反复浸泡、脱水,使帛能均匀而充分地和碱液接触。《考工记》特别提出要把帛放在光滑的容器里浸泡,光滑,则不会挂擦绸丝。

水练步骤中为何要将丝或帛挂到井水里? 第一是水洗作用。有利于白天光化分解的产物溶解到井水里,均匀练效。现代仍沿用此法,将丝帛挂在溶液里练,称"挂练法"。

第二是精练的继续。井水中可能滋生能分泌蛋白分解酶的微生物,也能促使丝胶分解,于是使"夜宿诸井"就兼有了与灰(碱)练与日脱胶相结合的酶练作用。井水不像碱灰水那样激烈,也缓和了日光曝晒对丝素优点的坏损作用,体现了精细、含蓄和呵护,很"科学",很具有工匠精神。

《考工记》主要是对周代练丝(帛)技术的总结。其实在周以前这项技术已经相当有水平了。瑞典纺织史专家西尔凡女士在研究了远东博物馆保存的我国殷(商)代青铜器上的丝绸残片后称:"毫无疑问,中国人对丝的处理早在殷代就达到了很高的标准了。"

以上对丝的处理过程,特别是最后在清水里的漂洗,亦即所谓漂絮。庄子在《逍遥游》中讲到过一位从事这一行的宋人,"世世以洴澼绕(píng pì kuàng)为事"。洴澼:漂洗;绕:通纩,丝絮。洴澼绕:即漂絮。因长年与水打交道,冬季,那位宋人的手就龟裂得跟榆树皮一样,他因此又研制出"不龟手之药"。其配方被一个客人花百金买去献给吴国。在冬天与越国人的水战中,吴国兵士因有此药擦手,战斗力竟大大提高,大败越国。吴王高兴,又奖给那位漂絮工一大片土地。此刻这个故事引起我特别注意的是宋人"世世"以漂絮为业,可见在当时(春秋时期)漂絮就已经是一门源远流长的专业技术了。

司马迁在《史记·淮阴侯列传》中讲到漂母饭信的故事。韩信微时,钓于城下,水边有一群老妇女在漂絮(诸母漂),其中一位见韩信饥而无食,就把自己的饭分给他吃,一直到漂洗完毕,达数十日(竟漂数十日)。

同样,此刻这个故事特别引起我注意的是"诸母漂"和"竟漂数十日"两句。这两句说明她们人数是多的,而所漂的丝絮也很多,竟长达数十日才得完工,可见漂母们是官家作坊里的"熟练"女工。

胰酶练

《考工记》中记载的练丝(帛),或可俗称灰练水练兼日晒结合法,从原理上讲主要是碱练结合酶练和日晒脱胶。赵翰生在《中国古代纺织与印染》(中国国际广播出版社,2010年)"古代的丝绸"中将练丝(帛)的工艺分为三类,《考工记》中所载,可归于第一类。

还有第二类:猪胰煮练法。此法可结合草木灰浸泡同时使用。最早记载见于唐人陈藏器所著《本草拾遗》(已佚),比较简略。较详的记述见于明代刘伯温撰的《多能鄙事》(这书名很有创意)和宋应星的《天工开物》。

《天工开物·乃服·熟练》：

> 凡帛织就，犹是生丝，煮练方熟。练用稻稿灰入水煮。以猪胰脂陈宿一晚，入汤浣之，宝色烨然……凡早丝为经、晚丝为纬者，练熟之时每十两轻去三两。经、纬皆美好早丝，轻化只二两。练后日干张急，以大蚌壳磨使乖钝，通身极力刮过，以成宝色。

用稻秆灰加水一起煮，并用猪胰脏(俗称猪横利)浸泡一晚，再放进水中洗濯，这样丝色就能很鲜艳……用早蚕的蚕丝为经线，晚蚕的蚕丝为纬线，煮过以后，每十两会减轻三两。如果经纬线都是用上等的早蚕丝，那么十两只减轻二两。煮过之后要用热水洗掉碱性并立即绷紧晾干。然后用磨光滑的大蚌壳，用力将丝织品全面地刮过，使它现出光泽来。咦，还要这么干！

练过之后经纬变轻，正说明把胶脱去了，好丝仅十去其二，说明含胶量低一些。此间所轻去的斤两，与我们用现代化验法得出的蚕丝胶含量是相符的。

赵翰生详释此法称，猪胰脏要掺和碎丝线捣烂作团，悬于阴凉处阴干、发酵。用时，切片溶于含草木灰的沸水中，将待练的丝投于其中，沸煮。因为猪胰脏中是含着猪胰脂酶的，所以从原理上讲，这就是酶练结合碱练的脱胶工艺。如上所述，碱性激烈，碱练快；而酶练使脱胶均匀，又可减弱碱对丝素的影响，增加丝的"宝色"等。

我国是世界上最早利用胰酶练丝的国家，西方国家直到1931年才开始利用胰酶练制丝织物，比中国至少晚一千二三百年。

捣练

第三种练法：捣练法。此法也要结合草木灰浸泡法进行，即先以草木灰汁浸渍生丝，再以木杵捶打。

赵翰生称，生丝经过灰汁浸泡，再以木杵打击时，易于使其上丝胶脱落，还可在一定程度上防止丝束紊乱，而成丝的质量也优于单纯的灰水练，能促使其外观光泽明显。捶捣原理与现代制丝手工艺中的"掼经"〔又名"擎（biè，别）丝光"〕相同，因此，也可以说这就是现代"掼经"的前身。

宋以前，是站着捣练的。美国波士顿艺术博物馆现存一幅宋徽宗赵佶临摹的唐人张萱《捣练图》画卷。画卷呈现四道妇功工序：捣练、理线、熨平、缝制。全卷共12人，都是女子。

捣练是首道工序。画中有四名大唐妇人，其中两个手持几乎和她们等高的细腰形长木杵，正捣着叠在一个长方形石砧上的帛料，另外两个以杵拄地正在休息，其中一个着红上襦的正"撸起袖子"，看来又要接替过来"加油干"。这是很写实的捣练图，令我们对于这项古老的劳动有了直观印象。首先让我们知道，这活儿重，需要姐妹们集体协作。

看完名画，再读诗文。唐代诗人魏璀的《捣练赋》：

细腰杵兮木一枝，女郎砧兮石五彩。闻后响而已续，听前声而犹在。夜如何其秋未半，于是拽鲁缟，攘皓腕。始于摇扬，终于凌乱。四振五振，惊飞雁之两行；六举七举，遏彩云而一断。

也描绘出了此项劳动的"美"，特别是突出了捣的声音。

宋以后，捣练由站着捣改为坐着捣。元代王祯《农书》卷二十一《农器图谱·织纴门》记载：

张萱（宋徽宗赵佶临摹本）《捣练图》（采自维基百科网站）

　　砧杵，捣练具也。……盖古之女子对立，各执一杵，上下捣练于砧，其丁东之声，互相应答。今易作卧杵，对坐捣之，又便且速易成帛也。

　　为便于双手握持，杵长亦大大缩短，且一头细，一头粗，操作时双手各握一杵。这样，既减轻了劳动强度，又提高了捣练效率。

　　捣练法发明于汉，普及于南北朝，盛行于唐。还有专家称，第二种类的胰酶练是更先进的工艺，唐时虽已有，但还不成熟，故捣练犹是首选。至元代，胰酶练就成为主要方式，捣练之声遂渐不闻。

唐诗中的捣衣声

　　"长安一片月，万户捣衣声。"这是李白《子夜吴歌·秋歌》中的著名诗句。原来我总以为此处的"捣衣"是指洗衣服，如同记忆中农妇们用棒槌捶洗衣服的情景。通过最近的学习，恍悟"昨非"：李白所写的"捣衣"原来是捣练、捣衣料，是丝绸加工的工艺。试想，洗衣服何必要赶在夜间进行呢？许多学者都跟着我错了呢。如朱大可（不是今人朱大可）校注的《新注唐诗三百首》便曾注"捣衣"为："便是将洗过的衣服放在砧上舂捣。"

　　翻翻唐诗，在在皆有描写捣衣的诗句，可以说捣衣声声。除了李白，杜甫也写过："寒衣处处催刀尺，白帝城高急暮砧。"（《秋兴八首·其一》）这是在西南长江边上的小城中捣，与长安城中的"万户捣衣声"遥相呼应。"玉户帘中卷不去，捣衣砧上拂还来。"（张若虚《春江花月夜》）这又是长江下游如练月色中的捣衣砧。初唐在捣，沈佺期《独不见》："九月寒砧催木叶，十年征戍忆辽阳。"晚唐在捣，女诗人鱼玄机《闺怨》："扃闭朱门人不到，砧声何事透罗帏。"唐朝都快完了，捣衣声可一点儿也没消停，韦庄《捣练篇》："临风缥缈叠秋雪，月下丁冬捣寒玉。"唐朝完了，中经五代，是宋朝的天下了，那夜晚女工劳动的声音仍持续传来：

> 深院静，小庭空，
> 断续寒砧断续风。

无奈夜长人不寐，

数声和月到帘栊。

这是南唐后主李煜被圈禁在汴梁(今河南开封)时的一天夜晚所听到的令他很不开心的声音，他就填写了上述这首词，词牌名《捣练子令》。

得，"捣练"都已经成为词牌名了！

捣练的声音又要响彻全宋了。

接下来就是一个我一直在想的问题：从所有关于捣衣、捣练的文学作品中可以看出，这项劳动大都是在秋天，而且是秋天的夜晚进行，为什么呢？

孟晖在《秋风里的砧声》(《青年文学》2007年第1期)一文中认为，古诗中大量描写的捣练，实际上是继精练脱胶之后的又一道工序，即把脱胶合格后的丝织物过糊或上浆(通常用小麦粉等)，晾得微润，就叠在砧石上开捣。捣的目的是让丝织品变得经纬紧密、不易脱丝，质地挺括，有厚重感，穿着暖和。所以捣衣常常是制作寒衣(寄给当兵的丈夫)的前一步骤，自然就常常在秋天进行了。捣后的丝物，首先眼观是十分光亮的，所以专业地说，此"捣"就是砑光。

为何又常在秋天的夜间捣呢？原因在于，秋夜砧寒，有助于丝织物"缕紧"；这个好理解，砧石发热的话，自然会把丝织物捣得松泛。

为何又常常在月光下捣呢？这个更简单，因为点不起灯，而"点月亮"不要钱；不是缝衣，只是捣衣，月光足矣。

捣，是需要力气的，然而又常是妇女们在从事这项工作，这也是妇功的一部分。我想这力气也不宜出得太大，否则就会把织物捣破，故也以妇女从事为宜。

最后再引中唐诗人王建一首《捣衣曲》：

月明中庭捣衣石，掩帷下堂来捣帛。

妇姑相对神力生，双揎白腕调杵声。

高楼敲玉节会成，家家不睡皆起听。

秋天丁丁复冻冻，玉钗低昂衣带动。

夜深月落冷如刀，湿著一双纤手痛。

回编易裂看生熟，鸳鸯纹成水波曲。

重烧熨斗帖两头，与郎裁作迎寒裘。

大部分"秋夜捣衣"诗都是将此种劳动意象化，表达的是经过抽象化、装饰化和文人化了的悲秋、伤独、闺怨和乡愁情感，而王建这一首却是直接写实的，是一首真正的劳动诗。

"丝绸之路"和"锦绣前程"

绫、罗、绸、缎，你分得清吗？丝绸之路，知道是谁给取的名吗？绢和绡，锦和绣，你又能知道多少呢？本节一如前文，知识点满满，趣点也多多！

绸和帛——一个使者和一位德国人

中国最早自战国时期就被古希腊人称为"丝绸之国"，他们用"赛里斯"一词专门表达这个意思。

"丝绸"，或单称"绸"，是我们现在对所有丝织品的总称。而实际上呢，绸最初只是丝织品中的一种，专指利用粗丝乱丝纺纱织成的平纹织品，这种产品现于西汉，本写作"绌"。绸之成为丝织品的总称或泛称，起于明清。绸属中厚型丝织物，其中较轻薄的品种可做衬衣和裙，较厚重的可做外套和裤。《辞海》对"绸"的解释中有这样的描述："质地较细密，但不过于轻薄。"

我们口语中常有"绸子"一词，也是统称。我缺乏专业眼光，也无富贵经验，无法辨识丝织品的许许多多林林总总，只知道那看起来闪光的、摸起来滑软的、掂起来很有分量感的衣物，就不是布的，而是绸子的。

小时候看的连环画和插图中，常有穿着绸的地主和地主婆，也有资本家穿着圆乎乎的绸马褂"打算盘"。绸，意味着剥削和罪恶；穿绸的人，就是"坏的"。

抛开狭隘的阶级视角，绸，就寓意着美好和高贵，而且是中国创造的极致，所以我给我女儿起的小名就是绸子，大名则叫子绸。

　　大家都知道,汉代通"丝绸之路"。汉武帝派张骞出使西域,开拓了经河西走廊,越过新疆,抵达中西亚乃至于欧洲的中西陆路交通路线,中国的丝绸产品遂源源西输,这条路史称"丝绸之路"。

　　但丝绸之路最初由谁命名,知道的人就少了。

　　丝绸之路(德语:die Seidenstrasse)有时也简称为"丝路",最早来自德国地理学家李希霍芬1877年出版的《中国》。稍后德国人胡特森又在多年研究的基础上,撰写成专著《丝路》。"丝绸之路"这一称谓从此走向世界。

　　张骞一生两次出使西域,第一次似乎还只是到处瞎撞,公元前119年第二次出使时目标就很明确了,那是带着大量丝绸和上万头牛羊等和平交往的礼物的,史家称他为"丝绸之路"的先行者,其与丝绸有明确联系实际上始于这第二次出使。

　　但是在关于张骞事迹的原始记录中,并没有出现"丝绸"一词。班固《汉书·张骞传》记张骞第二次出使时"赍金币帛直数千巨万",在此出现的只是"丝绸"的近义词:币帛。

　　币、帛二字,皆从巾字,都与织物有关。币,古人用来泛指用于礼物的丝织品,或合称"币帛"。而当"帛"字单用时,则是丝织品的总称。注意啦,近代统称丝织品为绸,而古代,则泛称为帛。《左传·闵公二年》:"卫文公大布之衣,大帛之冠。"《孟子·梁惠王上》:"五亩之宅,树之以桑,五十者可以衣帛矣。"杜甫《自京赴奉先咏怀五百字》:"彤庭所分帛,本自寒女出。"姚合《酬卢汀谏议》:"粟如流水帛如山。"

　　帛,从白从巾,表示白色丝质布料;"白"本义为"虚空",转义为"空前",则帛还可解为空前、顶级的丝物,用以和大众化的"布"区别开来。

　　"帛"常和"玉"字连成"玉帛"一词,泛指财物,并像币一样,凸显出礼品和贡物的价值,因而还成为一个和平共处和礼尚往来的意象。孔子言犹在耳:"礼云礼云,玉帛云乎哉?"(《论语·阳货》)还有一个我们熟知的成语:"化干戈为玉帛"(源于《淮南子·原道训》)。

　　此外,在古代,丝织品还可总称为缯。

绫、罗、绸、缎——一个普通男子的杰出妻子

在帛、缯或丝绸的泛称、总称、统称下,丝织物有十四大种类,每一种类都有相应的文字命名。

我们常会脱口说出一个四字词:"绫罗绸缎",用于泛指各种精美的丝织品;而分开来,就是四种丝织品:绫、罗、绸、缎。

绫,有着斜四边形织纹(夌)的丝绸,也称绫子,细而薄,一面光,像缎子。关于绫,我们有着不愉快的记忆。古时候的皇帝对哪个臣子或妃子不高兴了,就会赐他(她)三尺白绫,让他(她)上吊死。杨贵妃就是这样被赐死的。还有白居易笔下的那位卖炭翁所遭遇的一次掠夺式购买:"半匹红绡一丈绫,系向牛头充炭直。"(《卖炭翁》)

绫产生于汉代以前,斜纹地上,还可以起斜纹花。这就是说,绫有素白的,也可以是高级花的。汉代刘歆《西京杂记》载,汉宣帝时有名的织造工匠陈宝光妻织造的散花绫,"机用一百二十蹑(脚踏板),六十日成一匹,匹直万钱",而普通的缯帛每匹仅值数百钱。

陈宝光妻,如今可见诸百度词条:"中国丝织巧匠"。传为西汉巨鹿(今河北平乡西南)人,工于织绫,被显宦霍光招入家中专务其业。她的姓名已不详,她的丈夫可能只是一个普通的富人,却因妻子而青史"出名"了。

罗,"罗"字的本义是捕鸟的网,所以罗就是一种有孔眼的丝织品。通过经线相绞形成等距离纱孔。以罗为衣,穿着透气,适合过夏。织罗是有技术难度的,所以罗也是很高级的品种,常被文人们组成"轻罗""云罗""雾罗"等高级美丽的形容词。杜牧《秋夕》:"轻罗小扇扑流萤"——原来还可以用罗做扇子。

绸,上边已经说过一些。绸是丝织品中最重要的一类,是应用平纹或变化组织,经纬交错紧密的织品,其特征是绸面平挺细腻,手感滑挺。

缎,我们在介绍绫的时候就说它像缎。而缎又像什么?又该如何分辨?一言以蔽之:缎是一种比较厚的正面平滑有光泽的丝织品。最明显的特征是比较厚。口语中有"穿绸挂缎"一词,缎可"挂"在身上,就证明其厚

实,有令人愉悦的悬垂感。所以缎做冬衣或大件衣袍最好,还常用于做被面。我从小就常听我母亲说到"缎子被面"这个词。对于我们寒门小户来说,床上的被卧是缎子被面,那可真是蓬荜生辉。"再"言以蔽之:缎是有缎纹组织、绸面平滑光亮的丝织品。所谓缎纹组织,是指经线(或纬线)浮线较长,交织点较少,它们虽形成斜线,但不是连续的,相互间隔距离有规律而均匀(还是没概念吧? 要去看!)"三"言以蔽之:缎类织物是丝绸产品中加工技术最为复杂,织物外观最为绚丽多彩,工艺水平最为高级的大类品种。缎之成为丝织品一大类,起于唐代,十分流行于明清。

绸缎合称,也用于泛指各类、所有丝织品。

绢、缣、素、练、绡、纨、縠、纱——两家工匠为何相约世世为婚姻?

常见于古书中的丝织品名称还有:绢(juàn)、缣(jiān)、素、练、绡、纨、縠(hú)、纱等。(参见许嘉璐《中国古代衣食住行》)

绢,生丝织出的还未经精练的帛,是丝织产品中的基本产品。缣则是双经双纬的粗厚织物之古称。缣,兼也,亦即二倍细密的绢。绢常作为百姓向朝廷缴纳的实物税,有"税绢"之称。白居易《秦中吟·重赋》:"织绢未成匹,缫丝未盈斤。里胥迫我纳,不许暂逡巡。"这税是太重了,工匠们空有好技艺,却过不上好生活。

素,也指本色、白色的生绢,可以引申出本色、朴素,以及白白的等意思。《孔雀东南飞》:"十三能织素,十四学裁衣。"心灵手巧刘兰芝,却不受公婆待见,被休了。《上山采蘼芜》:"新人工织缣,故人工织素。织缣日一匹,织素五丈余。将缣来比素,新人不如故。"又是一首弃妇诗。诗中的臭男人甩掉一个老婆又娶了一个,两个老婆都精于织造,他细细比对,觉得新妻还是不如前妻,因为没有前一个手快。其实两个女人的织速差不多,其时一匹四丈,"五丈余"比"一匹"也只是多了一点点而已。这家伙或是对前妻旧情未绝。

　　练则是经精练之后的熟绢，是非常洁白的。所以如果今天晚上有很好的月光，我们就可以比喻为"月色如练"。南朝谢朓还有"澄江净如练"的诗句(《晚登三山还望京邑》)，叫后人李白很是服气。

　　许嘉璐说："绡、纨、縠、纱都是丝织品的精细者。"总的来说，这四种产品都很珍贵，都很轻盈和细薄，且纨比绡、縠比纨、纱比縠都更轻细，以至于古人不得不用雾来形容了。

　　分开来说，绡是生丝织成，可染色，可做头巾，可做女服，可做"绡帐"。纨近于绡，但更珍贵，更能体现"贵人"的贵气。自古就有"纨裤"一词用于指代贵族子弟，不争气的那种。我从小就熟悉一句很给穷人提劲儿的警语："自古雄才多磨难，从来纨绔少伟男！"我有些怀疑这个词偏于夸张，因为如果真用那样细薄的材料做裤子，很可能会走光。縠与纱同类，轻者为纱，有皱纹的就是縠，修辞上还往往以之形容水波。宋玉《神女赋》："动雾縠以徐步兮，拂墀声之姗姗。"用縠做的衣服，那是天衣，只有神女级的人物才配穿

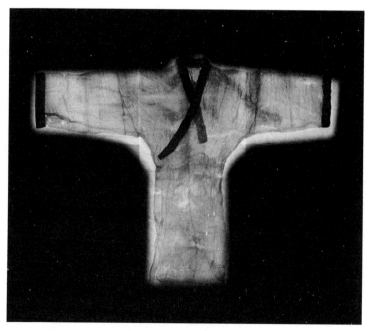

直裾素纱褝衣。1972年长沙马王堆一号汉墓出土，衣长128厘米，通袖长190厘米，共用料约2.6平方米，重49克(视觉中国供图)

了。纱比縠更薄、更像雾。南宋陆游《老学庵笔记》卷六记载了一种纱,记载了两家织纱的绝世工匠:

> 亳州出轻纱,举之若无,裁以为衣,真若烟雾。一州惟两家能织,相与世世为婚姻,惧他人家得其法也。云自唐以来名家,今三百余年矣。

考古发现,汉代就有了这种薄纱。对,就是1972年出土于长沙马王堆汉墓的两件素纱禅衣,其中一件为曲裾素纱禅衣,衣长160厘米,通袖长195厘米,而重仅48克,是世界上现存年代最早、保存最完整、制作工艺最精、最轻薄的一件衣服。它们穿在那位名叫辛追的贵夫人身上,不知是被姓甚名谁的工匠或工匠们制造出来?

锦与绣——5G提花机是谁发明的?

下面我们说说锦与绣。

即使是从古人身上,我们也很少见到纯白无色的绸衣,如看见,要么是丧服,要么就是刻意宣示的艰苦朴素的生活作风,要么就是日子真的过得不够好。从古人身上,我们看到的绸衣大多是有色彩的和带花纹、图案的,俗称"花的"。色彩是在练帛或练丝之后染上的,这是染色,也是古代织造中一道技术含量很高的工序,或一个分工。花纹和图案则有两个来源:一是直接从彩丝织出,这样出品的叫锦衣;一是刺绣上去的,这个叫绣衣。锦衣和绣衣,合称锦绣,今天用于形容美好的重大事物,如事业、前程或者是江山。织锦和刺绣都是高级复杂的手工,故在最初还没有掌握这两项技术之前,古代工匠还直接将日月星辰花鸟龙鱼什么的画到帛上和衣服上,以显富有,以彰地位,当然也为好看。一直到后来,织锦刺绣的目的也不外乎这三个。

考诸纺织发展史,我们的"锦绣事业"在西周时期就已经非常绚烂了。西周礼制完备,从物质层面上也必须有华服相配和体现。《诗经》等典籍在在皆有锦衣绣裳的着装记录,令人想见当时妇功技术的发达。锦衣是要用比普通的纺织机高级复杂的提花机才能织出来的,这种机也早在周代就有了。刺绣技术方面,西周已有辫子股针法流传后世。

关于提花机,这可是值得大书特书的中国发明。提花机当然也是织机的一种。如果说原始腰机相当于1G通信技术的话,那么一般的斜面织机相当于3G通信,而提花机就相当于4G,甚至可以像是我们正在进入的"5G"。陈宝光妻织绫用的那种有120个脚踏板(蹑)的织机实际上就是提花机。一蹑可以控制一综。120蹑,就有120综。我们还记得,综是织机可以吊起织物经线的活动装置。正有赖于综线的交错来织布成纹。一般来说,两片综只能织出平纹组织,3—4片综框能织出斜纹组织,5片以上的综框才能织出缎纹组织。因此,要织复杂的、花形循环较大的花,要织出锦,就必须把经纱分成更多的组,更多综更多蹑的提花机就逐步形成。

陈宝光妻所用120蹑、120综的提花机(织绫机)未免太复杂,大有简化的必要。后来就简化为50蹑,仍然是复杂的。到三国时,有机械工匠马钧简化创新出12蹑提花机,据称能织出更好更奇的绫花或锦花,而织速更快。

马钧,三国时期魏国扶风(今陕西省兴平市)人,是中国古代科技史上最负盛名的机械发明家之一,他还发明出龙骨水车、连射投石机等重要机械。

提花机,又称花楼机,到博物馆看看,是如楼阁高起一般的。操作时需两人配合,一人在下踏织,另有一名挽花工则高坐花楼,口唱程序口诀,按预定花纹图样控制复杂的综线运动(错综复杂),上拉一束,下投一梭,居然花就现出了。东汉王逸有《机妇赋》,描绘过花楼提花机生产情况。宋应星在《天工开物·乃服》中绘有花楼提花机图样,备极复杂,我看了是拜服得头都晕了。

我们再讲解一下——切莫吃惊——我国古代提花机的运作原理,和现在的计算机程序是一样的!纺织机是机械之母,而纺织机中的提花机相当于原始计算机!

这就要说到"花本"。提花织造,原来单凭人工"错综""复杂"成花,但当那花复杂到要用几十种颜色的经纬线交错搭配,而花纹循环又非常大的时

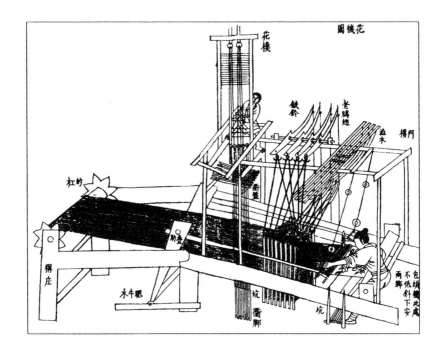

《天工开物》所载花机图

候,人的记忆和经验就靠不住了。于是早在东汉,织匠们就制出了"花本"。也就是把花的经纬线的走向和布局,都"编程"好固定到一个模板里,然后在提花机上还原出来。这道工序也称"结花本"。宋应星在《天工开物·乃服》中如此描绘"结花本":

> 凡工匠结花本者,心计最精巧。画师先画何等花色于纸上,结本者以丝线随画量度,算计分寸秒忽而结成之。张悬花楼之上,即结者不知成何花色,穿综带经,随其尺寸、度数提起衢脚(使提花机上经线复位的机件),梭过之后居然花现。

如此令人惊艳的提花机和提花技术究竟出自谁手呢? 只能这样回答:是历代工匠集体智慧的结晶积累。其中有陈宝光妻,她用的那种提花机肯定有她的推进改造之创意。其中有马钧,他尝试化繁为简成功。此后历代,定然还有赵钱孙李等精于攻木和提花的能工巧匠,都有资格为此项发明专利佩戴大红花。

我国的提花技术约在元末传入西方。1801年,法国织机工匠贾卡在中式提花机的基础上,采用穿孔纹版代替了花本。而最早的计算机数据输入采用的正是打孔读卡的方法,其输入方式与经线、纬线的输入方式很是接近。这就是说,我们老祖宗发明的提花机给计算机的发明提供了"路径依赖"。

锦就是这样通过复杂而先进的"计算机技术"织出来的。所以它是丝织品中最美丽最贵重者,以至于以"金帛"造字,意谓寸帛寸金。所有标志丝织品的字都是丝旁,唯锦为金旁,即因其来之最不易也。

而绣,虽然纯系手工,但唯其纯然手工,也倍显其宝贵价值,以至于与"锦"连用,成词"锦绣",以括大美;或"锦衣绣裳""锦心绣口"并列,相得益彰。

现在我们略微一想,就能报出云锦、壮锦、蜀锦、宋锦等四大名锦,又能数出湘绣、蜀绣、粤绣、苏绣等四大名绣,真是处处"锦上添花"。西楚霸王项羽曾有感叹:"富贵不归故乡,如衣绣夜行,谁知之者!"(《史记·项羽本纪》)却因此被人讥为"沐猴而冠"。当我目睹了我们的名锦名绣之后,却深以项大将军"衣绣夜行"的比喻为然。试想想,那样精美高级的工艺,那样美轮美奂、巧夺天工的图案花纹,那样的工匠大师杰作,穿在你身上,却只在黑暗中前行,别人看不到,自己也看不到,真是非常遗憾,不,简直是十分痛苦!作者知道后,也会痛苦十分。所以说,项羽虽然是一名武将,冷静下来后,却颇爱华服,并很能理解、尊重和敬佩华服工匠们的智慧和心血,这是我从这个比喻中读出的一层信息。还有一层信息:秦汉时期,我们的锦绣工艺已经十分高超,视之,连项羽这样的武夫都想放下武器。

项羽这个比喻太有影响力了,后来还被汉武帝又引用了一遍。《汉书·朱买臣传》:"上拜买臣会稽太守。上谓买臣曰:'富贵不归故乡,如衣绣夜行。今子何如?'"这说明汉武帝也深以大汉帝国的丝绸锦绣为骄傲,所以丝绸之路就在他手下开拓出来了。

从"童养媳"到世界文化名人

黄道婆的故事,我们哪个不是从小就耳熟能详?不是在小学课文中学过,就是在教辅中读过。像我这么大年龄的读者,小时候或许还看过一本《黄道婆》连环画。我女儿也是在很小的时候,就在课外读物上熟悉了黄道婆与棉花和布的故事。

黄道婆故事的原始出处

黄道婆,中国古代纺织女工、纺织技术革新家,杰出的女性工匠。在我国古代一流科学家(科技家)的闪光名单中,黄道婆是唯一一位女性,而且是唯一一位从底层劳动人民中间成长起来的专家,论其功绩和影响,可与李冰、蔡伦、毕昇、李时珍等男性人物比肩而立。她甚至已被联合国教科文组织认定为"世界文化名人"。

黄道婆,松江府(今上海市徐汇区)人,童养媳出身,挨尽公婆和丈夫打骂,乃逃出家门,在黄浦江搭上一艘商船,居然漂流到了"天涯海角"的崖州(今海南省三亚市),就在当地向黎族人民学习纺棉织布。到了被称为"婆婆"的晚年,再次搭船渡海,返回日夜思念的家乡,且带回黎族人民先进的纺织技术尽授乡邻。

这就是我们从小熟悉的关于黄道婆的"全知叙事"。那时我们只管接受和相信,从不问信源出处。现在我知道了,黄道婆叙事的原始出处,是两位生当元末明初的文人留下的两条史料。其一是寓居松江的文学家、史学家陶宗仪笔记体名著《南村辍耕录》卷二十四中的《黄道婆》一文:

闽广多种木棉,纺绩为布,名曰"吉贝"。松江府东去五十里许,曰乌泥泾,其地土田硗瘠,民食不给,因谋树艺,以资生业,遂觅种于彼。初无踏车椎弓之制,率用手剖去子,线弦竹弧置案间,振掉成剂,厥功甚艰。国初时,有一妪名黄道婆者,自崖州来,乃教以做造捍弹纺织之具;至于错纱配色,综线挈花,各有其法。以故织成被褥带帨,其上折枝团凤棋局字样,粲然若写。人既受教,竞相作为;转货他郡,家既就殷。未几,妪卒,莫不感恩洒泣而共葬之;又为立祠,岁时享之,越三十年,祠毁,乡人赵愚轩重立。今祠复毁,无人为之创建。道婆之名,日渐泯灭无闻矣。

从此文可见,黄道婆的事业辉煌始自元初,她来自崖州,葬在松江,为人纪念也在松江。

另一个人物是也曾寓居松江的诗人王逢。王逢在其著作《梧溪集》之《黄道婆祠有序》中称:"黄道婆,松之乌泾人。少沦落崖州,元贞间,始遇海舶以归。"

此文凿实了黄道婆本松江府上海县乌泥泾镇(今徐汇区华泾镇)人,"沦

黄道婆纪念馆内的黄道婆雕像(汤世梁摄)

落崖州",元贞年间搭便船返回故乡。"元贞"是元朝的第二位皇帝元成宗的年号,只用了三年,具体在1295年1月—1297年2月。也就是可以准确地说,黄道婆是在1295年或1296年间、最迟1297年2月返回故乡的。

综合以上两文可知,黄道婆生当13世纪的宋末元初。她离家时,还是小女孩(少沦落崖州);而返家时,已是老婆婆(有一妪名黄道婆者,自崖州来)。恰是在人生最艰于远行的两个年龄段,她孤身一个女性,却涉足万里咸波,天涯往返!她究竟有着怎样艰辛传奇的身世?陶宗仪和王逢都语焉不详。

黄道婆为什么能走进教科书?

然而关于黄道婆是一位受尽虐待的逃婚童养媳的传说很快就不胫而走、家喻户晓。这,据说是由20世纪50年代新华社记者"康促"执笔编著的结果。出走的细节也很生动,说是在房顶挖了一个洞。后边的情节随之都生动起来。

我们从小看到的《黄道婆》连环画最早于1959年8月由上海人民美术出版社出版发行,连环画大家汪玉山、钱笑呆绘画,而文字作者就署名为"新华社记者康促编著"。此后不久,"康促版"黄道婆的故事就收入了人教版小学语文课本,旋即又进入了历史教材。

其实黄道婆故事进入课本不自新中国始,1937年的民国小学《国语》课本就收有关于黄道婆的"儿歌":

木棉原产在闽广,

交通梗阻不外传。

元代有个黄道婆,

生长江南黄浦过。

闻知木棉有用处,

长途跋涉去福建。

果然见到木棉树……

注意,这里描绘的"木棉树"可不是木棉科红花乔木木棉,而是锦葵科棉属植物棉花,就是可以纺纱织布的那种。

其次,从这里还可以看出作者把黄道婆出走的目的地缩短了一半,只是到了福建。海南学者孙绍先在其随笔《黄道婆叙事的国家策略》(《天涯》2011年第6期)中认为,这种"匠心"大约是考虑到从松江到海南岛的往返旅行对于一个小女孩和老婆婆来说太过遥远,以至于让人相信很难,所以不得不降低其传奇性吧。然而这样的编撰却远离了陶宗仪和王逢的原始记录,显得更不靠谱了。相比较而言,还是"康促"的编著更有逻辑一些。

从民国到新中国,黄道婆的故事都能进入教材,说明民国和新中国政府都不约而同地发现,黄道婆的故事大大蕴含着古老中国向现代化转型振兴所需的历史资源。

孙绍先认为,新中国"黄道婆叙事"的"国家策略"在于,黄道婆的历史功绩是改革了纺织工具,其方法是科学的,其结果是强国富民的;她立志还乡授艺,是充满了大爱情怀的;她是向黎族人民学来技术的,这又符合民族融合的主题;她是穷苦人出身,又天然有一种反抗压迫的精神;特别可贵的是,她是女性而且是女性中的最弱者——童养媳,这又使她的行动充满了妇女维权和解放的价值。

的确,如果没有政府的大力宣传和表彰(写入教科书就是一种最高规格、最具传播效力的宣传表彰),黄道婆作为一个封建时代的底层劳动妇女,注定只能消失在历史黑暗的夹缝里。请看,在陶宗仪时代,距黄道婆去世仅半个世纪,人们就已经不大记得她了(道婆之名,日渐泯灭无闻矣)。

黄道婆的历史功绩不容怀疑

我们所熟知的黄道婆故事既是"国家策略"的结果,那么我们是否可以把黄道婆这个人的存在也给否定了,正像一些民族虚无主义者所做的那样?不!因为资料阙如,黄道婆底层劳动妇女的身份固然给后人留下许多想象的空间(她为何被称为"道"婆,就又可想象出她与道家的渊源,《天涯织女》

电视剧就演绎为她落难时曾借住道观),但同样由于典籍确凿,黄道婆作为一个纺织革新家、一个卓越的工匠的事迹和功绩却不容推倒。

让我们回到陶宗仪的原始文本,再结合其他背景文献,还原黄道婆的革新事迹。

我们已知中国是丝绸的故乡,远古就有嫘祖发明栽桑养蚕缫丝成服的传说。而细腻的丝绸只是富贵者才穿得起的,穷人则只能穿粗麻布。棉布之成为百姓常用衣料,盖始自明代。

一般认为,棉花原产于非洲和印度等地,逆丝绸之路传入我国,北达新疆,次至陕西渭水流域,再传至华北一带;南则先达海南,次利及闽广,再推广至长江流域。黄道婆活动的宋末元初,闽广和海南已经大面积种植棉花,已经有了较发达的棉纺业。江南松江一带,也开始了种棉和纺棉。黄道婆的家乡乌泥泾"民食不给",乡亲们早就学会了种棉和纺棉,自然其技术还不如边远的海南和闽广先进。

手工棉纺,我们还有悠悠记忆。在我的脑海中也模糊存有手工弹棉花做棉絮的画面。弹花匠背着一张弹弓,嘣、嘣、嘣地弹着那"雪白的雪",最后就打成一床松软暖和的被絮。

在松江,最初人们只是以很小的弹弓弹棉花,而且是以指拨弦。是从崖州回来的黄道婆,改进了弹弓,以四尺多长、强而有力的绳弦竹弓,代替原来长尺余、弹力轻微的线弦小弓。又变指拨弹弦为弹椎敲击。就这样,提高了弹花的效率,又能尽除杂质,保证了成纱的质量。

弹棉的前置工序是轧棉去籽。白棉花,黑棉籽。乌泥泾的乡亲们最初是用双手剥除棉籽的(率用手剖去子),往往手指甲都抠烂了,也只能剥出"一点点儿","厥功甚艰"。仍然是"自崖州来"的黄道婆,根据在黎族人民中使用的轧棉机械,创制出双轴搅车,用以轧棉,其效百倍。这双轴搅车的制作原理是:在搅车装上直径大小不等、一铁一木两根横轴,将籽棉喂入二轴之间,再将两轴向相反方向搅动,两轴就相轧了,使籽落于内,棉出于外。想那搅车试成,乡亲必然欢呼。

黄道婆纪念馆内的织布机(汤世梁摄)

　　我也还模糊记得我奶奶用手工纺车纺线的情景;我们还集体记忆着延安大生产运动时期举行"纺线线"竞赛的欢快场面(新中国工会一直以来都很善于组织劳动竞赛,此项品牌工作就源于延安此期);更不忘周恩来总理使用过的那辆纺车;并想起中学时学过的一篇课文《记一辆纺车》。这里记的手摇纺车还都是更古老的单繀(suì)式,即只有一个纺锭的。而黄道婆已经在这种手摇纺车的基础上,创新设计出三锭式脚踏纺车,减轻了劳动强度,提高了劳动效率。马克思在《资本论》中提到,在18世纪珍妮纺纱机发明以前,"要想找出一个能够同时纺出两根纱的纺织工人并不比找一个双头人容易"。这说明,黄道婆的这项发明遥遥领先于世界。

　　以上是黄道婆在纺织机具上的革新贡献(乃教以做造捍弹纺织之具)。此外她还在整经和织布方面有重大贡献。她将在崖州学得的技术,悉心教授家乡妇女"错纱配色""综线挈花",并创制了名扬天下的"乌泥泾被(面)",开发了棉织物的新品种。除了被面外,还有褥、带和帨(shuì,佩巾、手巾)等,根据陶宗仪的描绘,"其上折枝团凤棋局字样,粲然若写",即织着折枝、团凤、棋局、字样等粲然图案。一时之间,黄道婆创新发明的纺织机具及其配套纺织技术传遍大江南北,"乌泥泾被"等黄道婆系列棉纺品也遐迩闻名,不仅乡亲们因此项生产而脱贫、致富,还使上海县成为全国最大的手工棉纺织业的中心,赢得了"衣被天下"的美誉。

黄道婆的记忆变成强光一束

黄道婆因其贡献而被乡亲们视为恩人。她逝世后,乡民们为她立祠纪念,岁时祭祀,持续数十年。对于民间自发的纪念来说,这已经算是不短的时间了。但在较长的历史时段中,数十年又只是弹指一挥。

也有民间歌谣,借小儿唱口,传至现代:

> 黄婆婆,黄婆婆!
> 教我纱,教我布,
> 两只筒子,两匹布。

有无限的怀念,但究竟过于简略,无从详尽还原其事其人。

幸亏陶宗仪、王逢两位官方文人留下书面文字,虽仅片言,但与民间记

黄道婆墓(汤世梁摄)

忆汇合,遂使关于黄道婆的记忆之光不灭并穿越历史罅隙,终在数百年后变成强光一束。

如果说陶宗仪的《黄道婆》一文还仅像以纪事为主的报道的话,王逢的诗文则首次赋予黄道婆以形象和情怀,已经是以写人为主了。如在记述黄道婆"海舶以归"后,王逢又写道:

(道婆)躬纺木棉花,织崖州被自给,教他姓妇不少倦,未几,被更乌泾名天下,仰食者千余家。

又赋诗云:

道婆异流辈,
不肯崖州老。
崖州布被五色缫,
组雾紃云粲花草。
片帆鲸海得风归,
千轴乌泾夺天造。
……
道婆遗爱在桑梓,
道婆有志覆赤子。
……

由此开始,经明清两代的记忆积累,黄道婆已被视为棉神,成为和嫘祖、妈祖一样级别的发明神、保护神;再经新中国的宣传表彰,又由神还原为人:杰出的劳动妇女、纺织革新家、大师级的工匠。这样还原的结果,其影响力却从东南或海南一隅扩大到全国乃至于全世界了。上海早已于2003年建成黄道婆纪念馆,在北京的中国国家博物馆里,也屹立着黄道婆面目慈爱的塑像。

第七章 青史留纸

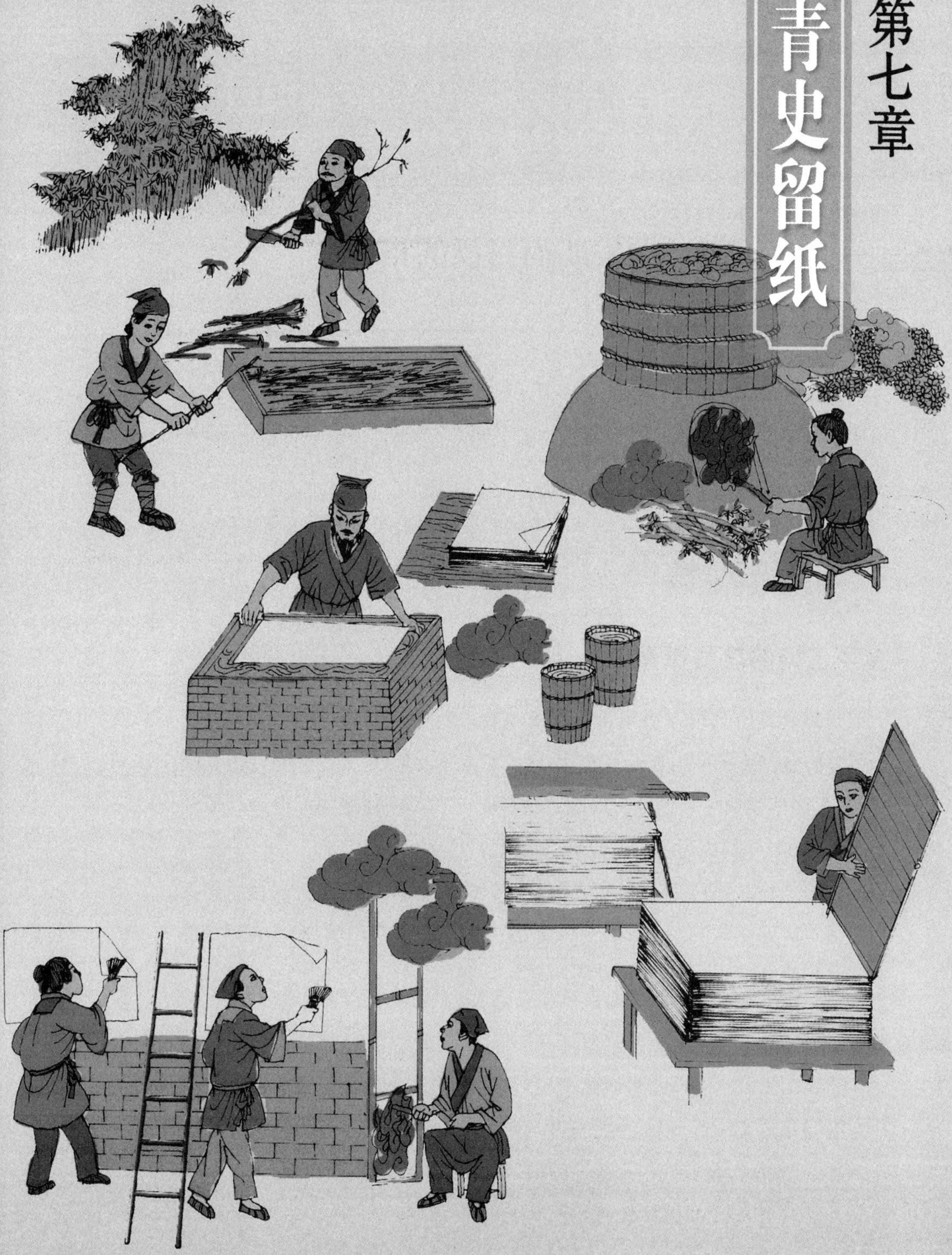

因一项发明而封侯的宦官

知道吗？纸，最初也是指一种丝织品，这是指在造纸术发明以前。

2018年11月，我自广州北上湖北之东，先后参观蕲春李时珍纪念馆、英山毕昇纪念馆、武汉湖北省博物馆；再南下湖南，参观长沙湖南省博物馆；次第南返，再停湘南耒阳，参观蔡伦纪念馆。

也是此前不久才知道，我们从小熟知的造纸术的发明者东汉蔡伦（约62—121），原是湖南耒水之畔耒阳人；在耒阳，有他的纪念馆。

皇家工场的总负责蔡伦

耒阳蔡伦纪念馆在耒阳市区蔡子池巷。蔡子池者，蔡伦故宅所在也。《水经注》载："耒水……西北经蔡洲，洲西即蔡伦故宅，旁有蔡子池。"后人因宅建祠，名蔡侯祠——蔡伦因造纸之功封侯；今人又因祠建馆，于1987年开放；再于2001年扩馆为园——蔡伦纪念园，占地9万多平方米。

进园之前，先仰见高大的拱式牌坊主大门，门额"蔡伦纪念园"由全国人大常委会原副委员长、中国科协原主席周光召题写。拱门墩柱上，自然是要刻写长长的楹联的，一共两副。边联是：

天工夺巧纸圣传奇万世纪功勋一代才名驰宇宙
耒水钟灵明时肇瑞九州隆庆典千秋岳色壮山河

这是高度歌颂的规格，但之于造纸对世界的影响，此联内容并不夸张。上联中的"纸圣"，是民间供奉蔡伦的称号，民间还视他为造纸业的祖师。

蔡伦像

进门，迎面就是"蔡伦青铜塑像"。像是坐式，符合东汉生活史实；人物面部无须，这也是对的，蔡伦是宦官（唐以后叫太监），从小所见蔡伦画像，都是无须；塑像把蔡伦塑造得十分伟岸阳刚，有棱角的脸，鼻梁高挺，目如朗星，正视前方，有所沉思；细看则见其左手放在一摞什么东西之上——哦，是一摞纸。

塑像背后的照壁上，便黑反白地刻着蔡伦的传记——《后汉书·蔡伦传》，南朝刘宋时历史学家范晔著，全文282字：

> 蔡伦，字敬仲，桂阳人也。以永平末始给事宫掖。建初中，为小黄门。及和帝即位，转中常侍，豫参帷幄。

此处的桂阳并非更南的郴州市桂阳县（民国初年设立），而指今衡阳代管的耒阳市，系东汉时桂阳郡治所在，故传称蔡伦"桂阳人也"。

按照过去一段年代的叙事套路，蔡伦的"成分"原是好的，出身于一个贫苦农家（也有人说他出身于铁匠世家）。因为，但凡遭受阉割入宫当差者，皆贫家男孩，由其家长被逼无奈使然。此间的悲惨尽可想象。入宫为宦，因为服务对象很"高级"——皇帝和他的女人们，所以还必须是颜值并智商和情商三高者才有资格挨那胯下一刀。蔡伦也是符合这"三高"条件的。

蔡伦被选入洛阳皇宫的时间是"永平末"。那是公元75年（或前此几年）东汉第二任执政者明帝刘庄在位时，蔡伦约十二三岁。到了第三任执政者章帝刘炟（dá）建初年间（76—84），他当了小黄门（宦官中职务较低的官）。到第四任和帝刘肇继位（公元88年），又被提升为中常侍（已属外廷官职，东汉时多由宦官充任，是史上宦官参政的开始），开始参与国家机密大事的谋划（豫参帷幄）。

蔡伦入宫，升得蛮快的，这说明他比他的同事们脑子更加好使。我特别注意到，与大部分宦官都没有文化不一样，蔡伦是有才学的：

伦有才学，尽心敦慎，数犯严颜，匡弼得失。

才学不能靠天生，这说明蔡伦颇尽心于读书。他在耒阳老家度过童年，家虽贫苦，却也有书可读。既有书可读，说明还不至于贫到哀哀无告的地步。既没有到此地步，小蔡伦何以就被招到宫中了呢？悲惨世界，尽可想象。不提。只说蔡伦本爱读书，进了宫，只见到处都堆着那竹简编成的书册，就忘记了自身的疼痛和耻辱，只把那书一车一车地读个不休。那是竹书时代，所谓"学富五车"根本不是夸张，相反还只是一个很小的基数。

读书助人高尚，所以蔡伦操行也不错——"尽心敦慎"，意谓办事尽心，敦厚谨慎、竭诚服务；不仅如此，蔡伦还能犯颜直谏，几次匡正了皇帝的过失（数犯严颜，匡弼得失）。这又和我们印象中的宦官不一样。根据我们在一些历史剧和"宫斗剧"中得到的印象，宦官多因身体残缺而变得人格也不健全，多嫉妒、贪婪、阴狠、祸乱宫廷、扰乱朝纲。更不幸的是，这个印象大致没错，正是从东汉时起，宦官爆发出惊人的破坏力，很快就与外戚、士大夫一起葬送了刘家的江山。

我们仍然沿着《蔡伦传》给出的线索来讲述蔡伦的故事。他是难得的，是宦官中的清流，不太爱在宫中"搞搞震"，也不结交外臣：

每至休沐，辄闭门绝宾，暴体田野。

每到休假日，他都闭门谢客，独自出游，置身于田野之中。

——他是远足爱好者吗？

——不，他是另有目的，他外出调查和观察去了。

原来蔡伦读书，于"子曰诗云"之外，最爱《考工记》，于工具器物的制造发明，兴趣最浓，也就是说对百工之事，最是热心。他有一颗匠心。他四访民间，看冶金、看铸剑、看煮葛、看沤麻、看织缣、看漂絮……不仅观看，还能请教；不仅请教，还能指导；不仅嘴上指导，还能亲自动手。百工匠人，乃至于妇功之人，莫不善其为人，与其切磋技艺，辄心悦而诚服之。

后来，蔡伦以其在匠作方面的兴趣和才干，又被"加位尚方令"。所谓"加位"，窃以为就是兼职；而尚方令，就是皇家制造的总负责。和帝永元九年（公元97年），尚方令蔡伦"监作秘剑及诸器械，莫不精工坚密，为后世法"。以此知道，非独专攻造纸，蔡伦还擅铸剑等（难怪有人推测他出身于铁匠世家）。由他监作的秘剑，就是所谓"尚方宝剑"，后世以其象征皇帝特许的斩杀权，其本义就是皇家制造局出产的剑器。

改变世界的71字

接下来我们读到的71字就是蔡伦传记中最重要的文字，也是中华文明史上，乃至于世界文明史上最重要的记录之一：

自古书契多编以竹简，其用缣帛者谓之为纸，缣贵而简重，并不便于人。伦乃造意，用树肤、麻头及敝布、鱼网以为纸。元兴元年奏上之，帝善其能，自是莫不从用焉，故天下咸称"蔡侯纸"。

这就是关于蔡伦造纸的记录。从这里我们首先注意到，蔡伦造纸之前，已经有"纸"——当裁缣帛用于书写时，那缣帛就可以称为"纸"。而蔡伦造出的纸，被称为"蔡侯纸"，特指纸的一种，或者说是纸的一种创新。"伦乃造意"，"造意"这个词意谓首倡某种办法，用在这里，显然是说蔡伦的造纸办法前无古人，是发明。

造纸是记忆贮存的技术。如果没有记忆贮存的技术，哪怕人人都博闻强记如富内斯（博尔赫斯笔下的虚构人物），也终究难敌肉身短暂，人类将永远只处于"类人"的阶段。远古人类结绳记事，是最早有关记忆技术的"造意"。以仓颉造字为代表叙事的文字发明的历史，是关于记忆技术的革命。在发明文字的同时或以后，古人还要解决把文字书写在何种载体上以便精确贮存记忆的问题。关于文字书写的载体或媒介，最重要的是纸，即便现在已进入互联网时代，但排在首位的信息媒介物，还是实体的纸。而在无纸的

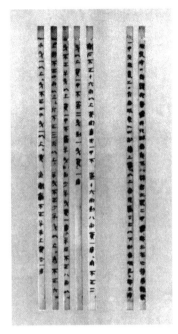

云梦睡虎地秦简(竹简)(视觉中国供图)

时代,我们古人经历了"镂于金石、书于竹帛"的艰难历程。说得更详细一点,金石之前,还有陶器,更多甲骨。"自古书契多编以竹简","竹书"一度占据着像后来的纸书一样主流的地位。与竹简同步的,还有木简。狭长者为简,如果较宽,就是牍,竹牍或木牍。把竹简或木简编串起来,就是"册"(或叫"策")。后来也在缣帛上写字了,而缣帛是可以卷起来的,故书又称"卷"或分"卷"。如上所述,这缣帛已被称为"纸"。

以上只就中国而言。放眼世界,起始于公元前3000年左右,则有两河流域苏美尔人用以书写其楔形文字的泥板书,他们的史诗《吉尔伽美什》,就是用12块大型泥板刻写成的。稍后于此,古埃及人发明了轻便便宜的纸莎草纸,他们最著名的叙事作品《亡灵书》就是在纸莎草纸上呕心沥血地写成。需要提醒大家注意的是,此处所谓"纸莎草纸",只是将纸莎草的茎髓简单压平制成,还并不是"纸"。古印度人则把他们的佛教经文刻在贝树的叶子上,是谓贝叶经。当我们把追光灯打到欧洲,就会发现从公元3到13世纪,各国一直普遍使用羊皮纸书写文件和制作羊皮卷手抄书。羊皮纸取代纸莎草纸成为书写媒体的主流。同样,羊皮纸也不是"纸",也不单是用羊皮制成,还有牛皮等。

一直到中国的造纸术传到西方,羊皮纸才退

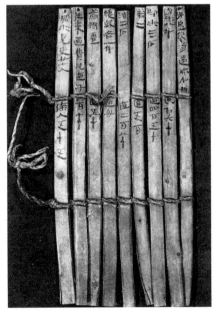

居延汉简(木简)(视觉中国供图)

出西方历史舞台。

因发明而封侯，一人而已

现在，我已从蔡伦纪念园进入蔡伦纪念馆，蔡伦的一生和他的"造意"，都用图片形式清晰地呈现在墙壁上。

今天我们都知道纸是用植物纤维制成的，但在字典中，"纸"这个字，却是绞丝旁（"纟"），所以最初所谓纸，也是丝织品，"其用缣帛者谓之为纸"；许慎《说文解字》解"纸"：漂洗丝帛时沉落在池底竹筛上的一层杂丝，仍然是丝织品，或丝帛副产品。

许慎"说解"的"纸"，已经是对第二阶段的纸的命名了。因为"缣贵"，这第二阶段的纸，必须寻找造价低廉的替代品。于是工匠们发现了丝帛副产品。这个过程是这样的，漂絮，工人们是把那些生丝铺在竹筛或竹箅上入水漂洗的，当丝帛取走，总会在筛或箅底沉淀出薄薄一层短碎的丝絮。晾干，就是柔韧的白色片状物，居然也可以书写。这漂絮还是缫丝的一个辅助工序。当上等蚕茧缫出丝后，还余下一些劣茧、病茧怎么办？就捶打并捣碎它，然后入水，把絮漂出，还可以絮件袍子什么的。在这个过程中，也会有最后的絮平铺如片。先从偶然发现，再有意重复这个过程，着意抄集那碎絮，并压得更平更薄，脱水后就造出了第二阶段的纸，又称絮纸。

但这种"纸"毕竟还是丝织品，代价依然不菲，难以替代简和缣。

秦汉一统，处理信息、贮存记忆的

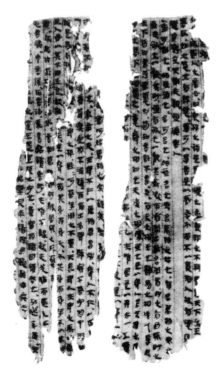

马王堆汉墓帛书（视觉中国供图）

工作变得十分繁重；两汉承平，学校发达，士人更要大量录写经传师说，寻找可以大批量生产并方便贮存的廉价书写材料，成为当时最迫切的需求。于是尚方令蔡伦起念在心，一定要经自己的手在这方面作出贡献。他改变造纸的原材料——用"树肤（树皮）、麻头及敝布、鱼网以为纸"，反复试制。他成功了。

树皮天生野外，在在不缺；麻头、敝布、鱼网等，都是废品回收利用，代价自低，来源也多。

尚方令蔡伦自从刻意研究造纸，就更常"暴体田野"。"暴体田野"是很特别的描述，直译就是裸体在田野。可以想象到，他在田野劳动，汗流浃背，上衣都脱了。这种高付出强投入的劳动激情，赋之于他研制造纸的过程，当最为相宜。他具体如何劳动呢？那是砍树枝、剥树皮。那是捡敝布、麻头、废鱼网等破烂，一车一车拉进宫中作坊。

——咦，蔡大人您要这破玩意儿干啥？

——造纸。

——造纸？

春天的一天，一位农夫甚至发现，蔡伦钻进丛林长时间跟踪黄蜂，近距离地观察它们筑巢的过程，以至于还被那昆虫蜇肿了左眼。黄蜂们咬啮树皮，并将其嚼成糊状，以成就它们韧性而薄的室壁。他又受到启发。

蔡伦于元兴元年（公元105年）造纸成功，上奏和帝，"帝善其能"。汉和帝刘肇是一位有为的皇帝，执政期间使东汉国力达到极

马王堆一号汉墓T形帛画（视觉中国供图）

盛，造纸术于他执政期间被发明出来，也应是他的伟大政绩。可惜也就在蔡伦献出造纸术这一年的年底，和帝就病故了，享年才27岁。

和帝病故，但无妨蔡伦纸的新生普及——"自是莫不从用焉"。和帝之后，实际的执政者是皇后邓绥，是谓邓太后。邓太后因蔡伦造纸有功，封其为龙亭侯。他造的纸也随之被称为"蔡侯纸"。

邓太后也是一位了不起的女性，其才不亚于著名女史学家班昭（她俩是闺蜜），被称为东汉王朝的著名女政治家。蔡伦发明纸张，也与邓太后的支持有莫大关系。蔡伦因发明封侯，说明邓绥女士充分理解这项发明对于国家、对于历史的伟大贡献。因发明而封侯，历史上也就蔡伦一人而已，尤为难得的是，他还是位宦官。

"蔡伦法"造纸揭秘

我从蔡伦纪念园中出来时，又回头仰望细读了大门墩柱上那两副长联。上回已介绍过边联。现在我把主联也抄在下边：

结绳纪事甲骨刀镌简牍盛行帛缣继起夸纸轻便合民用

利废制浆赫蹄幅薄蛮笺色美玉版心澄颂侯发明开世风

这是23字长联，对得好辛苦，但把书写媒介的发展历史概括出来了，并再次强调蔡伦造纸的发明之功。下联几个词要解释一下。

赫蹄。是纸的别称。正是指一种薄小的絮纸。初见于《汉书·赵飞燕传》中的记载。"赫蹄幅薄"，已是对蔡伦所造纸张的品质描绘，也顺便前溯絮纸。

蛮笺。一是指唐代四川地区所造的彩色花纸，又称"蜀笺"，系当时名品，文人诗歌中多有夸说。二是指唐时进口的高丽纸。这已是中国造纸术外传的明证了。

玉版。玉版纸，一种洁白坚致的精良笺纸。元费著《蜀笺谱》："今天下皆以木肤为纸，而蜀中乃尽用蔡伦法，笺纸有玉版，有贡余，有经屑，有表光。"这则记录也正是下联要表达的意思，中国代有名纸，但皆不出蔡伦首创之法，包括我们最为熟悉的宣纸。

下联首四字"利废制浆"则老妪能解，但不一定解得准确。这四字中的"制浆"是对蔡伦造纸工艺的定性概括，蔡伦所造是"纸"，以此判断；蔡伦造纸是不是发明，亦以此判断。

制浆与抄纸

制浆（打浆）是造纸工艺的核心，即使今天的现代化造纸也是这样。造纸必先制浆，制浆的原材料必须是植物纤维。没有这两个前提条件，所造都不是纸。因此，由动物皮、丝絮品加工成的纸都不是"纸"。而埃及的纸莎草纸也不是纸，因为没有经过制浆。

蔡伦造纸，用了树皮，取自植物；另外"利废"，用了麻头、敝布及鱼网，这三种都是麻制品，也因植物而成。

那么蔡伦所用树皮，是何树之皮呢？应该是榖树。宋《太平御览》卷六〇五引三国时期董巴之《董巴记》称："东京（指洛阳）有蔡侯纸，即伦也。用故麻名麻纸，木皮名榖纸。"榖树又写做构树，又称楮树。韩愈在其拟人化散文《毛颖传》中称纸为"楮先生"，即是明示了纸与楮树皮之间的血缘。北魏贾思勰所著农书巨著《齐民要术》有专章介绍种楮树的技术，可见作为造纸原材料的楮树已是当时重要的经济作物了。介绍完种植技术，贾思勰还称："指地卖者，省功而利少。煮剥卖皮者，虽劳而利大。自能造纸，其利又多。"意思是说，指着楮林葺地卖给人家，利益不如自种卖楮树皮供人造纸，而如能自家造纸，获利最多。

楮树乔木，南北皆有，我家乡也多，但未见其成材，只作灌木样态，其叶毛质，含白浆，倍为猪辈喜食，乡人名之曰"毛构叶"。我少时亦颇喜采之喂猪。

蔡伦采用了楮树皮等原料，又将如何制浆、最后又如何成纸呢？对此《蔡伦传》终是太过简略，我们仍必须结合其他典籍记录，包括科技史学者的研究成果，还有现代造纸工艺，还原、解密蔡伦造纸工艺。请看以下记录：

东汉刘熙《释名》："中常侍蔡伦锉故布、捣、抄作纸。"

西晋张华《博物志》："蔡伦始煮树皮以造纸。"

以上这两处记录中，锉、捣、煮、抄四个动词是关键词，直接透露了蔡伦造纸的工艺。其中"捣"就是制浆；而锉、煮则是为了脱胶，是制浆前工艺。

制浆前必须脱胶。蔡伦煮树皮，就是为了脱胶，把树皮中的果胶和木质素从纤维中分离出来。脱胶后,还要漂洗。然后就是捣,反复地捣,以使成浆。而在捣之前,当然要把采回的大料弄小弄细,故需锉,还要剪、切等。

多处典籍都提及,蔡伦是在石臼舂捣纸浆的。东晋耒阳名士罗含在其所著《湘中记》中称:"耒阳县北有蔡伦宅,宅西有一石臼,云是伦舂纸臼也。"这条信息还告诉我们,蔡伦还把造纸术传回了老家。现代造纸用机械打浆,实与蔡伦用石臼舂捣纸浆同一原理。

蔡伦所用敝布等废料,因已是麻制品,已经沤过漂过,脱过胶,就可以在经过锉、剪、切等加工把大料弄细后,径付制浆。

蔡伦的造纸技术,当然也是在前人经验基础上的革新。如前人煮葛、沤麻以获取麻纤维的加工技术,包括练丝、练帛在内的漂絮技术,就可以传承利用。

制浆之后,一道重要的工序就是"抄"——抄纸。现代造纸也还这样说:抄纸。

制成的浆,均匀地悬浮在槽水中,工人两手持绷紧的抄纸帘入水,捞出浆料,巧妙地一荡,浆料就在帘上均匀地铺开薄薄一层,滤去水分,就是纸了,但还是湿的,摊晒或烘烤使干,就造出可供我们欣喜地展开写字的白纸了。当然,也有不白的。也有不是用来写字的,比如印刷纸、包装纸、糊窗户纸等。

同样,蔡伦以前的匠人用坏丝绵制造絮纸,可能也已用到这种抄的技术,经蔡伦继承并推陈出新了。

《辞海》释"纸":"用于书写、印刷、绘画、包装、生活等方面的片状纤维制品。为中国古代四大发明之一。一般以植物纤维的水悬浮液在网上过滤、交织、压榨、烘干而成。"概括了造纸工艺的全过程。这全过程,在蔡伦手里都已成形。也就是说,迄今我们造纸,虽然已实现机械化、自动化,其实仍不出"蔡伦法"(以下或称"古法造纸")。

再换句话说,"蔡侯纸"已经不再是纸的一种,而就是纸。许慎《说文解字》中"纸"的概念被蔡伦改变了。查许慎和蔡伦是同一时代人,甚至是同事,甚至首先试用了蔡伦造的纸,而他解字时却没有吸收蔡伦的"造意",这又如何"解说"?

宋应星记录的"杀青"

为更深了解"蔡伦法"成纸的奥秘,还必须翻读明代宋应星的《天工开物》。

《天工开物》"杀青"一章专讲造纸。"杀青"本指先秦时期烤制竹简的工艺(也称"汗青"),宋应星以之指代造纸,显得很有渊源。

恰与"杀青"一词相应,宋应星主要介绍了"造竹纸"。所谓竹纸,自然是以竹为原材料的。

造竹纸,分五个大工序。

第一是砍、沤。

芒种时节砍竹,以将生枝叶者为上料。斩断五七尺长,就本山开塘,注水漂浸百日(好长时间啊!),加工槌洗,去青壳与青皮(这也叫杀青)。

古法造纸,必就池塘,天然或人工开挖。蔡伦故宅旁有蔡子池,该池即供造纸沤料之用。蔡子池就在蔡伦纪念园内,只是已为观赏性池塘,池中有鱼与莲叶,池上建亭,名思侯亭。

第二是蒸、煮、春。

经槌洗,竹纤维已变得像苎麻一样,是谓竹麻。用上好石灰化成灰浆,涂于竹麻,入大木桶,架锅上蒸煮八日八夜。歇火一日,揭桶取出竹麻,入清水漂塘之内洗净。

捞出竹麻,用柴灰水浆过,再入锅中压平,上铺一寸左右的稻草灰煮沸。再把竹麻移入另一桶中,继续用煮沸的草木灰水淋洗。反复十多天,竹麻自然臭烂。

又是石灰水,又是稻草灰,都是利用其碱性去溶解、去除木质素和果胶。现代造纸,也要用到化学碱液,所以污染水源,各地多有造纸厂因此关闭。

取臭烂竹麻,入臼受春成泥状(先是槌,这里还要使劲儿春,不轻松哦!)。

古法造纸坊中,必有碓臼,是谓标配之一。

第三是抄。

把春成的纸浆倾入抄纸槽。其大小视抄纸帘而定。而抄纸帘大小又视纸幅而定。

仔细看抄纸帘:"用刮磨绝细竹丝编成",四边加框,长方形,实际上相当于一个过滤器。

纸浆在槽,"槽内清水浸浮其面三寸许"。两手持帘入水,荡起浆料入于帘内。只是一荡,浆在帘上就铺开一层,而水已从四边淋下槽内。只是一荡,巧妙却全在于此。宋应星说:"轻荡则薄,重荡则厚。"这一荡,全在手腕用力,"秒快"而从容,细腻而宽阔,心想"纸"成,毫厘不爽。看相关古法造纸纪录片,师傅说,这一荡,非有三五年工夫的习练,则不能得心应手。制作大幅纸张,还需两人协作抄纸,然则这出水一荡,就需要两人配合默契,相得益彰。又见造特大幅宣纸,居然有十数人围站槽边,吊装入帘出水,然后是那齐心协力地一荡,场面浩大,而众工人手眼身法步皆能一致不差,真所谓众志成"纸"啊!

如果说抄纸帘是古法造纸最具标志性的工具,那么为其提供活动空间的抄纸槽则是最具基础性的器具,乃至于造纸老板也俗称槽户,古人在某址造纸,就俗称开槽于某地。如蔡伦纪念馆大门楹联又道蔡伦传造纸术于故乡时称:"开槽传故里业遗后世凭依祠宇享馨香"(下联)。

第四是压。

纸在帘上,"然后覆帘,落纸于板上,叠积千万张"。

千万张纸相叠,还都是湿的,就压板子,还拴绳子,别棍子,极力压榨,"使水气净尽流干"。

第五是焙。

用铜镊逐张把纸揭起焙干。如何焙干呢?《天工开物》载,用土砖砌成夹巷,留穴口烧火,砖墙的外面就都发热,把湿纸一一贴上,就焙干了。

《天工开物》记诸造作,都是图文并茂的。这"造竹纸",就配有五张图,

《天工开物》中记述的以竹为原料的造纸过程：斩竹漂塘、煮楻足火、荡料入帘、覆帘压纸、透火焙干（采自《彩图科技百科全书》第五卷）

是宋应星分出的五大工序，分别是："斩竹漂塘"，"煮楻（héng，蒸煮锅上的大木桶）足火"，"荡料入帘"，"覆帘压纸"，"透火焙干"。

在蔡伦纪念馆，这五张图都复制放大，贴在墙上。

承前所述，保证所造是纸而不是纸状物，首在制浆。制浆是一道具有本质性的工序。然则紧随其后的抄纸则是由浆变纸的关键性工序，也可以说是最具手艺性和辨识度的操作，是最能呈现造纸之"劳动美"的操作。

至此，我们其实还忽略了一道最具保密性的技术，那就是下纸药。

纸药是秘方

所谓纸药,窃以为相当于添加剂,在纸浆入槽后下入。纸药有何用?前边说过,抄出的湿纸是张张相叠的,压榨去水后,又一一揭取。你是否考虑过那相叠的湿纸会粘在一起无法一一揭起呢?你是否好奇它们居然能够被顺利揭起而没有粘连?纸药就起这个作用,使湿纸不粘连。只有这样,才能保证抄纸的不间断性,保证手工生产的产量。《蔡伦传》载,蔡伦造出纸后,天下"莫不从用",没有纸药作用,是不可能见效这么快的。故日本纸史专家山下寅次教授、秃氏祐祥教授认为,纸药是蔡伦发明的。(参见刘光裕《论蔡伦发明"蔡侯纸"(二)》,《出版发行研究》2000年第2期)

以纸药能使湿纸不粘连的作用而论,纸药可称揭分剂。

纸药还有一个作用,可使纸浆均匀悬浮,防止絮凝沉淀,可保抄纸顺利进行。以此作用而论,纸药亦可谓悬浮剂。

那么纸药到底是什么药呢?不妨告诉你,都是从某些新鲜植物中提取的黏滑汁液。黏滑?对。以其黏,反而起到不黏的作用,颇有些辩证的味道。

那么纸药到底是什么植物的黏滑汁液提取而成的呢?还不妨告诉你,可以有猕猴桃藤、黄蜀葵根(跟餐桌上黏黏的秋葵是近亲)、冬青叶、仙人掌……的汁液,据统计有30种以上。

那么……好奇宝宝又要问了。然而最好不要问了,呵呵。在手工造纸坊,具体用的到底是哪一种纸药、如何制成、下多少量适宜等,都是必须保密的核心技术。

是一次意味着决裂的战役无意间却成为中国造纸术西传的纽带。那是发生在唐玄宗天宝十载(公元751年)的怛(dá)罗斯战役。是役,大唐安西节度使高仙芝大败于阿拉伯帝国阿拔斯王朝(黑衣大食)的军队,唐朝军士不下万余人被俘,其中就有造纸工匠。他们被迫为阿拉伯人造纸。中国造纸技术由此首先被阿拉伯人学会,后来继续西传至欧洲。据传,唐朝工匠教阿拉伯人造纸,打死都不肯传纸药配方,以至于长期以来西方人抄出的纸总是厚得不像样子。纸药技术之保密有如此者。

至于《天工开物》中的"造竹纸",宋应星不怕透露,其纸药用的是"形同桃竹叶"植物的汁液。科技史专家潘吉星注称,此处所用纸药系指杨桃藤枝条的浸出液。注意,此处的杨桃实际上就是猕猴桃,并非岭南特产杨桃也。

按照宋应星的理解,造竹纸下的纸药还有使纸张"自成洁白"的作用,然则这纸药又可以是漂白剂了。

宋应星也略记了用楮皮造纸的方法。用楮皮造纸,就称皮纸。于春末夏初剥取楮树皮。楮树皮60斤,也还要加入绝嫩竹麻40斤,同塘漂浸,再用石灰浆涂,入锅煮烂。为了节约成本,有的地方只用皮、竹之料十分之七,另加十分之三的隔年稻秆。如纸药得当,成纸仍然洁白。

从"宫斗剧"中跳出的"纸圣"

公元105年,即蔡伦向汉和帝献纸的元兴元年,被科技史专家称为史上的"有纸元年"。这自然也是蔡伦纪念馆确信无疑的结论。

但另一些历史学家和科技史专家却称纸的发明源自西汉,蔡伦不过是在前人经验的基础上对造纸工艺进行了改进而不是发明。

蔡伦发明造纸术堪比宇航员登月

1949年以后更有出土实物证明西汉有纸。如1957年在陕西出土的"灞桥纸"就被专家鉴定为"不会晚于西汉武帝时期"的麻纸,把造纸技术提前200余年,一时令人"脑洞大开",以至于蔡伦的造纸"发明权"都被从历史教科书上拿下了。原来按照当时思潮,已给蔡伦"划定"成分是"贵族官僚"(都是封侯惹的祸),所以颇有一些人想证明发明造纸的历史与蔡伦无关。针对此,也多有专家一再撰文论述"灞桥纸"不是纸,"没有经过打浆和悬浮、抄造,因此不是纸,只是一些以乱麻絮为主的在铜镜下的衬垫物"(王菊华、李玉华《再论"灞桥纸"不是纸》,《中国造纸》1985年第6期),包括后来在其他地方出土的"西汉古纸"在内,充其量都只是"纸状物"而已。虽则如此,一直到现在,结论仍在两可之间,我们"百度"蔡伦可见,有称他为造纸发明家的,也有称他是对造纸工艺做了重要改进的。

我认为蔡伦以前有纸是不可改变的历史,如用絮制造的纸,就在"纸"上记着;但蔡伦发明造纸术的历史地位也是从"纸"上擦改不了的。如上一节所述,当我们说到蔡伦造纸,纸的含义已经发生根本性改变:是特指用植物纤维为原材料,经过制浆、抄造工艺制成的"纸"。而迄今为止,还没有地下出土的蔡伦前"古纸"符合这三个条件。

早在后来的争论开始之前,历史学家范文澜就这样说过[参见《中国通史简编》(修订本第二编),人民出版社,1964年]:

其实蔡伦以前有纸,丝毫也不会减少这个伟大创造的价值,因为只有这样的纸才能代替竹简和缣帛。一〇五年(汉和帝元兴元年),蔡伦改进造纸方法成功,这应是人类文化史上值得欢欣的一年。

是改进,但改进到"伟大创造"的地步,改进到公元105年都成为"人类文化史上值得欢欣的一年",难道还不能称其为发明吗?

美国《芝加哥论坛报》1983年3月10日在报道中国古代科技成就时就为蔡伦打call:"中国蔡伦发明了造纸术,传到欧洲,令人震动,可和现在把人送上月球的探索相提并论。"

在美国著名学者和科学家麦克·哈特首版于1978年的著作《影响人类历史进程的100名人排行榜》中,蔡伦高居第7位。排在第8位的是活字印刷机的发明者谷登堡(又译为古腾堡),而爱因斯坦是第9位,发明蒸汽机的瓦特排在第24位。将蔡伦和谷登堡一先一后挨在一起是很对的,因为正是在纸的基础上,中国人才又发明了雕版印刷,毕昇才发明了活字印刷术,然后就从欧洲诞生了活字印刷机。造纸和印刷两项发明,既有先后之分,又亲如孪生兄弟。

为何将蔡伦排在第7位,麦克·哈特还写道:

事实上,蔡伦的地位要比其他发明家重要得多。这是因为,大多数发明都是发明者所处时代的产物,即使没有他,别人也会做出这些发明。蔡伦则不然。造纸术出现近一千年之后,欧洲人才从阿拉伯人那学会了造纸。同样的,一些亚洲人,即使亲眼看见了中国制造的纸,却仍然不知道如何自己生产。很显然,造纸工艺非常复杂,它并不是文明发展到一定阶段的必然产物,而是特殊的人对人类社会所作的特殊贡献。蔡伦就是这样的人,直到

1800年机器印刷技术推广以来,他所发明的造纸技术一直是造纸业生产的基础。

蔡伦服药自杀心理探秘

汉安帝元初元年(公元114年),蔡伦被邓太后封为龙亭侯,"邑三百户",后又为长乐太仆。"长乐"即长乐宫,乃太后所居之地;"太仆"乃掌管车马之职,实际上意味着蔡伦已成为邓太后的贴身侍卫。而邓太后又是其时的实际执政者,俗家会有理由据此认为,蔡伦在宫中已经混到了一人之下的位置。

我们在前边已经说过,邓太后邓绥有才学,是一个了不起的女政治家。在她还是皇后时,史书就记载她禁绝郡国献珍玩,但令供纸墨。这里的纸,还指的是绢纸、絮纸之类。我们从这条记载中可以读出这样的信息:邓绥是一个文化人,她倡导节俭,一直也在梦想一种价格低廉、可以大量生产自给的书写"纸",她这种态度很可能影响了尚方令蔡伦。

确实,邓皇后影响了蔡伦,使后者积极投身于造纸术的研制中了。蔡伦也有才学,且情志不俗,他之受邓皇后(太后)影响,应是正能量互动的结果。不像有些俗家——不,恶俗家——认为的那样,蔡伦为了献媚于邓皇后,才专注于纸张的研制发明。

汉和帝死后,只留有两个儿子,大的6岁,多怪病而且病得不轻,不适合做皇帝;小的才刚满百日,相比而言只有小的适合。于是这个名叫刘隆的婴儿便承继大统,由邓太后垂帘听政。而刘隆登基才220天便也驾崩了,谥为汉殇帝。顺便说一句,汉殇帝是中国历史上即位年龄最小、寿命最短的皇帝。

汉殇帝崩逝,和帝这一支就永远失去皇位继承权,根据邓太后的安排,继位者是汉安帝刘祜(hù)。他是汉章帝刘炟之孙,汉和帝哥哥、清河王刘庆之子。刘祜即位时也才13岁,继续由邓太后听政。

据《蔡伦传》记载,元初四年,安帝因经传文字错误没有"正定",于是选派"通儒谒者"刘珍和博士良史到东观（东汉宫廷中贮藏档案、典籍和从事校书、著述的处所），各以自家经师的学说校勘典籍，并命令蔡伦监督管理其事。

这是一份很光荣的文化建设方面的差使。蔡伦能"与有荣焉"，再次说明他有才学；其次也有他造纸产生的影响力。文化上的事，能与纸分开吗？这份差事的获得，《蔡伦传》说是汉安帝的安排，但虑及邓太后时仍听政，故肯定也出于邓太后的授意。邓太后之信任蔡伦如此。

东汉永宁二年（公元121年），邓太后驾崩，汉安帝亲政。

同一年，蔡伦服药自杀。

怎么回事？

说来话长。

汉安帝的父亲刘庆，原来可是汉章帝指定的太子来着，后被废为清河王。为什么被废？因为他的母亲宋贵人、因为窦皇后。

窦皇后是汉章帝的法定正妻，无子，而有宋、梁两位贵人（皇帝妃嫔封号之一，东汉光武帝时始置，位仅次于皇后）却都生了儿子，其中宋贵人之子就是刘庆，已被立为太子。窦皇后瞧这形势，"嫉妒恨"啊，就在皇帝面前诬宋贵人诅咒自己，宋贵人被迫自杀，随之太子刘庆被废。接着窦皇后又把梁贵人的儿子抱来自己养，并立其为太子，再设计害死梁贵人父亲，梁贵人也以忧卒。梁贵人的儿子就是后来的汉和帝刘肇。刘肇10岁即位，窦皇后变成窦太后并垂帘听政。

同为垂帘听政者，婆婆窦太后是只有阴谋和辣手，而媳妇邓太后却有贤德和实才。蔡伦遇到邓太后，是他的幸运。而遇到窦太后，是他的不幸。真可谓"生死两太后"。

按照《蔡伦传》的记载，当年还是小黄门的蔡伦做了窦太后（当年的皇后）迫害宋贵人的帮凶（伦初受窦后讽旨，诬陷安帝祖母宋贵人）。及至邓太后崩，安帝亲政，想及他冤死的奶奶，马上下旨重新审理这桩宫中诅咒案，并敕令蔡伦到司法部门认罪（敕使自致廷尉）。蔡伦就选择了自杀。

蔡伦像（壹图网供图）

蔡伦就这样出现在"宫斗剧"中了。有关蔡伦诬陷宋贵人一案,《后汉书·章帝八王列传》也有记载且很有情节:

> 遂出贵人姊妹置丙舍,使小黄门蔡伦考实之,皆承讽旨傅致其事,乃载送暴室。二贵人同时饮药自杀。

是说太子刘庆被废后,继续审问其母亲宋贵人诅咒一案,主审者却是小黄门蔡伦,他都是根据上面(窦皇后)的"有罪推定",使宋贵人招了,于是载送"暴室"(宫廷内的织作之所,宫中妇人有疾病及后妃之有罪者亦居彼室),先是在"丙舍"(后汉宫中正室两边的房屋,以甲乙丙为次,丙舍自然最次)"考问"。受到连累的还有宋贵人的妹妹小宋贵人。姐妹俩双双自杀于暴室。

换个角度,关于宋贵人冤案,《后汉书·本纪·皇后纪上》"窦皇后事迹"部分是这样叙述的:

> 后既无子,并疾忌之,数间于帝,渐致疏嫌。因诬宋贵人挟邪媚道,遂自杀,废庆为清河王。

参考互证,陷害宋贵人的主角、主谋都是窦皇后,而小黄门蔡伦只是奉命当差。蔡伦在"考问"宋贵人的过程中究竟是积极作为为虎作伥还是迫于无奈见死难救呢? 我以为应属后一种情形。要不,《蔡伦传》就不会给他下"尽心敦慎"的好评了。此处应知须知,《蔡伦传》并非范晔原创之作,其材料出于《东观汉记》。

《东观汉记》是一部记载东汉历史的纪传体断代史巨著,记录了东汉从光武帝至灵帝100余年的历史,由班固、刘珍、蔡邕、杨彪等十数不同代人承继编撰。惜已散佚,今仅有辑本。其中的《蔡伦传》作于桓帝时期的公元151年,作者是崔寔、曹寿和延笃。他们是奉桓帝刘志之命补写的,其时距蔡伦去世才30年。在《东观汉记》中,已有对蔡伦的评语:"有才学,尽忠重慎",范晔的"尽心敦慎"即由此改来,意思差不多。可见对于蔡伦的好评是时人给的,也是当时朝廷的旨意,有一定的客观性;也由此可见,蔡伦之出现在以窦皇后为主角的"宫斗剧"中,是年轻时(顶多24岁)的被迫卷入,不该负太大的责任,朝廷为他作传,实际上已为他平了反。

关于蔡伦被迫卷入"宫斗剧"的具体情节和心情,我们可以这样想象,他不给窦皇后当枪使,他就得没命;他对宋贵人是同情的,他想帮她们姐妹,却无能为力;他被迫审理所谓宋贵人诅咒皇后一案时,内心是痛苦的,人格是分裂的……宫中的水太深,此后他颇能"敦慎"为人,"闭门绝宾",唯务阅读;并"尽心"制造,"暴体田野",终以纸张发明,使自己有耻有罪的生命大放光彩。他被迫卷入"宫斗剧",又主动使自己从那不堪的剧情中跳出来,而释放聪明才智于发明创造。某晚无聊,我打开电视盲目调频,又跳出一部"宫斗剧",而恰逢剧中一位在斗争中获胜的娘娘觉悟说:"虽然我们赢了,但又有什么意思呢?如果能把我们的聪明才智都用在发明创造方面,那才是有价值的(大意如此)。"当时击节,叹此台词之妙。我用"跳出'宫斗剧'"标题来讲述蔡伦的发明故事,灵感就出自这里。

但截至蔡伦造纸成功,其实还没有成功地跳出"宫斗剧"。剧集太长了。他仍在努力。终于,他接到了汉安帝刘祜"自致廷尉"的圣旨。可以有质的飞跃了。范晔《蔡伦传》最后这样叙述蔡伦的故事:

> 伦耻受辱,乃沐浴整衣冠,饮药而死。国除。

他以自杀来承担他应该承担的,他让自己死得干净、尊严。他终于最后跳出了"宫斗剧",救赎了自己。

蔡伦死,"国除",就是收回封地。他是龙亭侯,其封地在今陕西省汉中市洋县龙亭镇。汉桓帝下旨为蔡伦立传后,还赐金在蔡伦生前封地修墓建祠,每年安排专人祭祀之。也就是说,蔡伦死葬龙亭。龙亭有蔡伦墓,也有祠。我肯定还要专程到龙亭去看看。而现在,我还在湖南耒阳的蔡伦祠(蔡伦纪念馆)流连观瞻。这里也有蔡伦墓,不过只是衣冠冢。

从蔡侯祠后门出去,一箭之地,还有耒阳市纸博物馆,其中的历史展览还是以蔡伦造纸故事为主体,前溯结绳,后及当今,宽括世界。

查在陕西龙亭，也有一个造纸博物馆。

至今仍遭某些网友"凌迟"

然而蔡伦似乎永远无法得到救赎，2000多年后，也就是网络时代的今天，许多人又把他为之付出自杀代价的"事迹"扒到网上，并极尽"宫斗剧"的黑恶套路，铺排出许多不知来源的情节和细节，说他初因邀宠而害人，再因献媚才造纸，把他描成一个阴狠的酷吏、卑劣的小人；让宋贵人姐妹之死，全出于他的迫害，全由他来"背锅"。在有了微信公众号后，更有许多恶俗家和"标题党"为了阅读量，做出耸人听闻的、自以为发现了新大陆的标题，整个一副要把这位伟大发明家凌迟骂死的劲头。如一家公众号的标题是："此人是个阴险狡诈的酷吏，但他发明的一样东西，我们每天都要用"。

还有人点赞？我都快吐了！

我翻查出，第一个唾骂蔡伦的人还不是我们这个时代的网友，而是台湾著名历史作家柏杨先生。在他著于1979年的专栏作品《皇后之死》中，有述及宋贵人之死（见该书《宋氏敬隐皇后》一文。汉安帝追赠他这位屈死的奶奶为"敬隐皇后"），自然也写到蔡伦。他是这样写的："这位蔡伦，就是历史上所称发明纸的蔡伦。呜呼，中国人宁可永不用纸，也不要有这种丧尽天良被阉割过的酷吏。而他竟发明了纸，实在是对人类文明的一项嘲讽。"柏杨先生这种愤慨偏激而兼人身攻击的口吻，未免太像我们今天的一些网友了。

湖南耒阳蔡伦纪念馆中有对蔡伦的一段评语值得抄在这里作为结尾：

蔡伦是宦官人群中，能忍辱保持正常人格和健康心理的突出代表。作为刑余之人，蔡伦没有向不公平的命运屈服，他利用宫中的便利条件，阅读经典，用知识武装自己，以自身价值的彰显，表示了对命运的另一种抗争。

第八章
活字毕昇

毕昇发明了活字印刷，为什么却上演了人生悲剧？

活字印刷这项发明与纸的发明虽然相隔近千年，却又是那样亲密无间，所以在讲完蔡伦的故事后，自然就是毕昇出场。

毕昇，这发音干脆简短的名字，也是我们少小耳熟的名字。毕昇，北宋活字印刷术的发明者。我们从小就背古代中国有"四大发明"：造纸术、指南针、火药、印刷术。其中的印刷术可再分雕版印刷术和活字印刷术，但也可以特指活字印刷术。

现在的孩子可能上一年级时就知道毕昇了，而我这一代人听说毕昇却要等到初中二年级学习那篇课文的时候。那是选自沈括《梦溪笔谈》卷十八"技艺"中的一篇宝贵文献《活板》：

板印书籍，唐人尚未盛为之。自冯瀛王始印五经，已后典籍皆为板本（这是原文开头，课文删减了的）。

《梦溪笔谈》中对毕昇发明活字版的记载（壹图网供图）

庆历中,有布衣毕昇,又为活板(课文从这句开始)。其法用胶泥刻字,薄如钱唇,每字为一印,火烧令坚。

……

回顾雕版和刻工

原文只引用到这儿。以下我用自己的语言来介绍。

我记得我们学这篇课文时,并不兴奋,不过是一篇用文言文写的“说明文”嘛,哪里比得上《岳阳楼记》那样铿锵多情的抒情兼有警句的美文。老师好像也不兴奋,没有重点讲解。现在看来,这篇文章太重要了。某种程度上说,我们可以没有《岳阳楼记》,却不可以没有这篇沈括介绍毕昇发明活字的文章。

中国是最早发明雕版印刷术的国家。雕版印刷,即沈括说的“板印书籍”,其技术在唐代已十分成熟。有人据典籍记载,认为此项技术的发明应前推到隋朝文帝时期。当时由于佛教传播的需要,以及科举取士“印卷子”的需要,催生了这项技术。

唐咸通九年(公元868年)雕印的《金刚般若波罗蜜经》局部,迄今发现的最早的有明确纪年的完整的雕版印刷品(视觉中国供图)

雕版刻书以梓木为上,故称"录梓",还称"付梓"。"付梓"一词,我们今天还时时雅称之,以表达书稿出版的喜悦和不易。

雕版印刷,源于印章的阳文反字和碑文拓印技术,即是两种技术的结合。其法,先在薄而透明的纸上抄绘文图,再反贴在木板上,干后刮去纸背,仅留下有反文(图)的薄膜,依之就用刻刀雕刻出阳文反字(图),印时就在凸起的字(图)体上刷墨,再覆以纸,用棕刷细细刷过,则白纸黑字(图)成矣(也有套印)。

熟练的工匠一天可印1000张。

在雕版印刷之前,书籍传播,靠的是手工抄写。所谓"天下文章一大抄",纵使浑身长嘴,也说不出那个苦哇!可见雕版印刷,带来了多么大的进步。

五代时,雕版印刷术进一步发展。进入宋代,已经是大普及、很发达了。宋代,杭州是全国刊印中心之一,承印着大部分"监本书",即朝廷委托国子监负责刊印的书籍。宋初,官府书版4000块,至宋真宗时,已达十余万。当时私人刻书也蔚然成风,有刻本48家。民间书坊也在在皆有。

印刷业一诞生,就带来一个新的、重要的工种:刻工——用专用刻刀在雕版上刻出那种阳文反字的工匠。刻满一页为一版。一本书有多少页就要刻多少版。版以梓木为上,也多用纹细质坚的枣木、梨木。所以出版除了雅称"付梓"外,还可以文绉

出土于敦煌莫高窟的唐乾符四年(公元877年)历书局部,现存最完整的历书雕版印品(视觉中国供图)

绐地称为"付之枣梨"。刻工在木版上刻字的动作或叫做"刊",故现代有"出刊""刊物""刊号"这些出版业专有词汇。而刻工用的曲刀则可称"剞劂"(jījué),所以一些文友在文章中又称出版为"付诸剞劂",显得很有文化。

但是刻书并不比抄书轻松。王祯在其《农书·造活字印书法》一文中写道:

> 然而板木工匠所费甚多,至有一书字板,功力不及,数载难成,虽有可传之书,人皆惮其工费,不能印造传播后世。

宋初,在成都雕印《大藏经》,共5000余卷,用了13万块雕版,历时12年。而南宋时湖州禅院刊刻《佛藏》,也是5000余卷,却仅为时1年刻成。这并不是刻工效率提高了,而是生产规模扩大了。另据载,当时刻印大部头书籍,刻工多达百余人,真可谓"劳动密集型"产业。

无论是12年刻成,还是1年刻成,其背后都是刻工们当牛做马般的劳动。他们夜以继日、长年累月地在硬木板上刻字,能把手指刻出血、刻变形,腰刻弯,眼刻瞎,还总是要把刻出来的木灰吹去,说不定还能刻出尘肺病。而最恼人的是,一字刻错,一笔没刻好,则全版皆毁,前功尽弃,必须从头再来。这就是雕版刻工们的劳动状况。

而毕昇就是这刻工队伍中的一员。

毕昇的"活法"

毕昇无疑是一名很优秀的刻工,天资聪颖,业精于勤,字刻得娟秀端庄,又好又快,很少返工。他发明活字时,可能还正当盛年,嘴上长的还是小胡子。这是我们所看见的毕昇画像和塑像给我们的印象。

毕昇亲身体验到雕版刻字的辛苦,特别是存在着必须一次性刻对、刻好这种"死板"的弊端。他就琢磨、试验,终于变"死板"为"活字"——活的字坯。

他用胶泥(他到处挖掘黏度适合的泥土;然后他无数次和泥,寻找所需要的软硬度)刻字(只需轻轻用力),一字一印(模),刻后烧坚。这就是活字。必须像钱边那样薄（而又能保证其不成为易碎品）。

他用一块铁板，在上面敷上和以纸灰的松脂和蜡（他不断调整这三种原料的配比）。

要印书时，他在铁板上放一个铁框，根据书中文句，拈出所需要的活字排进去，满一框就是一板，放在火上烤，待松脂和蜡熔化，用一个平板往上一压，字模就紧粘在板上，而字面也被压得像磨刀石一样平（他废寝忘食地经历了无数次失败，真是想死的心都有了）。这就可以刷墨贴纸墨印出字迹了。

毕昇像（壹图网供图）

可以用两块板交替使用，一板排字，一板加刷，使印刷的过程具有连续性。

每一个字都有好几个活字，以备一块板中出现重复字时使用。像"之""乎""者""也"这类常用虚词，则通常要制20多个。

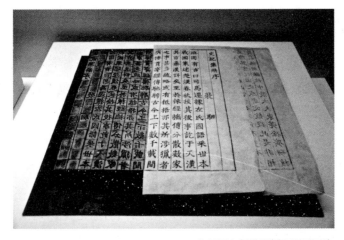

毕昇活字版模型（壹图网供图）

一板印完，再用火烤使脂蜡之属熔化，手拨脱落。

活字不用时，就用纸贴上标签，按韵排列，贮存在木格里。

沈括说，此法"若止印三二本，未为简易；若印数十百千本，则极为神速"。个十百千万，可迅速复制，批量生产，普惠传播，这正是印刷的意义。

毕昇最初用的是木活字，但木理有疏密，且受潮易变形，使字面高下不平，兼与脂蜡相粘，不易取下。就改用胶泥制字——后人称之为陶活字。

活字，字可重复使用，数千个字，能排出上万种书，不再每出一本书都要千辛万苦、一页一板地刻一次。这就是活字印刷。

毕昇是湖北英山人

毕昇，这位伟大的发明家，沈括告诉我们，只是一名普通工人——"布衣毕昇"。他搞出这项发明的时间，则在"庆历中"。庆历是北宋仁宗的年号，从1041年到1048年，共计8年。我们知道，政治家、文学家范仲淹写出他的名篇《岳阳楼记》的时间也在"庆历间"，具体是庆历六年。作为参知政事（宰相），范仲淹还厉行改革，推出了他的"庆历新政"。这都史载凿凿。

当时小人物毕昇的这项具有世界意义的伟大发明自然还鲜为人知，如果不是其活字为沈括的侄辈们（群从）"所得"，因而与沈括偶遇（昇死，其印为予群从所得，至今宝藏），记在他的笔记体百科全书式著作《梦溪笔谈》当中（沈括写作此书时，距庆历年间亦即毕昇发明活字40多年），则这"四大发明之一"的权利所有者就不是中国人，而可能是东邻某国，或西人某氏了。沈括的《梦溪笔谈》是关于活字发明和毕昇其人的唯一史料。这是多么令世人震撼的一篇说明性短文啊。只是当时很惘然啊。

接下来就要问了，毕昇，是哪里人？沈括没有记载，只交代"有布衣毕昇"。长期以来，毕昇的籍贯问题一直悬而未解。

忽在1990年7月的一天，位于湖北省东北部鄂皖交界的山区英山县草盘地镇，一位名叫黄尚文的通讯干事下乡，在该镇五桂村一个田缺外的水洼中，发现一块圆首方趺的墓碑，碑上刻有"故先考毕昇神主、故先妣李氏妙音墓",年款尚可辨识为"四年二月初七日",唯年号不清,只首字余一"白"字,但能看出是上下结构字,下半漫漶不见。

墓碑上的"毕昇"是否就是北宋活字印刷术的发明者毕昇呢?黄尚文多么希望就是!英山人也多么希望就是!湖北人也多么希望就是!大部分全国人民都希望就是!甚至英国的李约瑟博士也希望就是!数路专家赴英山考证,得出结论:就是就是!

专家们先从墓碑落款年号入手。年号首字只余"白"字头,查《康熙字典》,以"白"字为头的字只有7个,其中有"皇",也只有此字适于作为年号用字,于是断定其为"皇×"年。再查宋元时期以"皇×"纪年的朝代,分别有"皇祐"(北宋)、"皇建"(夏)、"皇统"(金)、"皇庆"(元)四个,夏、金王朝不在英山所在的江淮地区,可排除"皇建""皇统",而元代的"皇庆"年号使用不足四年,也可排除,遂可断定墓碑上的年号是北宋"皇祐四年"。早在1957年,科技史学家胡道静先生已经发表文章认为毕昇去世于皇祐年间(《活字板发明者毕昇卒年及地点试探》,《文史哲》1957年第7期),他是根据沈括在《梦溪笔谈》中的记录及其年谱轨迹得出这一结论的。墓碑上的年款与胡道静的研究结论是吻合的。再综合碑上留下的其他信息,专家们得出该墓确实就是毕昇和他的妻子李妙音的合葬墓。这说明英山是毕昇故里。至于为什么称"毕昇神主",则说明毕昇系客死他乡,只是以神主牌位的形式归葬的。

1993年10月,英山县组织毕昇研讨会,正式对外宣布毕昇故里在英山,其地在北宋隶属淮南路蕲州蕲水县。

我在英山县城,只见处处都是"毕昇"(升)。毕昇大道、毕昇宾馆、毕昇刻字店、毕升律师事务所、毕升饼、毕升彩钢,等等。当然,首先是有毕昇纪念馆。我还乘中巴到草盘地镇五桂村睡狮山上瞻仰了毕昇墓。墓前的"毕昇神主"碑自然只是复制品,真品收藏于英山县博物馆(未对外展出)。毕昇墓位于半山,虽经修缮,仍至简陋,与毕昇布衣身份相符。何以知道该墓即毕昇墓呢?因为村民们知道流落田间的那块神主碑原系从此墓前露出,然后在学大寨期间被搬下山砌石基了。

"毕昇"跳江

与蔡伦发明出蔡侯纸之后天下"莫不从用焉"的结局不太一样，毕昇发明活字印刷后，其技术并没有得到推广，印界仍习用雕版，他可以说是抱着无限憾恨离世的。胡道静在他的文章中如是描述：

沈括群从收毕氏活字于皇祐年间，即说明毕昇去世在此时。皇祐中距庆历中不过数年，由此可知毕氏发明活板印刷后，施用不久，即赍志以殁，可能连徒弟都未及传授。宋代活字板事实上未甚流行，以及有关这一重大发明的记述之稀少，由此可以得到解释。

胡道静的结论还说明，毕昇是在老年时期发明活字的。但我们也可以想象他从青壮年时期就在琢磨、试验、改进。他搞了一辈子。

胡道静还认为，毕昇就是在杭州搞出这项发明的。作为全国刊印中心之一，彼时杭州"雕版良工毕萃"，毕昇是其一。他"赍志以殁"的地点也当在杭州。

相关文献也证实，宋代刻工不只在原籍镂版，能工巧匠也多被请到外地刊书。因为杭州刊印中心的辐射效应，其周边地区也多有此产业，多出刻工。英山距位于其东边的杭州不远，刻印水平也相当高。这是毕昇的成长土壤。

1981年，中国上映电影《毕昇》。按照影片的讲述，毕昇似乎来自杭州乡下，因精于刻字，被人带到杭州一家雕版作坊打工。影片就将毕昇的主要活动舞台定在杭州。2015年，湖北省黄梅戏剧院推出黄梅戏《活字毕昇》。该剧就高调地把毕昇作为英山籍能工巧匠来歌颂。按照剧情，毕昇在英山就是刻坊从业者，练就一副空板刻字的绝技，且是先在英山发明了木活字，又在杭州改进为胶泥活字的。电影和戏曲都突出了毕昇在发明创新后不仅没有获利反而很快走向末路的悲剧意味。电影中的毕昇甚至携着夫人跳钱塘江自杀了。

毕昇的悲剧是怎样形成的呢？

鲜为人知的中国"活字史"

继北宋《梦溪笔谈》之后,自元至清,又各有一篇、一部记载中国活字发展的光辉典籍;继毕昇之后,代代都有"毕昇",将活字印刷技术推至"高大上"。

王祯和他的《造活字印书法》及转轮排字盘

王祯这个人太有意思了。

他在旌德(今安徽旌德)和永丰(今江西广丰)做县长(县尹)时,专务"正业",编写了一部《农书》,集农、林、牧、副、渔技术之大成,其中的"副"即所谓"副业",实际上就是辅助于农业的手工业技术,所以其"农书"其实也含有"工书"。

更有意思的是,王祯在《农书》的最后,还附撰了一篇《造活字印书法》,记述了他亲手研制的木活字印刷术。

王祯是继毕昇之后,又一个对活字印刷术作出突出贡献的科技英模。

王祯(1271—1368),字伯善,元代东平(今山东东平)人,中国古代农学家、农业机械家,也是"工学家"、发明家,并且是留下了厚重典籍的科学著作家。

1298年,正在从事《农书》编写工作的王祯发现这本书字数很多,付诸雕版,费工费钱,至为艰巨。他就想试水活字印刷。像他这样对科技别具大兴趣的儒家"干部",不可能没读过,也不可能不佩服沈括的《梦溪笔谈》,也肯定对其中记载的"布衣毕昇活字术"印象深刻。

　　毕昇首先是刻了木活字,试之,失败,就改制胶泥活字成功了。而胶泥活字毕竟存在着烧制麻烦、成品不坚、上墨不便等缺点,王祯决定还是试制更加巧便的木活字。他请工匠,用了两年时间,刻了3万余木活字,试印6万余字的《旌德县志》,不到一个月,就印成百部,而其效如同雕版一样清晰。王祯成功了。沈括说过,活字印刷的优势就体现在大量印书(若印数十百千本,则极为神速)。王祯的成功正是若合符节的验证。

　　两年后,1300年,已调任永丰县尹的王祯完成了《农书》,看看有13万字之多,想全用活字排版印行,但坊间通行的还是雕版,便作罢,先把他的研制品收贮了,但另写一篇《造活字印书法》附于书后,留下了他实践成功的活字技术。他这样述其心志:

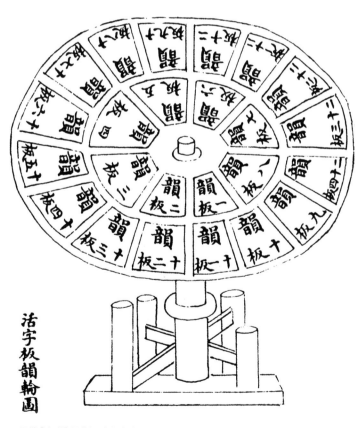

王祯《农书》所载活字板韵轮图

　　古今此法未有所传,故编录于此,以待世之好事者,为印书省便之法,传于永久。

　　人之生也短暂,而他相信传承的"永久",真是一个有"活法"、有信念的人。

　　在这篇文章中,王祯还记录了他独创的转轮排字盘并留有图样。观其文图可知,他是造了两个直径七尺的大轮盘,安装在三尺高的轮轴上,"上置活字版面",按韵字、杂字和字号分类,排版时捡字工匠坐在中间左右转动转盘,一一摘来活字。"盖以人寻字则难,以字就人则易,此转轮之法,不劳力而坐致"——用我们熟悉的报道语言说就是:大大减轻了劳动强度,提高了劳

转轮排字盘(采自《彩图科技百科全书》第五卷)

动效率。

王祯一共总结了六步工艺，以上造轮并取字占其中两步。其他还有如何刻字、如何锼字修字、如何嵌字、如何刷印等，皆需亲力亲为才能写出。其法之大要，先用雕版技术在板上刻好字，然后把每个字都锯开使成为活的字模，最后在"盔"内紧固排版。至于他是怎样克服毕昇所遇到的木活字"木理有疏密，沾水则高下不平"（《梦溪笔谈·活板》）等难点，就要靠我们深入研究了。

总之，王祯用木活字印成了《旌德县志》。《旌德县志》应该是有记录的第一部木活字汉文书籍。而王祯《农书》中这篇附加的文章，也独自成为另一座里程碑式的记录。

"毕昇"：从国公、巨贾到皇帝

我越想越能感觉到布衣毕昇所体验到的那种"深刻"的人生寂寞。活字印刷这项划世纪的发明从他手里诞生出来后，很可能只是被当成雕虫小技，朝廷不重视，社会也漠视，他只是自个儿兴奋了一阵子，就抱憾结束了自己的一生。而坊间刻印书籍，孜孜矻矻，青丝白发，仍唯雕版是取。

但毕昇也应能欣慰，他死了，他的技术毕竟还"活"着，终于得以流传下去。像一脉地下的细流，虽然鲜为人知，但毕竟流而不断，有时还会"洪波涌起"，甚至也会像"星星之火"那样"可以燎原"。

让我们略为梳理一下这"细流"，盘点一下这"星火"：

毕昇死后数十年，沈括发现毕昇的胶泥活字并记诸《梦溪笔谈》。

1965年，在浙江温州白象塔内发现刊本《佛说观无量寿佛经》，经鉴定为北宋元符至崇宁年间（1103年前后）活字本。当时被认为是毕昇活字印刷技术的最早历史见证。1996年11月6日，经文化部组织鉴定委员会鉴定，1991年于宁夏出土的西夏文佛经《吉祥遍至口和本续》是迄今世界上发现最早的木活字版印本，比之王祯的《旌德县志》还早一个多世纪。我们说过，宗教传播的旺盛需求是催生雕版印刷的背景之一，那么效率更高的活字印刷亦将循此逻辑被证明是更加具有变革意义的发明。

南宋绍熙四年(1193年),国公级文人周必大在给友人的信札中写道,他用沈括记载的毕昇活字术,试着印成了自己的著作《玉堂杂记》,只不过他将毕昇所用的铁板换成了导热性能更佳的铜板。元代,又一位国公级文人姚枢(1201—1278)提倡活字印刷,教弟子杨古以"沈氏活板"印成朱熹的《小学》和《近思录》,以及吕祖谦的《东莱经史论说》等著作。两位"国公毕昇"虽然只是牛刀小试,周必大甚至更带着把玩的心态,但以其比布衣毕昇高到天上的身份,他们的试和玩,对于活字印刷技术的传承发展自是不容小觑。

接下来就是王祯造木活字印出《旌德县志》,并撰写《造活字印书法》一文,自毕昇创为起点之后,至此形成一个里程碑。

1322年,还是元代,浙江奉化知州马称德,用十万木活字,排印了宋儒真德秀的《大学衍义》。

从泥活字到木活字,从木活字再到综合成熟至精致的冶金技术造出金属活字,让字"活"得越来越坚实耐久,这是一个发展方向。据王祯《造活字印书法》一文记载,稍前于他所处的时代,已有人"铸锡作字",但像泥活字一样"难于使墨",故难于推广。但在明代,大约公元15、16世纪之际,铜活字又被国人造了出来,流行于江苏无锡、苏州、南京一带。

中国铜活字的首创者是江苏无锡大印书家华燧。他具体于明弘治三年(1490年)立此新功,自称"燧生当文明之运,而活字铜板乐天之成"。 他创建了印书机构会通馆,印行了大量铜活字书籍。

明万历二年(1574年),像是有意和华家劳动竞赛似的,江苏常熟大印书家周光宙开始用铜活字排印宋《太平御览》,未竟而卒,其子周堂继之,完成1000卷(古时一卷约有12 000字),且印刷精致,极壮观瞻。

在明代,富庶的江苏地区出了不少印书大家或大印书家,他们具有大志向和大财力,然后可以推动大技改(研制出铜活字),成就大功德。这是活字印刷史上的一个小高潮。

明去清来。历史很快又进入18世纪,清朝官方开始大量试水活字印书,康熙末年的《古今图书集成》(铜活字本)与乾隆年间的《武英殿聚珍版丛书》(木活字本)是其代表。

康熙五十五年(1716年),康熙为印编了17年的《古今图书集成》,下诏铸造铜活字大小100多万个。此项工程在雍正手里最终完成。此书是中国历史上规模最大的一次铜活字印刷,代表了自宋代毕昇发明活字印刷以来的最高水平。

以举国体制来推广,较之民间力量,能更快见功。印大部头、字数多、印数多的书,非活字印刷不可(试想想,若仍用雕版,那雕出的板子要用多少大房间才能堆得下)。但《古今图书集成》也因卷帙太过浩繁,只印了64部。

康熙造出的100多万个铜活字,却被孙子乾隆在一次头脑发昏中听从某小人忽悠下诏全部熔毁铸钱了。但乾隆于文化建设也是"好大喜功"的,他主持编纂了《四库全书》。

中国文化史上,有过三次皇家编书成就三部大型"百科全书",于文化传承建树至伟。第一部是明代永乐年间编成的《永乐大典》,22 877卷,约3.7亿字,是中国古代最大的类书。因内容太过海量,难以付诸雕版,竟全靠手抄。第二部就是清代康熙末年编成的《古今图书集成》,10 000卷,约1.6亿字。这是现存规模最大、保存最完整的类书。第三部就是乾隆年间编纂的《四库全书》,79 300余卷,约9.97亿字,中国古代最大的丛书,这是更难刊印的,也抄了7部,分别藏在全国7个地方。

乾隆也知道这么多书都刊印出来是不可能的,于是选刻珍本,印成《武英殿聚珍版丛书》138种,2416卷,其中就有王祯的《农书》。所谓"聚珍",就是"活字",乾隆却嫌此称不太雅驯,故改"聚珍",取聚拢字模印就珍本之意。乾隆深悔当年销毁铜活字之举,为了"聚珍",只好令工匠刻制大小枣木活字25万余个。这是中国历史上规模最大的一次用木活字印书。

"武英殿聚珍",是说此项工作在武英殿进行。而具体负责其事的是金简。

金简和他的《武英殿聚珍版程式》及活字柜

毕昇之后，代有"毕昇"。如果可以称王祯为"第二代毕昇"的话，那么金简就当得上"第三代毕昇"了。

金简，包衣之后，朝鲜族人，后入旗籍，总管内务府大臣，后被派具体负责内府刊刻事务，用活字刻《四库全书》，就是他奏请皇上的，时在1773年。为求恩准，他比对了雕版和活字的成本。他以刻印《史记》为例，算了一笔账：刻印《史记》一部，需要梨木版2675块，计银267两5钱；刻字费，每刻百字，工价银一钱，共需银1180余两。才一部，就已费工料银1450余两。而"今刻枣木活字套版一分，通计亦不过用银一千四百余两，而各种书籍皆可资用"。

"大数据"最有说服力。乾隆看了，欣然朱批："甚好，照此办理。"并封金简为编纂《四库全书》的副总裁。总裁（总纂修官），大家都知道，是大学者纪晓岚。金简得与纪氏"同侪"，以其工匠技能。出书之事，内容固然重要，而缺乏技术层面的支撑也难成事。

活字付用，得心应手，还有许多技术难关需要攻克，否则仍是中看不中用。活字的排版和刷印就是难关之一。每排一个字，都必须在千万字中精准而快速地拿捏出来。为此王祯创造了转轮排字盘，按韵取字，但圆盘纳字毕竟有限。为此金简改用字柜储字，12个字柜大气排开，每柜又分抽屉200个，每屉分大小8格，字都按格储放，以部首检出，效率更高。

到了刷印一环，务要使字们排稳不动。王祯的办法是在一整块木板上排好字，再用木条固定四边，金简则直接用梨木板刻出格线，下装活阀，将字块嵌入后拧紧活阀，刷印起来就有纹丝不动之效，版面随之更为服帖漂亮。

在实践过程中，金简不断优化工艺，试出全套行之有效而且可学、可复制、可程式化、可标准化、可以总结成文的技法。乾隆四十一年（1776年），金简撰成《武英殿聚珍版程式》一书，记载了活字印刷全过程，从造字，到刷印，到版面，巨细靡遗，并一一附图说明各道工序。此书是继《梦溪笔谈》《农书》

之后有关活字印刷术的又一部堪称巅峰的著述。

《武英殿聚珍版程式》目录如下：

1.成造木子(造刻字的字坯)。2.刻字。3.字柜。4.槽板。5.夹条。6.顶木。7.中心木。8.类盘。9.套格。10.摆书。11.垫版。12.校对。13.刷印。14.归类。15.逐日轮转办法。

共是15道工序哪！

这部书亦由武英殿以木活字刊行。记录活字技术的书，由活字刊行，正是恰如其分。这是由国家颁布的印刷行业标准文本。想那金简初心，便是要推广此技，不使其局限于皇家大院。而他的目的达到了。《程式》一出，木活字印刷术便大兴于民间，不久市面上便出现了《红楼梦》《儿女英雄传》《续资治通鉴长编》《太平御览》等大部头经典的活字版。江南地区更出现了职业活字刻工，携带着整套木活字，走四方，揽印务，挣钱养家。而金简肯定没有料到的是，《武英殿聚珍版程式》后来还被译成了英、德、日等多国文字，流播海外。

金简因武英殿刻书立了大功，其后历任工部尚书、吏部尚书等职，还入了上三旗籍。这是一个因工而贵的逆袭典型。

毕昇和"洋毕昇"

上回我们说到,活字印刷自被毕昇发明出来,经宋到元明清三代,代有"毕昇"传承发展这门技术,泥活字、木活字、金属活字都造出来并印了书,给人以"洪波涌起"和"星火燎原"的印象。但这仅指局部而言。总体而言,在中国,直到清末西方的大炮轰开国门之前,一直还是雕版印刷居主流,活字印刷则一直不出"试用期",或者说,仍然只阶段于"细流"和"星火"。

这是为什么?许多人都已经回答过这个问题了。我们也来做一番解释。

让我们先到西方去会一位"洋毕昇"。

谷登堡和他的铅活字印刷机

在上一章中,谷登堡的名字已经出现了,在麦克·哈特的《影响人类历史进程的100名人排行榜》中,他排在第8位。他是德国人,1397年(中国明朝洪武三十年)出生于莱茵河与美因河交汇处的美因茨,1468年(中国明朝成化四年)2月3日逝世于美因茨。

中外历史著作都这样确定:14世纪,在中国毕昇发明活字印刷约400年后,德国人谷登堡发明了西方的活字印刷。他发明的具体时间在1440年至1450年期间,历时10年。这年代相当于中国明朝正统五年至景泰元年。

谷登堡的发明可简称为铅活字印刷机,其技术是全套的,包括:铸造活字的铅合金、铸字盒、冲压字模、木制印刷机、印刷油墨和一整套印刷工艺,其中最核心的技术仍然是活字——铅活字。准确地说,是铅合金活字。精确地说,是用铅、锑、锡三种金属按比例配比熔合而成铸成的活字。

谷登堡活字原理一如毕昇活字,只不过其字只是简单而量少的字母。谷登堡幼习金匠手艺,这为他探索用金属铸造活字提供了技术支撑。其铅合金,所以要用铅、锑、锡三种金属,那是因为试出了一个适于铸字的最佳熔点和适于印刷的硬度。因为排好的字版要安装在木制印刷机上,靠机械运动往下施压(据说谷登堡印刷机是从葡萄榨汁机改造而成),达到"印"的效果。所以我们已经说过金属活字是一个发展方向,因为泥活字和木活字是无法承受这种机械压力的。另外,谷登堡用的印刷材料是油墨,不是中式的烟墨,他必然也是试出了适于"吃"下油墨的铅字硬度;另一方面,油墨也必须迁就铅字的性格,不能太稀,也不能太稠。而中式的烟墨是无法匹配这种高效印刷机的。

我们说"高效",大家一定非常理解,因为这是以半机械化代替了纯手工操作。当电气时代到来后,这种印刷机更如虎添翼;实际上在互联网时代到来之前,我们使用的一直都是谷登堡式活字印刷机。

也可以说,是毕昇的活字印刷术。

想起20世纪90年代中期,我还在我们老家的小县城里做制药工人,有时也溜到县印刷厂去看女工拣字,很好奇她们如何拣字和排字。印象中字都挂在那里,她们手持镊子去镊取。她们用的,仍然是毕昇的活字印刷术;她们面对的机器,仍然是"洋毕昇"谷登堡的活字印刷机。那时候,我还是个文学青年,做梦都想着自己的文章能变成"铅字"。对,那时所有文学青年的梦想和惊喜都是作品变成"铅字"。所谓铅字,原来也是指谷登堡发明的铅活字。

我去印刷厂看排字女工排字,已经是这一技术和工种即将谢幕的时代了(俗称"铅与火的时代";"火"指铸字需要的高温),我们县少数效益良好的大企业已经购回了电脑,有了电脑打字员(弃用手摇式打字机)这一令人羡慕的岗位,彼时距谷登堡发明出铅活字印刷机五百数十年。如果加上毕昇发明出活字的时间,是900多年。

毕昇推不倒

接下来是一个很重要的问题：谷登堡是独立发明了他的活字印刷还是从中国毕昇活字受到影响而发明的呢？我们说"中国毕昇"，包括所有那些在毕昇之后谷登堡之前对活字技术做过探索和推动的匠心之人，如王祯等人。

许多中外学者都认为，谷登堡是独立发明的。另外也有许多中外学者认为，是中国的活字技术西传，启发了谷登堡，传播的主要媒介是来华传教士以及元代蒙古的西征军队。美国著名历史学家威廉·麦克高希在其著作中就如是写道："作为两项产生于中国的发明的结果，印刷技术在公元15世纪传入欧洲。一项是便宜的纸张，另一项是活字印刷。"（《世界文明史：观察世界的新视角》，新华出版社，2003年）。李约瑟博士也认为，尽管很谨慎："直到今天，没有人认为谷登堡曾看到中国的印刷书籍，可是不能排除他听到过人们谈论到这件事的可能性。不过，这种发明是一种再发明，而不是很有独创性的发明。"（《中国科学技术史》第七章第12节）法国著名汉学家安田朴曾以《欧洲中心论欺骗行为的代表作：所谓谷登堡可能是印刷术的发明人》为题，论证欧洲的活字印刷术来源于中国。意大利人还相信是他们的马

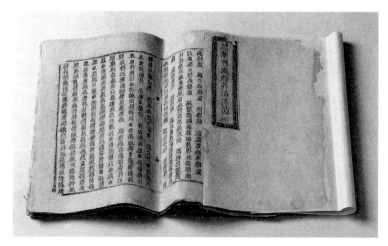

西夏文佛经《吉祥遍至口和本续》残本。现存最古老的木活字本实物

可·波罗从中国带回活字版书籍,从而使这门伟大的技术传入欧罗巴的。

根据我们的梳理,中国的活字印刷术向外传播,有东西两条途径。西循丝绸之路,经中亚到欧洲。1991年宁夏出土的西夏文木活字佛经《吉祥遍至口和本续》,就是西传的明显印迹。东则就近传到朝鲜和日本。近年来,韩国的一些学者认为活字印刷术是韩国发明的,其依据之一是在韩国清州发现的印于1377年的铜活字本汉文书《白云和尚抄录佛祖直指心体要节》。他们说,这是世界上最早的活字本,所以是韩国率先发明了活字印刷。中国的毕昇嘛,只是一个传说。后来,一些韩国学者又提出依据之二——印于1239年的汉字木活字本《南明泉和尚颂证道歌》,据此把韩国发明活字印刷的时间前推近百年;2010年又宣称发现了12个世界上最古老的金属汉字活字,比1377年的《白云和尚抄录佛祖直指心体要节》还要早138年以上。

按照韩国一些学者所宣称的"世上最古老"活字铸造的时间应在12世纪末,而我们1965年在浙江温州白象塔内发现的刊本《佛说观无量寿佛经》活字本,则是12世纪初出品的。我们于1991年在宁夏出土的西夏文木活字佛经《吉祥遍至口和本续》,即使以最晚的时间点——西夏灭亡的时间1227年计,也要比韩国学者宣称于1239年面世的《南明泉和尚颂证道歌》更早。

2008年,第29届北京奥运会开幕式上,由上千名表演者组成897块活字印刷字盘变换出不同字体的"和"字,既向世界传递了我们以和为贵的价值观,也展示了我们的四大发明之一——活字印刷术的神奇和骄傲。印象深刻如昨。

2014年2月的俄罗斯索契冬季奥运会闭幕式上,有下一届主办国韩国"与平昌(主办城市)同行"的8分钟表演,在介绍其首都首尔的镜头中,也有活字印刷术的展示,引来中国网友吐槽一片。对此韩媒坚称,活字印刷术就是起源于韩国。

据悉有韩国研究者先根据《梦溪笔谈》中的记录制作毕昇的胶泥活字,发现根本无法成形,一压就破且碎了。他们由此就质疑毕昇活字出于想象,毕昇其人嘛,更只是一个传说。先把"毕昇塑像"这个最大的障碍推倒,以证明活字印刷术确实首出于韩国。

我们已经梳理过，毕昇之后，也有国人据沈括所载试毕昇活字，成功了。南宋周必大就是。元代姚枢也提倡而且成了。清道光十年(1830年)苏州私人刻书家李瑶在杭州雇工十余人，又"仿宋胶泥版印法"，印成《南疆绎史勘本》30卷，为迄今留存于世的最早泥活字本。道光二十四年(1844年)安徽泾县塾师翟金生也自造泥字10万余，印成自著诗集和朋友著作。他是试用泥活字最有成就者。其存世泥活字及印刷品已成为安徽省博物馆及中国国家博物馆馆藏文物。

"关于韩国试图夺取中国'四大发明'之一印刷术发明权的争议"，科学史家江晓原教授认为(参见《发明里的中国》，上海文艺出版社，2019年)：

上个世纪80年代末，中国科技大学科学史研究室，在中国科学院上海硅酸盐研究所等单位的协助下，曾进行了泥活字印刷术的模拟实验，证明《梦溪笔谈》中记载的毕昇泥活字印刷术是完全可以实际操作使用的。而不是如某些韩国学者所宣称的，沈括记载的毕昇泥活字印刷术"只是一个想法"。

……

在使用金属活字的印刷活动中，朝鲜确实有可能比中国更早。联合国教科文组织2001年将《白云和尚抄录佛祖直指心体要节》认定为世界上最早的金属活字印刷品，在当时也有事实根据。

但是，即便如此，韩国也不可能将活字印刷术的发明权从中国夺走。因为《白云和尚抄录佛祖直指心体要节》的印刷，毕竟晚于毕昇发明活字印刷术300余年。就算朝鲜首先使用了金属活字，那也只是在毕昇活字印刷术的基础上所做的技术性改进或发展，这和"发明活字印刷术"不可同日而语。

……

综上所述，中国人在雕版印刷术和活字印刷术上的发明权都是不可动摇的，韩国充其量只能夺得"铜活字印刷术"的发明权——实际上也可能再次失落，因为关于在中国境内新发现更早的活字印刷品的报导，近年络绎不绝。

毕昇推不倒。

翟金生泥活字模（视觉中国供图）

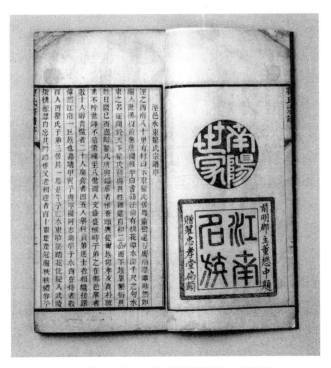

翟金生用自制的泥活字印刷的《翟氏宗谱》（视觉中国供图）

谷登堡开印石破天惊

谷登堡发明了铅活字印刷机后,开了他的印刷厂,并首次印刷出300本《谷登堡圣经》,后来证明这是石破天惊之举。在谷登堡开印之前,《圣经》向来只是用拉丁文抄写在羊皮纸上,由罗马天主教庭垄断着解释权,信教者只有通过他们的高门槛才能实现和上帝的交流,他们也因此牢牢把控着政教统治权,将社会阻塞在中世纪的千年黑暗中。而谷登堡一开印,就将《圣经》带到民间。尽管他印的《圣经》也还是拉丁文,但很快就有一些宗教改革家卷入,用自己的民族语言翻译《圣经》并大量印刷,装订成册,让广大信徒可以以很低的价钱、通过自己的阅读和理解,而不是必须在通过购买昂贵的赎罪券参与教会圣礼的基础上去过信仰生活。其中最著名的人物是马丁·路德,他和他的支持者们"用印的宗教宣传材料淹没了欧洲"(威廉·麦克高希语)。政教一气的领袖们气急败坏,企图扼住这股洪流,可哪里能成。一个名叫菲利普·狄·斯特拉塔的教士试图劝说威尼斯议会用法律禁止印刷,竟这样声称:"出版社是一个妓女,笔是一个处女。"这比喻也委实有趣得紧。

谷登堡发明的活字印刷机成了欧洲现代文明发展的基石,那听起来还有些笨拙的机器转动声,却已是文艺复兴、宗教改革、工业革命、启蒙运动的先声。马克思在《机器、自然力和科学的应用》一书中,把源于中国的印刷术、火药与指南针并列为预告资产阶级社会到来的三大发明,他写道:"火药把骑士阶层炸得粉碎,指南针打开了世界市场并建立了殖民地,而印刷术则变成新教的工具,总的来说变成科学复兴的手段,变成对精神发展创造必要前提的最强大的杠杆。"不需要去听那么"高大上"的评价,我们自己也会得出朴实的理解:只有印刷机方可以大量地印出识字课本和报纸,使获取知识和信息的代价变得非常低廉,对于开启民智、实现民主和自由创新(从物质到精神),实是一个充分必要的条件。

毕昇为什么寂寞而谷登堡为什么能够成功?

毕昇死后,虽代有"毕昇",但他盼望看到的用活字印刷取代雕版印刷的局面一直没有出现,即使有清一代,虽有乾隆和金简掀起的第三次活字高潮,使彼时的"图书市场"上出现了数以千计的活字版书籍,也仍然不是主流,因为同时期的雕版印刷图书是数以万计的。

在中国,活字无法取代雕版的原因比较复杂,可以见仁见智。我想从以下几个方面试作分析:

从技术层面看,雕版印刷源远流长,技术已经足够成熟,其个性化的雕刻风格,还颇能满足中国文人对于书法的喜好,而活字发明出来后,其配套技术一直处于试验成长阶段,它对于印刷效率的大幅提高,还一直是一种预期而从来没有较好实现。比如,仅铸字模一项就令人头大至巨,因为汉字太多了,现在常用已是7000,古汉语时代,常用更多至两万以上。

从文化层面看,中国古代识字的仅限于"读书人",那是一个极少数,对书籍的需求量并不大;而我们能够供应的书籍更少,仅限于老祖宗们的经、史、子、集,雕一次版,即可重复使用、递代而用,反而比活字每次重排要来得方便。沈括早就说过,活字的优势在于印刷大量书籍,书籍印量既不大,其优势就无法体现出来。

从思想层面看,中国自春秋战国以后,思想强制一统,自北宋以后,更趋紧固,铁板一块,不允许有任何知识创新,只允许在被皇朝所理解的儒家小圈圈里打转转。所以图书市场一直不活跃或者竟没有市场。儒家向来只重政治伦理而轻"工业","皇朝儒家"对"工业"领域里的创新自然不给青睐,更不奖励和扶持,有时甚至也要以"政治不正确"为由予以打击。我们历史上工匠人物和工匠精神一直是存在着的,也代代有创新成果,但他们基本上都是在主流之外自力行舟的,没法成为一股抗衡的力量,这严重地削弱了他们的影响力,也阻碍了中国生产力的发展,终于导致中国没有出现西方式的工业革命。就是在这种背景下，布衣毕昇搞出了他的活字印刷，其寂寞自是可以想象！

而以上三个层面的问题对于谷登堡来说，却都不成问题。第一，西方没有雕版印刷，谷登堡的活字印刷机是直接在"一穷二白"的羊皮纸抄写的基础上转动起来的，取而代之自然如干柴烈火一般迅猛快速。西方是字母文字，字母横竖就那么26个（不管是拉丁文还是各种地方语言），铸字的劳动量非常之小，排版也非常轻松容易。另外，谷登堡发明的不止是铅活字，还有印刷机等，是一整套的技术，中国的"毕昇"们遇到的问题他是一揽子解决了。第二，谷登堡的发明可以说是顺乎天而应乎人，他正赶上文艺复兴和宗教改革的曙光，西人对知识的需求正可以用如饥似渴来形容。第三，欧洲有承自古希腊的重工商、创企业的传统，有着支持知识和技术创新的丰富的思想资源，以及保障工商业者追求私利的法律体系。如谷登堡致力于印刷技术发明的直接目的就是赚钱，他开了自己的印刷厂，赚到了钱；为了他的发明权，他还和合作伙伴打了一场官司，赢了。

要在400多年后，到谷登堡事业成功，到谷登堡印刷时代的到来，毕昇活字印刷术才算真正"洪波涌起"和"星火燎原"了，那是在欧罗巴诸国。不过没关系！毕昇的发明一开始就是属于全世界的，他是一位过早诞生的世界工匠，他要改变的是世界，必须和遥远西方的另一位世界工匠"联手合作"才能成功。他的努力没有白费。现在，"洋毕昇"谷登堡和处于源头处的中国毕昇，是闪耀在我们头顶的双子星座。包括谷登堡之后，仍在闭关锁国的中华进行活字试验的明、清二代的"毕昇"们，他们的努力也不是瞎子点灯，他们其实是在为这项世界性技术的完善和本土化而积累着经验（包括朝鲜的工匠们，也是这项伟大事业的添柴者）。众所周知，很快，谷登堡的印刷技术就传入或者回到她东方的娘家了。

李春

大国工匠李冰和他的都江堰

本章我们重点"记忆"水利工程方面的匠人故事。《考工记》说:"夏后氏上匠"。这里的意思是说,夏后氏崇尚负责水利的工匠(工官)。夏后氏是指大禹建立的夏王朝。大禹治水,变堵为疏,三过家门而不入,他自己就是一位顶级水利专家、一位高尚的匠人。孔子赞他:"⋯⋯卑宫室,而尽力乎沟洫。禹,吾无间然矣!"(《论语·泰伯》)意思是说大禹对宫室的营建不怎么在乎,而是尽力于开沟导河的水利事业,再加上其他方面的优点,孔子感叹再也挑不出他什么毛病了。其实大禹并非不想把都城建得像样一点,而是因为整治水患乃摆在他面前的当务之急。

水利,被称为命脉,农业的命脉,也是国家的命脉。建国立业,一般都要从水利起步,因水利立足。大禹治水,为中国历史上第一个朝代夯实了基础。为官一任,造福一方,也往往从水利留下政绩和口碑。在这方面我们想到了都江堰及它的设计和兴建者李冰。

都江堰工程要解决西涝东旱问题

都江堰水利工程,位于四川省都江堰市,该市原名灌县,1988年5月,灌县撤县设市,并因都江堰水利工程(以下简称"都江堰")而改名都江堰市。

改名都江堰市,这说明都江堰太有名了,在世界上都赫赫有名。而李冰,我们也是从小就知道的。凡是我们从小就知道的人,其影响力都是超一流的,其事功多是伟大的。

我是2010年5月12日,四川汶川地震两周年纪念日那天去都江堰景区

都江堰(视觉中国供图)

参观的。都江堰地区处于震中地带,历经2000余年沧桑的都江堰水利工程
在具有毁灭性的8级大地震中却完好无损,很有象征意义。

　　都江堰是川西岷江中游的一项大工程。"更喜岷山千里雪",这是毛泽
东《七律·长征》中的著名诗句。岷江就发源于川甘交界的岷山南麓。岷江
水从海拔三四千米、山多地狭的松潘县急流而下,至灌县一带,忽遇一马平
川,海拔降至700米以下,水流骤缓,从上游夹带的泥沙就大量淤塞。每年夏
秋季节,雨水较多,兼以岷山雪化,江水暴涨而流不通,满溢两岸,人或为鱼
鳖,田十有九毁。水灾过后,往往继以旱灾,更叫百姓不得好死好活。还有
一种情形,水灾常常发生在江西,同期的江东则是严重的旱情。因在灌县城
西南,有山名玉垒山,阻碍岷江东流,所以西涝东旱,叫人东西都不得好过,
连个逃荒的去处都没得。

　　我们现在说的是2200多年前的水情和人事。其时,四川作为古蜀国的地
盘,已被秦昭王(公元前306—前251年在位)所灭并郡县之。公元前256—前251
年,秦昭王任命李冰(约公元前302—前235)为蜀郡守(郡治即今成都一带)。

他在岷江中流竖着划拉了一道子

李冰一到任，就开始治理岷江之水，成就了独具匠心、匠心联翩的都江堰水利工程。

都江堰工程最大的、给游客留下最深印象的匠心是"中流作堰、鱼嘴分水"。

堰是"让水结束流淌，停下来休息的土坝"，或者大堤，一般都修筑在沿河两岸约束水流，或中流横拦。李冰没有沿岸束水，也不是中流横拦，而是在深湍的江中流竖着筑。他顺其自然，筑的是分水堰。即是说，他在岷江中流竖着划拉了一道子，将完整迅猛的江水分为两股，一股向西流，一股朝东引，这就达到了分洪的目的。

中流筑竖堰，谈何容易，近乎说笑。把鹅卵石投进去，"哗"一声就冲散了。好不容易筑起来，大水一到，"哗"一声又冲垮了。

最容易想到的办法往往意味着"不行"。当地多竹。李冰就让篾匠们编竹笼，很大的竹笼，长三丈，宽二尺。然后把鹅卵石装满竹笼，再一笼一笼地把"笼石"沉入江底。石头经此聚合，再也冲不散了。这样把"笼石"连接起来，累积起来，堰就成了，再也冲不垮。这样筑成的分水堰迎水的前端尖圆，形似鱼嘴，就叫它"分水鱼嘴"。这是多么贴切、轻松而水灵的名字，从实到名，都显示了匠心之妙。

在分水堰两侧，又砌起大卵石护堤，这两道堤并其所夹护的由笼石形成的洲滩，远看像一个"金"字，就叫"金字堤"或"金刚堤"。西堤就是"外金刚堤"，东堤就是"内金刚堤"。

这鱼嘴分水堰也是整个都江堰的主体工程。

写到李冰的"笼石筑堤"时，我不禁想起了我们现在另一项举世闻名的工程——港珠澳大桥建设工程。这座大桥的香港和珠海两头是要填筑两个大型人工岛的。我去采访过，填岛技术的关键是要将一种大直径钢圆筒插入海底，然后在钢圆筒构成的椭圆形岛体内吹填沙土。这是打破多项世界

鱼嘴（杜文彪摄）

纪录的技术。我发现，这个海上造岛的理念其实与李冰江心筑堤的理念是一致的。

2015年，"十三五"国家发展规划专家委员会委员、清华大学国情研究院院长胡鞍钢在接受香港《大公报》专访时，将港珠澳大桥称为中国的"新都江堰"，这也是一个很有想象力的对照。

把这句话反过来说也挺有意思：2000多年前，我们就有了一项相当于，甚至比"港珠澳大桥"还要厉害的水上工程。

鱼嘴分水后，宝瓶引水

修建都江堰工程的第一步其实不是"鱼嘴分水"，而是"宝瓶引水"。

前边说过，在灌县城西南，有玉垒山挡住了岷江东流，是洪水泛滥的根源之一。杜甫在成都写下诗句："玉垒浮云变古今"（《登楼》），句中的"玉垒"就是指这座玉垒山。按照李冰"鱼嘴分水"的构思，朝东引的那股水要想成功引流向东，就必须先把玉垒山凿出一道口子。

凿开玉垒山让岷江东流，据说蜀国前人已经试过，没有成功。那是还没有炸药的时代,开山只能单靠手凿。玉垒山岩石坚硬,虽已有铁器,凿之也如蚂蚁啃骨头似的,李冰的工程队也遭遇了失败。在失败的基础上,李冰召集大家多次开会,一个成功的办法就想出来了。

他们先在岩石上开出一些槽线,再在人工槽线和天然罅隙里填满干草树枝,放火烧之。岩石被烧烫,趁热浇以冷水,像打铁的淬火一样。"淬"的结果,岩石炸裂、松动。这就把玉垒山开了一个宽20米左右的大口子。因其形似瓶口,就命名为"宝瓶口"。

形似瓶口,也说明不宽。不宽,或者窄,自有其妙。下边会说到。

东引的岷江水就从宝瓶口流出,这就是"宝瓶引水"。

鱼嘴分水,向东流的那股水就称内江,也称郫江(你一定吃过郫县豆瓣吧?),再经宝瓶口流出后分为走马河、柏条河、蒲阳河三条支流,既分了洪,也使灌县乃至于整个成都平原的农田得灌溉之利,再无旱灾之忧。内江,实际上就是灌溉渠系的总干渠,渠首就是宝瓶口,流经宝瓶口再分成三条大渠,再进一步细分许多大小沟渠,组成一个纵横交错的扇形水网,使成都平原的千里农田都普享"水利"。

宝瓶口和离堆(杜文彪摄)

　　鱼嘴分水,向西流的那股水就称外江,实际上就是"老岷江",仍沿故道向南,经宜宾,入长江,因一部分水被"宝瓶"吸引走了,它就只能老老实实地流着,再不敢泛滥成灾。

　　鱼嘴分水是按比例来的,大抵外江4成,内江6成,既能充分消灭东涝西旱,又能足够发挥灌溉作用;当洪水季节,这个四六比恰又自动颠倒过来,内江4成,外江6成,使灌区不受水涝灾害。

　　能这样心想事成,是因为分水鱼嘴堤建在弯道处,且内江处于凹地,外江处于凸地,枯水季节,岷江水位较低,河流主流线多靠近河谷凹岸流去,故内江分水占六;而当洪水季节,岷江水位相对升高,河流主流线相对变直,故六成江水就流向凸岸。现代研究表明,这是李冰自觉利用了弯道流体力学自然规律的结果。

　　李冰真是冰雪聪明。当然,我们更愿意说,也是他善于集纳集体或群众智慧的结果,是他善于调查研究的结果。

沙为什么能够飞?

　　为了彻底避免洪水季节内江也产生洪涝灾害,李冰又修筑了飞沙堰。

　　飞沙堰筑于内金刚堤南端,仍然用竹笼装石的办法筑成。飞沙堰长约200米,它的匠心体现在它比金刚堤要矮,堰顶距河床仅2.15米。当洪水季节,江水超出宝瓶口的进水量,多余的内江水就漫过这道矮堤,溢到外江即"老岷江"里。

　　测量资料表明,内江流量越大,飞沙堰的泄洪能力越强。特大洪水时,从鱼嘴分进内江总干渠的流量可达宝瓶口流量的四倍。75%的内江水可从这里泄出。当枯水季节,水位低于飞沙堰时,它便成了一道天然节制闸,自动失去了泄洪功能,保证了成都平原的灌溉。

　　飞沙堰是都江堰水利工程的第二个主体工程。之所以叫"飞沙堰",是因为另有排沙妙用。在飞沙堰对岸,因有虎头岩,把内江限制成弯道。急流经此弯道,被虎头岩一挡,自然形成涡流,再径直朝位于西南方向的飞沙堰奔流过来。此时,2.15米以下的水流被飞沙堰挡住,但其中的沙石却在撞向堰体后被弹起来、甩出去。这就是"飞沙"。从这里"飞"出的,甚至有重达千斤的巨石。这是利用了河流动力均衡原理。从这里可知,飞沙堰建在金刚堤南端那段弯道处,是因势妙建而不是随便选址的。经测算,当内江流量超过每秒1000立方米时,飞沙堰的排沙比可超90%。

飞沙堰的功能设计理念被后人总结为8个字:"正面引水,侧面排沙"。

上边说过,宝瓶口20米宽,并不宽。这也是考虑到排沙功能设计的宽度。飞沙堰处的涡流,有虎头岩的抵挡作用,也有宝瓶口的约束之功。

飞沙堰的排沙比超过90%,此处的90%只相当于岷江含沙总量的15%左右。也就是说,在鱼嘴处已经排走了占总量80%的沙石。回看鱼嘴:它不仅分水,也能排沙。还是前边说过的弯道水流规律和内凹外凸这种天然加人工的设计,使表层含沙量低的水流入凹下的内江,而含泥沙占大部分的底层水则流向凸起的外江,排入长江,这正是所谓"泥沙俱下"。

飞沙堰是第二次利用弯道流体力学原理,再次排走江水中的大部分泥、沙、石。

分水鱼嘴、飞沙堰、宝瓶口,是都江堰三大主体工程,它们从上到下依次排布,相互配合呼应,修筑时间虽有先后,却又给人以一气呵成的结构感和完美感,真不愧为"大国工匠"的传世杰作。

"杩槎"是个啥东西?

经过飞沙堰的二次排沙,经宝瓶口流向成都平原的水流含沙量就只占8%左右了。但不能小看这8%,日积月累地沉淀下来,仍会淤塞河床,成其水灾。

这样子啊?

别担心,李冰又想到了淘江。

淘江,在每年霜降时节。

淘江? 明白,我小时候淘过井,就是把井水中的淤泥出一出、掏一掏。

杩槎(采自维基百科网站)

同理,淘江就是清除河床泥沙。不同在于,河水是流动的,如何淘呢?李冰的办法是截流。咋个截?他用杩槎(màchá)。

"杩槎"是一个水利专有的名词,指用来挡水的三脚木架。杩槎据称也由李冰发明,是用三根6至8米长的粗壮原木绑扎而成。把一排杩槎插在水流中,中加横木固定,上设平台,压以笼石(仍然是竹笼装石头),在迎水面绑上竹席,糊上当地特有的黏土,就形成了一道临时的挡水坝,就能把水挡得严严实实了。截流,不会泛滥?不会。听我往下说。

淘江,内外江都要淘。先用杩槎截流外江,让江水全部流到内江,淘外江。下年立春,再把杩槎移至内江,让江水全部流往外江,淘内江。

杩槎拆除方便,内外截流,左右逢源,事半功倍,真是令人赞叹。

更令人称奇的是,今天,都江堰管理局的工人们仍然沿用2000多年前的杩槎截流法对都江堰施以"岁修"。

问:为什么就不采用"现代"一点的技术呢?

答:还是只有杩槎最好。第一,杩槎是三角结构,三角最稳定,都江堰一带的河床起伏不平,只适合"下杩槎";第二,杩槎方便拆除,代价低廉;第三,最重要的是,杩槎截流,所用材料皆是天然,不会污染水源。

我们对李冰真是更佩服和崇拜了! 我们已是他的粉丝了!

掉书袋,找李冰

李冰之修都江堰首次见诸史载,是在司马迁的《史记·河渠书》:

蜀守冰凿离碓,辟沫水之害,穿二江成都之中。此渠皆可行舟,有余则用溉浸,百姓飨其利。

"有余则用溉浸,百姓飨其利",司马迁首次记下了都江堰不仅避水之害,还有灌溉之利。而堰的作者,名字却只给了一个字:冰,连姓啥子都不知道。

文中的"离碓"即离堆,指凿宝瓶口时从玉垒山凿下来、分离开的那堆石头和土所形成的山丘,在宝瓶口右边,紧挨着飞沙堰,对宝瓶口的瓶颈束水功效和飞沙堰的排沙作用都有"功"和"用",是都江堰水利工程的有机组成部分。司马迁单举"离碓"以概全部。

司马迁称,"凿离碓",而"辟(避)沫水之害",此处的"沫水"让我迷惑了一阵子。沫水,词典只解释为:大渡河的古称,而大渡河在西,与都江堰搭不着竿子。莫非这里是分言两事? 搜:原来古时岷江的灌县河段也被当地人称为"沫水"(魏达议《〈史记〉中之"离碓"、"沫水"辨析》,《社会科学研究》1982年第6期)。

"穿二江成都之中":都江堰鱼嘴分水为二,一内江(又称郫江),一外江(又称检江),均流经成都(所以成都机场叫双流机场嘛!),使成都城中百姓先享水利。自汉时,二江被诗意地统称为"锦江",因为经李冰都江堰治水后,江水格外清澈,蜀地女工遂喜江中濯锦,故得此美名。而这两脉清波,也使蜀锦更加明粲,成都也因此被称为"锦城"。

《汉书·沟洫志》照抄了司马迁的上述记叙,唯在"冰"字之前加了"李"字:"蜀守李冰凿离堆"。于是知道"蜀守冰"姓李,叫李冰。这是班固的功劳,不是这一"李"字,司马迁记下的"冰"恐怕就要"融化"啦。

继李冰首次在东汉《汉书》中全名出场后,东汉又有应劭(约153—196)撰《风俗通义》,又记李冰,首次明确了他为秦国派到蜀地任职的领导级干部:

> 秦昭王遣李冰为蜀郡太守,开成都两江,溉田万顷。

以上记载也明确李冰是秦昭王派往蜀郡的。

此后是东晋常璩(今成都崇州市人)在其《华阳国志》(撰写于晋穆帝永和四年至永和十年,即348—354年)"蜀志"部分比较详尽地记述了李冰在蜀治水的情形,还略及李冰简历信息:"冰能知天文地理。"

李冰到蜀后,实地考察了岷山、岷江。然后,"冰乃壅江作堋(péng)"。堋,就是分水鱼嘴。"堋"这个字,几乎专为命名李冰的功绩而被造,《新华词典》(2001年修订版)在"堋"之下只有一条释义:"中国古代科学家李冰在修建都江堰时所创造的一种分水堤。作用是减杀水势。"这真是李冰的殊荣啊!

《华阳国志·蜀志》记李冰建都江堰后所带来的巨大利益:

> 于是蜀沃野千里,号为"陆海",旱则引水浸润,雨则杜塞水门,故记曰:水旱从人,不知饥馑。时无荒年,天下谓之天府也。

四川号称"天府之国",最著名的来历是在这里(可以画重点哦)。

再往前翻页,其实诸葛亮在《隆中对》中已称四川为"天府"了:"益州险塞,沃野千里,天府之土,高祖因之以成帝业。"

"天府"主要是指农产品丰富,而农产品丰富要靠充足的灌溉水源。"天府"的灌溉全靠都江堰。按照应劭"溉田万顷"的记载,这"万顷"如果是指秦时的灌溉面积,如是实数,折算下来,应为50万亩。在当时,这已经算是"大数据"了。

"大数据"一直在增加:

汉代:都江堰灌溉面积100万亩;

宋代:150万亩;

清代:200万亩;

新中国成立之初:300万亩;

2000年:1008.04万亩,是1949年的3.57倍;

2016年:1043万亩,居全国灌区之首。

灌区范围则早从成都平原扩大到川中丘陵区共40余县。不仅供农业灌溉,还保证生活供水、工业供水、成都锦江生态环境供水。

"李冰"从泥沙中站出来证明李冰

继续掉书袋。

《华阳国志·蜀志》还载:李冰"于玉女房下白沙邮(在都江堰工程区域)作三石人,立三水中,与江神要(约定),水竭不至足,盛不没肩"。

这实际上是一种人形水位尺,观察水位变化的,当水浅露脚,意味将旱;当水深没肩,预示将涝。这是世界上最早的水位尺。而李冰与江神约定云云,是叙述的有趣,也是李冰的有趣和有智。古代迷信,以为江河皆有神,或旱或涝,都是神与人过不去,李冰沿袭这种意识,设计人神之约,使百姓多了一重安慰,也是以他为代表的人的自信心的一种轻松体现。

在《华阳国志》之后,又有《益州记》(有晋朝任豫撰和南朝梁蜀人李膺撰两种,均佚)、北魏郦道元的《水经注》(这个非常有名哦)等著作皆以显著之笔记了李冰的治水事迹,其功所及还不止都江堰一处。

跳到唐朝看看。元和名相李吉甫(758—814)在其名著《元和郡县志》中记载:

犍尾堰(都江堰唐代之名)在县西南二十五里,李冰作之以防江决。破竹为笼,圆径三尺,长十丈,以石实之。累而壅水。

这里分明记载着李冰笼石筑鱼嘴啊!

虽典籍班班可考,但长期以来,却仍有人怀疑李冰其人的真实性。换言之,怀疑都江堰不是"外地人"李冰修的,一些四川人具体认为都江堰就是传说中的古蜀国宰相鳖灵所建,是"鳖灵"讹音为"冰"。

1974年李冰石像的出土,被认为是还李冰"清白"的有力物证。

是年3月,都江堰枢纽工程迁建安澜索桥(去都江堰旅游的话,都会从这座桥上晃晃悠悠走过去),从河沙里挖出一个大脑壳石人。这是一尊由本地青石凿成的石像:身高2.9米,肩宽0.96米,重约4吨。拭净泥沙仔细观瞧,石像五官端正,面带笑容,汉冠汉服,腰间束带,拱手垂袖,平视端立。

最叫人来劲儿的是,石像衣襟中间和左右袖上有隶书铭文三行:"故蜀郡李府君讳冰/建宁元年(公元168年)闰月戊申朔廿五日都水掾/尹龙长陈壹造三神石人珍(镇)水万世焉"。

这是治水者李冰石像啊! 东汉灵帝朝都江堰两名水官刻造的,当时一共刻造了"三神石人"。

余秋雨在他的文化散文《都江堰》中猜想,李冰刻了三个石人测量水位,在他逝世400年后,也许三石人已经损毁,汉代水官就重造了高大的"三神石人"测量水位,其中之一即是李冰石像。余秋雨充满激情地写道:"这位汉代水官一定是承接了李冰的伟大精魂,竟敢于把自己尊敬的祖师,放在江中镇水测量。他懂得李冰的心意,唯有那里才是他最合适的岗位。"

1975年1月,都江堰渠首扩建外江闸护滩时又出土一尊无头石像,高1.85米,重约2吨,头部虽已损毁,手和手中紧握的长锸却是完好的。石像造型、雕刻手法及石质,均似于李冰石像,因此有人认为持锸石像也是李冰石像铭文中提到的"三神石人"之一。有人具体认为,石像持锸,或是堰工。

有人还认为,这堰工不是别人,是李冰的儿子。

现在必须交代一下,传说李冰治水,一直带着一位年轻的助手,就是他的儿子李二郎。这爷儿俩都奉献在治水一线的激流中。

于那持锸石像,余秋雨说:即使不是李冰的儿子,他仍然把他看成是李冰的儿子。余秋雨还引用了一位现代作家看到这尊石像时在"怦然心动"中写下的诗文:"没淤泥而蔼然含笑,断颈项而长锸在握。"这对仗的诗句,显然是把持锸石像当成李二郎来写的,不,直接就是写二郎他老汉儿(四川话称父亲为"老汉儿")的。但也许余秋雨理解有误,石像既已无头,又如何见其"含笑"呢?那笑还是"蔼然"的,也貌似是长者的笑法。所以,也许,前半句是写李冰的,后半句是写李冰儿子的。一种工匠精神,父子共演,父子传承,这样理解岂不更好?

神话版李冰治水

司马迁也真是,在《史记》中为何不给李冰留一篇列传呢?而只用30余字记之还有名无姓。难道是受儒家不重工匠传统的影响?可李冰贵为一方郡守(省部级呢),以官阶论,也该有传。而李冰终竟无传,其身世籍贯都模糊不闻,只笼统知道是秦国派往蜀地的。这,一直令人难解,所以也一直有人怀疑他不是都江堰的创造者。

正史不传,神话上,所以在四川关于李冰(和他儿子)的治水神话多得很。神话也都载于典籍,但其真实的作者应当是广大老百姓。他们以神话的方式纪念和歌颂李冰。下面我们不再掉书袋子,直接综合,讲这些神话:

李冰到蜀,知岷江为害已久,民不聊生。老百姓说,江水有神,具体是蛟龙,要每年娶童女为妇,才能息其波。神话传说多雷同,儿时读过西门豹治邺的故事,也有河伯娶民女为妇的情节。《西游记》中,通天河里的金鱼精要岁岁吃一对童男童女才可保证风调雨顺,亦类此。

李冰到蜀,闻娶童女一说,就让自己的女儿扮成新娘,打算沉江,先送到神祠。女儿?太危险了吧?于是在另外的传说中,李冰的儿子李二郎就出场了,由他来扮待嫁河神的童女。

李冰到神祠,先敬一杯说:"江君大神,谢谢您让我家得以攀附龙中九族,我先干为敬了!"先干了,见放在神案上的杯中酒犹自微微晃漾,一点儿也不见赊下去,李冰就厉声对那神像说:"瞧不起人啊?如此休怪我不客气了!"拔剑就砍。

那神像倏忽不见。

李冰父子像（壹图网供图）

接着风雷大起，天地一色，百姓们只见有两头青牛激烈地战斗在岷江岸旁，显然是李冰和江神变的。战了一会儿，又见李冰回来现出人形，汗流满面，对僚属们说："我斗得太急，你们要帮我。两头牛，那头腰中有白条的就是我。"白条者，李冰故束白练在腰间所化也。再次开战时，僚属们就助以刺杀，专刺腰间无白条的青牛。江神遂死。一说李冰选了五百弓箭手助阵，大家一齐射杀了江神所化的青牛。

蜀人敬慕李冰的战斗精神，后来就把壮健的男儿都称为"冰儿"。

在另外的传说中，主角则为二郎，故事情节很是蜿蜒曲折，最后是二郎在7个朋友的帮助下，终于锁住了作恶的蛟龙，四川就再也不遭受洪水的灾害了。

李冰是哪里人都说不清楚，但不妨碍其形象栩栩如生，他早已是官方和民间共同认定的"神人"了，四川人且尊其为川主。从秦始皇时代起，就在都江堰立了李冰祠。后世帝王且屡有褒封。

今到都江堰旅游，除了看"堰"，还有伏龙观和二王庙可以观瞻。伏龙观在离堆北端，建于何时已不详，北宋改名"伏龙观"，取李冰父子制服恶龙的意思。二王庙建于内江东岸玉垒山麓，初建于南北朝。二王者，李冰和他的儿子二郎也。二郎是从宋朝开始出名的。

各国名人评价都江堰

汉武帝元鼎六年（公元前111年），司马迁奉命出使西南，实地考察了都江堰,写出了记"蜀守冰"的30余字。他在《史记·河渠书》结尾的"太史公曰"中明确交代了这次考察:"西瞻蜀之岷山及离碓。"

李冰之名垂千古,不因为他是"大领导",只因为他办了建都江堰这件"大事"。余秋雨说:"中国千年官场的惯例,是把一批批有所执持的学者遴选为无所专攻的官僚,而李冰,却因官位而成了一名实践科学家。"说得是啊,李冰的确很特别,他当官当成了科学家、当成了大国工匠。李冰的确很幸运,他未被官场淹没,而被人心铭记。

我们说李冰和他建的都江堰是举世闻名的,也不是泛泛而说。元世祖至元年间(1264—1294),意大利那位著名的旅行家马可·波罗就从陕西汉中骑马抵达成都,游览了都江堰,后在其《马可·波罗游记》中向他的国人描绘称:"都江水系,川流甚急,川中多鱼,船舶往来甚众,运载商货,往来上下游。"

清同治年间(1862—1875),德国地理学家李希霍芬来都江堰考察,以行家的眼光,盛赞都江堰灌溉方法之完美。1872年,他在《李希霍芬男爵书简》中设专章介绍都江堰。李希霍芬是把都江堰详细介绍给世界的第一人(我们已经介绍过,此公还是"丝绸之路"这一概念的创造者)。

英国李约瑟博士说都江堰他去过两次:"我一生中有幸两次前往灌县李冰的庙宇向这位公元前3世纪的伟大水利工程师兼四川官员奉香致敬。"李约瑟盛赞都江堰水利工程堪称"世界之最",其最可称道的特点是在全世界修建时间最久,纯为造福百姓,一直利用至今;在其皇皇巨著《中国科学技术史》中,也对都江堰予以专章介绍。李约瑟是在抗战期间参观和考察都江堰的。

都江堰的准确修建时间被认为是李冰到任蜀郡守的那一年,即公元前256年。

灵渠和"灵渠四贤"

秦国有三大水利工程:第一就是秦昭王在位末期由李冰修建的都江堰;第二是郑国渠;第三是灵渠。后两条渠都是秦王嬴政(秦始皇)主政时留下的。

郑国渠是在秦国本土的关中地区建设的大型水利工程,位于今天的陕西省泾阳县西北25千米的泾河北岸。它专为灌溉而修,西引泾水东注洛水,长达300余里,灌溉面积号称4万顷。郑国渠修建于公元前246年,嬴政继位为王第一年,距修建都江堰的时间为10年。

根据李冰任蜀郡守的时间,推算修建都江堰大约用了5年,而修建郑国渠用了10年。郑国渠是以它的修建者的名字命名的。它的修建者叫郑国,本是韩国水利专家,在韩任水工(管理水利事务的官名)。这里头有个奇葩剧情。话说韩王怕被强秦吞并,就心生"疲秦"之计,以郑国为间谍,"忽悠"秦国大修水利,以耗其人民和财力。不想郑国渠不仅没有"疲"到秦,反而使秦国更强大了。它的修建,使关中也变成"天府之国"。郑国修渠过程中,"疲秦"之计也曾败露,因自辨渠实利秦,并且是千秋之利,秦王就未杀他,让他一心一意把渠修好。

关于灵渠,许多朋友都有这么一个基本印象:秦始皇统一六国后,还要统一南越(即今广东、广西及越南一带),于是开凿灵渠,连通湘江、漓江,通畅了中原和南越的军用航道,终建南越三郡:桂林郡(今广西)、象郡(两广西部、越南中北部)、南海郡(今广东大部分,初辖番禺、四会、博罗、龙川4县,郡治在番禺县,即今广州老城区一带)。

下面我们就从以上基本印象开始,由浅入深,重点介绍这条"渠"。

一个创意沟通两大水系

秦王嬴政于公元前221年统一六国,是年改称始皇帝,也于这一年下令修建灵渠。4年后,公元前218年,距都江堰建成33年,距郑国渠建成18年,灵渠凿成通航。于是粮草行,兵马动,又三四年后,南越定,"四海一"。

秦始皇发兵南越,首先想到的还是经湖南、江西,度南岭入越(粤)——即俗谓的岭南地区。南岭自广西、湖南、江西,由西向东,有五道著名的山岭隆起,故狭义的南岭即指此"五岭"。"五岭逶迤腾细浪",那是革命家的豪迈,或者是现代红军的本事,对于秦始皇的军队来说,却是难上难。兵士们或可像猴子一样勉强穿越,辎重粮草的运输却"难于上青天"。在古时候,但凡长途运输,首选水路。而岭南岭北,却无水可通。负责后勤运输的史禄在地图上看了看,发现在南岭西边的大山深处,向北流的湘江和向南流的漓江同时发源于彼,两江源头最近相距不到2千米。一个创意就在这位工匠型人物的脑子里豁然一划:开一条渠,连湘漓二源,不就沟通了岭南岭北的水路吗?

大历史说,秦始皇修灵渠。现在我们在说工匠史,所以还原为"史禄修灵渠"。

史禄,"禄"或是其名;"史"是官衔,全称"监御史",是负责监察的小官,根据以官冠名、以职为姓的传统,就被称为"监禄"或"史禄"。考虑到"史"更像一个姓氏,我们下边就统称其为"史禄"。在秦代,作为监御史,也有兴修水利的权力,而战时也会到军前效力。有这两个条件,就有了史禄在南岭创意开渠的机遇。

史禄的创意竟然就把大中国给统一了。如果说他还是一位小人物的话,那么他的目光却是宏大而深邃的,在当时的条件下,他已能一眼看穿中国地理的全貌。

让我们也来看一下:

"湘江北去,橘子洲头",汇洞庭,入长江。漓江水,甲天下,过梧州,汇西江,直通广州珠江。非独湘漓,南岭还是众多河流的发源地,湘江等河流向

灵渠(视觉中国供图)

北流,大多进入长江水系;漓江等向南流的河流,大多进入珠江水系。

由史禄想到、最后被命名为"灵渠"的那条渠,沟通的不仅是湘、漓二水,还是长江和珠江两大水系。

郑国渠实际上也是沟通了二水——泾河和洛水。灵渠,似乎与郑国渠有着一种创意的联系。

灵渠,具体位于湘桂交界、今广西兴安县境内。我是在广州写这篇文章的,面朝大海,把右手往右后方伸一下,指尖就能感到灵渠之水的清凉。这工程离我这么近,更与广州直接相关,写起来就多了一种亲切。

无泵时代,他们为什么能使水往高处流?

首先还是重点介绍工程技术。请随我上溯美丽的漓江,到兴安实地踏看一番。因为灵渠的存在,兴安的风景也是很美的。

渠乃人工开凿的水道。如果说郑国渠还只是一条水道的话,那么灵渠实际上就是运河,它是要供秦始皇的运粮船和"水军"通过的,所以又名兴安运河、湘桂运河;最初,它叫秦凿渠。灵渠是世界上最古老的运河之一,有着"世界古代水利建筑明珠"的美誉。

却说那一年秦国以史禄为总工程师,要在兴安凿渠,按照图纸,史禄们要把兴安县东面的湘江源头——海洋河(流向由南向北)与兴安县西面的漓江源头——大溶江(流向由北向南)连起来,湘、漓二水就通了。两点之间,线段最短。这两条江最近相距既不到2千米,是不是直直地凿通就可以了?不可以。因为存在着落差。南岭地势,北低南高,具体到海洋河与大溶江之间,有着7米的落差。即海洋河低,大溶江高,高低差7米。这样,直线沟通二水,水却不能流向7米的高处。想流,必须在海洋河修一座7米高以上的大坝。这在当时是无法做到的。史禄想到的办法是,舍近求远,将大坝向上游移建,那里地势就高些,最终只需要砌筑一道两三米高的大坝就可以了。两三米高的大坝,以当时的技术条件,可以做到。

那是海洋河一处开阔的水面,拦水大坝筑起来了。

接着就是开渠。先开一道弯渠,将水引入左边的大溶江,这是南渠。在大坝另一头,再开一道北渠,让它弯弯曲曲地向北流一段,再掉头向西交接湘江主道。从平面图看起来,北渠大致就像茶杯上的把手附着于杯体那样,只不过这把手是弯了四五道小弯的。南渠和北渠通过大坝相衔接,就是完整的灵渠。渠总长34千米,宽约10米,深约1.5米。

湘水和漓水就这样通了。但是内行还是要问,为什么南渠,尤其是北渠要弯来弯去,增加长度、增加成本呢?这仍然是为了减小落差,继而减缓水的流速。如果直线修渠,落差就大,顺流而下的船只,就会变成飞流直下,难以把控;逆流而上呢,则又势必艰如攀岩。所以这是迂回逐步增高的办法,跟修盘山公路是一个原理。

现在我们回头介绍拦水大坝,因为更高的匠心体现于坝。那坝的结构不是通常的一字形,而是开口朝外的人字形,其夹角为108度,因称"人字坝"。如此设计,就把"奔"面而来的江水的正压力变成侧压力,并一分为二,分别引入南渠、北渠。人字坝左边那一"撇"长约120米,叫小天平坝;右边那一"捺"长约380米,叫大天平坝。大小天平坝边长长短比例为3比7,这样也就把海洋河水按3比7比例分开,3分入南渠,7分入北渠。水满时,南渠北渠的水深恰好都是1.5米。大小天平坝的高度也有限制,使其保证1.5米的通航水深,而当洪水来临,又可保证余水从坝上泄入湘江故道,以避免决堤。人字坝既分大天平坝和小天平坝,合起就又称天平坝。因其"称水高下,恰如其分",故以"天平"名之。由大小天平坝拦住而又可三七分流的那潭深水也叫分水塘。

在分水塘里移动一下镜头,我们还可以看到,与人字坝"撇捺"相交处的顶端,还接有一段石砌堤坝,堤坝另一头呈锐角状直插海洋河水中流,故先在这里就将海洋河水一分为二了。坝头形似犁铧,此坝就以"铧嘴"命名。

是不是似曾相识呢? 是分水而不是拦水,这铧嘴与都江堰的鱼嘴从结构到功能,都是那么相似,而大小天平限高的理念也与都江堰飞沙堰的理念一致,所以可以联想:灵渠与都江堰在设计上是不是也有着一种匠心的联系? 非常有可能! 都是秦国的工程嘛!

现在的铧嘴是经清光绪年间整修的结果,前端已不似铧嘴,位置也有变移。

灵渠陡门和"灵渠四贤"

读完以上部分,灵渠的工程技术之妙你已经掌握了八九不离十了。下边再介绍一项开世界之先的"灵渠技术",并且还有更加好看的大历史故事。

灵渠通航,秦军以陕西西安为出发点,先取汉水顺流而下,到武汉长江;再过洞庭到长沙,从湘江逆流而南,到达南岭深处的灵渠;先过北渠,达铧嘴,再经南渠行漓江;而后下西江,入珠江,到广州,定南越。从地图上看,大抵循行了一个反S形的航运路线。

秦军征南的统帅,名义上是灭了楚国的大将王翦,实际上的执行者是王翦部下屠睢(suī)、任嚣。初,屠睢从灵渠入广西,却被广西越人杀死。任嚣继之,率"楼船之士"再过灵渠,终于筑成了史上最早的"广州城"。任嚣老死在南海尉任上,指定他信得过的老部下、时任龙川县令的河北真定(今正定)人赵佗接班。赵佗后来于汉高祖四年(公元前203年),自建南越国,先称王,后称帝,也曾两度称臣于汉。随其反复,灵渠也几度封开。

灵渠的意义已经不限于军事,它还开通了一条经济和文化航道。南越初定,秦始皇又曾大规模向该地区移民,而灵渠是这些汉人移民入越路线之一。他们坐着船,带来中原先进的生产技术和习俗,还有诗书文化。赵佗政府与大汉中央交好时,中原先进的铁制工具和耕牛也从灵渠水路源源南运,推动岭南科技的发展。

赵佗再度称臣于汉的时间是汉文帝继位第二年(公元前179年),此后直到第三代南越王,南越均作为大汉的臣属之国,交往畅通。至第四代南越王,时在汉武帝元鼎五年(公元前112年),南越相吕嘉挟国叛乱。汉武帝即任命路博德为伏波将军、杨仆为楼船将军,以楼船之师十万人、东西共分五路南伐。西路一支由越籍人戈船将军郑严率领,"出零陵(今湖南永州),下离水(即今漓江)",即经灵渠,顺漓江而下番禺。经一年,公元前111年,吕嘉叛乱荡平,有93年国祚的南越国随之而灭,汉朝在南越地区开置儋耳、珠崖、南海、苍梧、郁林、合浦、交趾、九真、日南等九郡。广大岭南地区从此统于中国,此后虽还有五代十国时期刘氏南汉王朝55年的"小插曲",但终无碍灵渠清波一畅南北。

灵渠始作,史禄居功在首。关于史禄,明代岭南学者欧大任《百越先贤志》给了一条信息:"其先越人,赘婿咸阳。禄仕秦,以史监郡。禄留揭阳,长子孙,揭阳令定,其后也。"

这是说,史禄的先人本来就是岭南人,"唔知为乜"就到了咸阳,而且当了上门女婿。而在秦时,当上门女婿是"有罪"的,不能当官,须三代以后才有准入资格。秦始皇发到岭南的兵和后来的强制移民,就多由几种"有罪的人"组成:逃亡者、商人和上门女婿。作为上门女婿之后,史禄能当官,说明当上门女婿的可能是他太爷,到他这一辈,可以无罪了。史禄后来住在了粤东揭阳,他的孙子史定还当上了揭阳县令,汉武帝平越时降汉。

以上身世情节连贯起来很可以拍一部戏的,但颇有史家以欧大任的记载为妄,所以关于灵渠的初建者史禄,其身世记录还是以"不详"为妥。

李冰、郑国、史禄,这三位水利专家留下的水利工程都对秦国乃至于中国的历史流向影响至深。都江堰成就天府之国,郑国渠使关中成为沃野,它们为秦王统一六国创造了经济条件;而灵渠,直接就是秦始皇统一全中国的军事通道,后来还成为中原和岭南深度交融的经济和文化通道。据当地老人回忆,一直到上个世纪三四十年代,灵渠这条水路都通行繁忙,盐、糖、铜、鼎锅、药材等物资无不经此北上汉口或南下广州,并且沟通海内外。

除了史禄,东汉名将、另一位伏波将军马援(公元前14—49)是另一位有功于灵渠的人物。建武十六年(公元40年),交趾(今越南北部)女子征侧、征贰姐妹叛汉。建武十八年(公元42年),光武帝拜马援为伏波将军,率楼船将士2万余人征讨。征交趾的楼船,也是必过灵渠的。过灵渠,马援见其已是年久失修,便组织力量重新维修疏浚,以利通行。

但灵渠终因水浅,每年秋后,有连续长达4个月的枯水期无法行船,此一问题非疏浚可以解决。于是就有了陡门。

所谓陡门,就是具有船闸作用的建筑物。修建陡门,无非竹木为材,先在渠中嵌入木的陡杠,杠上缚以竹的杩槎(马脚),杩槎再缚以陡拼(竹篦),陡拼外又密敷以陡簟(简易竹席),这样陡门就成了。关闭陡门,壅高水位,船浮载而至,就敲开陡门,船只则欢快前行。陡门不止一座,而是间隔多有,唐时(868年)有18座,北宋时(1058年)增至36座,迭次开启,百斛大船,亦能巍然过岭,成一奇观。

明代驴友、地理学家徐霞客老师行至灵渠,看陡门过船后在《徐霞客游记》中写道:

> 渠至此细流成涓,石底嶙峋。时巨舫鳞次,以箔阻水,俟水稍厚,则去箔放舟焉。

由于陡门的设计,清代风流诗人袁枚路过时,也看到灵渠奇观,遂有诗句:

分明看见青山顶,船在青山顶上行。(《由桂林溯漓江至兴安》)

灵渠陡门,与长江葛洲坝原理相同,是世界上最早运用的运河船闸技术,堪称"船闸之父"、之祖父、之曾祖父。

灵渠陡门,始建于何时? 宋范成大的《桂海虞衡志》说史禄凿渠时便同时建筑了陡门,但"陡门"迟至唐代(868年)才见于鱼孟威的记载。

鱼孟威(生平不详),任桂州刺史时,途经灵渠,见灵渠毁坏多年没人管,下令重修,"其陡门悉用坚木排竖",并"增至十八重",完工后撰写《桂州重修灵渠记》一文。而以"灵"名"渠",也始于鱼孟威。一个"灵"字,曲尽工匠匠心。

据鱼孟威文,在他之前,中唐政治家、著名诗人李渤(772—831)在桂管观察使任上视察兴安,也对维修灵渠有重大贡献。他对铧嘴和陡门有重大改进。我们已知,南北二渠都是在陡坡上修的。李渤在地势更陡的南渠,"陡其门以级直注",即在陡段筑门蓄水,使水一级一级地变深,可行舟,也可减缓流速。也有人说,陡门就是由李渤首创的,解决了灵渠能通不能蓄的问题,一利航行,二也使附近农田得灌溉之利。

从元代(1355年)开始,史禄、马援、李渤、鱼孟威被尊为"灵渠四贤",并修四贤祠塑像以祀之,带旺旅游,以迄于今。

史禄无疑为四贤之首,到四贤祠参观,见其塑像瘦脸深目,似是带着岭南马坝人的典型特征。

走，去看看小学语文课本中的赵州桥

"逢山开路，遇水架桥"，建在水上的桥梁，也是水利工程的一种。所以我们把赵州桥和它的设计者放在本章介绍。

《赵州桥》是小学三年级语文中的课文，我小时候学过，你的孩子刚刚也还在背诵吧。下面让我们和孩子们一起排排坐，重温这篇课文：

河北省赵县的洨（xiáo）河上，有一座世界闻名的石拱桥，叫安济桥，又叫赵州桥。它是隋朝的石匠李春设计和参加建造的，到现在已经有一千四百多年了。

赵州桥非常雄伟。桥长五十多米，有九米多宽，中间行车马，两旁走人。这么长的桥，全部用石头砌成，下面没有桥墩，只有一个拱形的大桥洞，横跨在三十七米多宽的河面上。大桥洞顶上的左右两边，还各有两个拱形的小桥洞。平时，河水从大桥洞流过，发大水的时候，河水还可以从四个小桥洞流过。这种设计，在建桥史上是一个创举，既减轻了流水对桥身的冲击力，使桥不容易被大水冲毁，又减轻了桥身的重量，节省了石料。

这座桥不但坚固，而且美观。桥面两侧有石栏，栏板上雕刻着精美的图案：有的刻着两条相互缠绕的龙，嘴里吐出美丽的水花；有的刻着两条飞龙，前爪相互抵着，各自回首遥望；还有的刻着双龙戏珠。所有的龙似乎都在游动，真像活了一样。

赵州桥体现了劳动人民的智慧和才干，是我国宝贵的历史文化遗产。

课文《赵州桥》的作者原来是茅以升

我的经验：上小学时学课文，老师一般都不告诉我们作者是谁，实际上可能连老师自己都不知道。我一查《赵州桥》这篇课文的作者，吓了一跳，竟然是我国著名桥梁专家、武汉长江大桥的总设计师茅以升（1896—1989）。

《赵州桥》缩写自茅以升撰写的《中国石拱桥》中介绍"赵州桥"的部分。《中国石拱桥》一文 1962 年发表于《人民日报》。此文后来也被选入中学语文课本。

《赵州桥》一文是让小朋友读的，行文高度简洁，也简单、简短（才 300 多字）；《中国石拱桥》一文首发在报纸上，也受篇幅限制，必须简洁。只学这两篇课文，还不能全面了解赵州桥及与其相关的知识点和知识面。下面我就参照茅爷爷的文章和其他书籍典籍，把这座桥介绍得一清二楚。让咱们通过这座桥，到达更远的地方，遇见更好的自己。

科普：为什么是拱桥？

像赵州桥那样弯弯如虹的桥，叫拱桥。古时候没有钢筋水泥，都是石拱桥。杜牧"二十四桥明月夜"的著名诗句，不管是指一座桥还是二十四座桥，都能见证我国拱桥数量之多、之美，唤起我们对于"拱桥文化"的丰富记忆。这记忆无须悠久，也不必待以远足，我上初中的镇上，就有一座小的拱桥，而至今在你老家"弯弯的月亮下面"，不也"是那弯弯的小桥"嘛！

茅以升在《中国石拱桥》一文中称，《水经注》里提到的"旅人桥"（位于洛阳附近），大约建成于公元 282 年（西晋太康三年），可能是有记载的我国最早的石拱桥。可惜此桥无存。赵州桥是现在还能在水上看到的世界上第一座石拱桥。

桥为什么要"拱"起来？为什么是拱形结构？我们先科普一下。这是利用了力的耗散原理：当压力来自拱的上部，由于拱弧的存在，力就向两边分散，这就能使拱承受更大的压力。安全帽之所以安全，也是利用了这种力学原理。根据地下发掘，我国工匠在秦汉时已经掌握了这种"拱形技术"，他们将砖墓的墓顶砌成拱圈形式。

后来这种为死人服务的拱形就从地下升至地上为活人造福，"拱"成一座座石拱桥。可以想象，第一个建拱桥的工匠，是受了天上彩虹的启发。我们一向将拱桥比喻为虹，或者总看虹是桥，盖肇端于工匠之匠心也。

现在，是李春走出来，要建他的理想之桥。

赵州桥的三大绝世创新

赵州桥所在的赵县属石家庄市所辖，古称赵州，故以"赵州桥"闻名。因系石料砌筑，当地人还称它为大石桥。后来宋哲宗赐名安济桥，意为"安渡济民"。赵州桥建成于隋代大业年间（605—618），到2021年，已经是1400多年了。

赵州桥堪称天下第一桥，它的创新前无古人而后启来者。它完美无缺，而且是万桥之桥。也就是说，后来的许许多多桥都体现出了它所实现的桥的功能和美观。

赵州桥的设计创新首先体现在它的拱是圆弧形而不是半圆形。中国古代石桥桥拱大多为半圆，这种样式适用于跨度较小的桥梁，如果是大跨度的，就会使桥面陡高，车马通行不便。而赵州桥所跨的洨河是一条大河，波浪是宽的，如果采用京津冀地区另一座著名的桥卢沟桥那样的半圆形拱，其高度将达20米左右，几乎要超过现高度的两倍。李春就采用了圆弧拱形式，尽最大可能使桥变得低平，使车马能够轻松通过。游人远看赵州桥面，一似平溜溜并无坡度。

赵州桥长64.4米，桥拱跨度37.2米，迄今仍是世界上跨径最大的石拱桥；而其拱高只有7.23米，拱高和跨度之比为1∶5左右。

茅以升说，赵州桥"非常雄伟"，那是近看；远望，或看图片，则显得十分妩媚，有举重若轻的风格，这与它这种圆弧形设计有关。明代诗人祝万祉形容赵州桥外观："百尺长虹横水面，一弯新月出云霄。"唐朝小说家张鷟

赵州桥(视觉中国供图)

(zhuó)远望赵州桥,也说它就像"初月出云,长虹饮涧"。"长虹""新(初)月",都准确描绘出了桥拱的大跨度、圆弧形特征。当风平浪静水清时,那段圆弧倒映水中,一实一虚,构成美人明目,煞是动心好看。

以上比喻句还描绘出了赵州桥第二个设计创新,那就是单拱。中国古代建桥,如桥梁较长,往往采用多拱相联的联拱形式。如长达266.5米的卢沟桥,就有11道拱。联拱式建桥,使每拱跨度较小,便于修建,但缺点是桥墩多,既不利于舟船航行,也妨碍洪水宣泄。如上所述,洨河是大河,而赵州又地处南北交通要津,要求赵州桥不仅交通陆路,还要无碍于水上运输,更不能因为桥的存在使水塞为患,所以必须通盘虑及"水利"。所以李春就在图纸上设计出一次性大跨度单拱桥。这种桥不假桥墩,像彩虹一样凌空而起,凌架南北,是桥梁史上大胆空前的创造。

说赵州桥是单拱石桥也许还不完整,完整地说,它是"单拱、拱上加拱"。它其实一共有5道拱。一个大拱,在大拱的左右两肩,又各开两道小拱。靠近大拱脚的小拱净跨为3.8米,另一拱的净跨为2.8米。专业的称呼就是：敞肩式拱桥。在我们的印象中，拱桥多是实肩，而赵州桥是敞肩式，这是李春首开先河。也许在李春的同时代或隋以前的时代，石拱桥已经不稀见了，但都是实肩式，而李春建赵州桥时，改进为敞肩式。后人总结这种拱上加拱的敞肩式拱桥是赵州桥与众不同的第三个设计创新。

那么，李春为什么要这样设计或改进呢？画重点：

一为泄洪。这仍然是一个增加水利的匠心。洨河发源于太行山中段东麓的井陉山区，汛期水涨，奔腾咆哮，桥拱都会被淹住，建桥应虑及使其有更强的泄洪能力。而那 4 个小拱的敞开，恰可助力排泄。据测 4 小拱可增加过水面积 16% 左右，大大减小了洪水对桥体的冲击力。二为减重。4 个小拱的空心部分，可以减轻桥重 700 吨，相当于桥身重量的 15%，从而减轻了桥身对桥基的压力。建桥也是要考虑地基的。赵州桥只是建基于河床的粗砂层上，每平方厘米所能承受的压力为 4—6 千克。而赵州桥建基，并不打桩，也没有其他加固措施，却使每平方厘米压力控制在 5—6 千克，在地基所能承受的范围之内，靠的就是那 4 个小拱的减重之功。1400 多年了，赵州桥两边桥基仅下沉 5 厘米。三可"维稳"。4 个小拱可以为大拱分担压力。来自桥面上的压力，先传到小拱，根据力的耗散原理，小拱迅速把压力散成三份，分别传送给桥基、两侧的桥台和大拱，大拱的压力就这样减轻了，稳定性就这样增强了，而桥梁的承载力也因此增加了。四可节材。4 个小拱空心不砌，自可省许多石料。到底能省多少立方，有心人不妨一算。

一个大拱，4 个小拱，像一道大彩虹的两肩上，各又弯出两道小彩虹，像彩虹爸爸或妈妈的双肩肩着 4 个彩虹娃娃。赵州桥独创的构造，也使它变得更加美观，是力学和美学相得益彰的完美结合。

赵州桥是怎样砌起来的？

读到这儿，聪明如你笨如我，都已经忍不住要问了："赵州桥的拱是怎么砌起来的呢？"问得好。下面就让我们一起去看一看。

李春就地取材，均选用附近州县所产的质地坚硬的青灰色砂石作为建

赵州桥(视觉中国供图)

桥石料。砌置方法,是采用了纵向并列砌筑法,即是说,整个大桥是由28道各自独立的拱券沿宽度方向并列组合而成,拱厚皆为1.03米。每券单独砌置,独立成拱;砌完一道,移动承担重量的"鹰架",再砌下道邻拱。最后就像28张大弓紧紧密合在一起。这种砌法既可节省制作"鹰架"的木材(因为只需要一个可以移动的小型"鹰架"就可以了),同时又利于桥的维修,一道拱券的石块损坏,只要嵌入新石,进行局部修整即可,而不必整桥调整。更重要的是,正是这种纵向并列砌筑法,才使大桥实现了跨度大而圆弧低平的优点,因为每道拱券都独立站稳、分散受力,又可使大桥的承载力成倍增长。

为了使28道拱券组成一个超级稳定的有机整体,李春采取了多种严密的"维稳"措施,等于给大桥购买了一重又一重保险。画重点:

一、每一拱券均下宽上窄、略有"收分",使每个拱券向里倾斜,相互挤靠,增强其横向联系,以防止拱石向外倾倒,最后砌成的桥面也就略有"收分",即从桥的两端到桥顶逐渐收缩宽度,从最宽9.6米收缩到9米,由是大桥的稳定性得以加强。

二、在主券上均匀沿桥宽方向设置了5个铁拉杆,穿过28道拱券,每个拉杆的两端有半圆形杆头露在石外,紧紧穿住28道拱券,增强其横向联系。在4个小拱上也各有一根铁拉杆起同样作用。

三、为了使相邻拱石紧紧贴合在一起,在两侧外券相邻拱石之间都嵌有起连接作用的燕尾形"腰铁"。我们看桥的图片,沿着拱虹,有一弯颇有装饰性的黑点,就是"腰铁"露出来的一面;在我们看不见的内部,各道券之间的相邻石块也都锁有"腰铁"。除"腰铁"外,每块拱石的侧面都凿有细密斜纹,以增大摩擦力,加强各券横向联系。

铭记李春

关于工匠李春,正史无传,连提都没有提到过。那么我们何以知道他就是赵州桥的设计者呢?

李春像(壹图网供图)

唐代开元十三年(公元725年),张嘉贞在《石桥铭并序》中记载:"赵郡洨河石桥,隋匠李春之迹也。制造奇特,人不知其所以为。"张嘉贞是唐玄宗在位初期的宰相。他最早明确告诉我们是李春建赵州桥的,称此桥"制造奇特,人不知其所以为",并赞叹"非夫深智远虑,莫能创是",可证其技其法前无古人。他还用很生僻的文字描写了桥的"用石之妙"。

铭文还有。这正是所谓铭记:

明代嘉靖四十三年(公元1564年),孙大学《重修大石桥记》:"隋大业间石工李春所造。"

明代万历二十五年（公元1597年），张居敬《重修大石桥记》："赵城南距五里，有洨河，河上有桥，名安济，一名大石，乃隋匠李春所造云。"

清代光绪年间编纂的《赵州志》也载："安济桥在州南五里洨水上，一名大石桥，乃隋匠李春所造，奇巧固护，甲于天下。"

我们古人说赵州桥"甲于天下"，一点都没有夸张，相反客观上还很谦虚，因为他们所谓天下者，仅指中国。他们还不知道，赵州桥在世界上都是独步古今。

完整地说，赵州桥是世界上第一座敞肩圆弧石拱桥。其敞肩桥型，在欧洲迟至14世纪才出现，那就是法国泰克河上的赛雷桥，已较赵州桥要晚700年，而且又早于1809年就毁坏无存。这种敞肩式设计在现代桥梁史上得到广泛应用，赵州桥实有着交通之功。李约瑟博士在《中国科学技术史》中曾经列举了26项从1世纪到18世纪先后由中国传到欧洲和其他地区的科学技术成果，其中第18项就是弧形拱桥。李约瑟说："在西方圆弧拱桥都被看作是伟大的杰作，而中国的杰出工匠李春，约在610年修筑了可与之辉映，甚至技艺更加超群的拱桥。"

所以我说赵州桥是万桥之桥，它沟通古今，又连接中外。

历代歌咏赵州桥的诗句不少，我选一首明确提到李春名字的清代诗人饶梦铝的作品《安济桥》：

> 谁到桥头问李春，仙驴仙迹幻成真。
>
> 长虹应卷涛声急，似向残碑说故人。

这诗要解释几句。在河北，流传有《小放牛》民歌：

> 赵州桥来什么人儿修？
>
> ……
>
> 什么人骑驴桥上走？
>
> 赵州桥来鲁班爷修，

……

张果老骑驴桥上走。

看来在民间,李春也是默默无闻,以至于又只能用传说中的能工巧匠鲁班来指称赵州桥的创造者,当然,这也是对李春的赞美。在河北,鲁班造赵州桥,已经成为有故事情节的传说。传说他造好后,八仙之一张果老在褡裢里装上日、月二星从桥上走过,检验桥的承载力。这就是"张果老骑驴桥上走"的歌词来历。至今桥上还留有张果老等人的"仙迹"。

饶梦铝的诗大有强调李春是赵州桥创造者的意思。这是个有心人。

玉　孙　　参　丹　　　参　玄　蒮羊淫

牡蒙

草　紫　　参　紫　　　榆　地　茅　仙

"高考落榜生"立志修本草

李时珍,又是一位我们在上小学时就熟悉的人物,作为值得我们"学习"的古代杰出科学家楷模之一,他的画像就张贴在教室里,瘦瘦的脸,白胡子,慈祥有神的眼睛,头戴标志平民阶层的四方巾。这画像是现代卓越人物画家蒋兆和以他岳父、北京四大名医之一萧龙友为模特儿创作的。

把李时珍当成工匠人物来推荐,许多朋友可能不同意。一般所谓工匠,是指那种发明、创造和生产有形产品的技能之士,而李时珍众所周知是医药学家,他的贡献是留下了一部《本草纲目》,怎么能算工匠呢?但在本书中,我们对工匠的定义包括了那些留下了非物质形态创造物的卓越的专家或科学家。以此而论,留下了一部《天工开物》的宋应星也是工匠型人物。而李时珍,我们也授予他"大国工匠"的荣誉。本章就讲述李时珍是如何发挥工匠精神编创《本草纲目》这部稀世药典的。

李时珍像(壹图网供图)

秀才承"医钵"

李时珍,字东璧,号濒湖,明武宗正德十三年(1518年)生于湖北蕲州瓦屑坝(今蕲春县蕲州镇),故于明神宗万历二十一年(1593年)。我太应该写写李时珍了。我本学中药,学校所在地正属李时珍时代的蕲州。因为不才,我也弃药而勉强从了文(套用鲁迅弃医从文的典故),但对于所学专业总觉负有欠账,所以特别作出这篇向李时珍致敬的文章,一为还账;二也向当年的老师和同学示以"不忘初心"也。

李时珍生于行医世家,父亲还是一方名医,青史上也留有名字的,叫李言闻。在李时珍时代,读书人都视科举为正途,医家不过方技者流,虽救命活人,却不太能光宗耀祖。李时珍未能例外,也遵父命读书备考,14岁就在院试中了秀才,此后三次赴武昌参加乡试,却都不能中举,相当于三次高考落榜。他索性不考了,决定跟父亲学医。请注意,古时医药不分家,"医"包括"药",李时珍最后以杰出的药学家享名世界,其实他也是、首先是一位杰出的医学家,所以完整地称,他应该是"医药学家"。

与有皇帝的时代不同,在我少时,父母乡党已都以学医为好,理由是不管形势、世道咋变,医生都不会失业。其中倒也包含着一些"治乱"的经验。我也就被填报了毕业后可以当医生的专业。到校后才弄明白,我的专业是"中药",未来不是当医生,而是做药剂师。医药已经分了家。

李时珍弃科举而学医,似乎是被动的,但也有几分化被动为主动,也就是说,在父亲的坚决反对下,却越发坚定了悬壶济世的志向。所以,就有一首写给父亲的诗,题为《述志》,说是李时珍留下的,记得我少时在"警句笔记本"上抄录过:

> 身如逆流船,
> 心比铁石坚。
> 望父全儿志,
> 至死不怕难。

其实此诗不过是某位好心无名氏为了增加李时珍的光辉形象而伪作,属于名人故事的想象版。由表演艺术家赵丹主演的电影《李时珍》就将此诗作为一条重要的心理叙事线索,因而一再出现纤夫拉纤的诗化镜头,诗意地串起前、中、后剧情。前者：弃科考从医学；中者：采"本草"著"纲目"；后者：著述毕求出版。多说两句，我们曾经把很多古代工匠人物都拍成了电影。我就在网上搜看过《鲁班的传说》《李冰》等，还自看过神医华佗、天文学家和发明家张衡的电影故事，这不，最近又看了《李时珍》。把工匠故事搬上荧幕，这是一个很好的传统。建议搞个工匠电影回顾展活动。

关于李时珍生平，《明史》（清张廷玉等著）有313字的传记，名列"方伎"。于李时珍少时，《明史·李时珍传》只称："好读医书。"这是客观纪实体。

后人于李时珍生平，参考最多的是在李时珍去世28年后出生的同乡后辈顾景星撰写的《李时珍传》。此传从李时珍出生写起：

> 时珍生，白鹿入室，紫芝产庭，幼以神仙自命。

呵呵，也有异兆，神乎其神，完全是写帝王将相的路数。但也可以由此看出，其时《本草纲目》和李时珍皆已名满天下，在官民心中都占有极高地位了，以至于顾景星必须用这种规格去写才对得起人。在李时珍"高考"三不第之后，顾景星写道：

> 读书十年，不出户庭。博学无所弗窥，善医，即以医自居。

这几句也有夸张，袭用了董仲舒"三年不窥园"的典故且大有过之，但已比"白鹿入室"要写实得多，一个勤奋学习、广泛涉猎、业有专攻的青年李时珍已经坐在那儿了。

世传《本草纲目》的各种版本，都会有王世贞《原序》。王世贞，李时珍同时代的文坛领袖，明"后七子"之一。就是他，为李时珍《本草纲目》作序。倘无此序，《本草纲目》能否出版发行还是一个问题。这个故事我们下边再讲。王世贞也在他的序中写到李时珍幼年到青年时期行状：

> 时珍，荆楚鄙人也。幼多羸疾，质成钝椎；长耽典籍，若啖蔗饴。遂渔猎群书，搜罗百氏。凡子、史、经、传、声韵、农圃、医卜、星相、乐府诸家，稍有得处，辄着数言。

这是李时珍向王世贞自述生平时讲的。他对王说，小时候，他的身体不太好(幼多羸疾),资质也不太好(质成钝椎)。身体不太好可以信;资质也不太好,似也可信,要不为何三次"高考"都名落孙山呢? 但也不可信,能成为医药学家,并写出《本草纲目》这部奇异的"世界名著",光靠勤奋没有甚高天分也是不行的。所以,这自述是李时珍谦虚了。那么天分甚高为何又在科场上屡屡失利呢? 我们可以这样分析原因:

第一,真的是他对科学很感兴趣,对科举则不太热衷。换句话说,他是主动弃"正途"而从医道。这十分难能可贵。

第二,真的是科举制出了问题。科考至明代,已非常僵化,八股作文,专以紧紧束缚自由的灵魂为能。在这种考试中,虽也不乏像张居正那样真有学问和本领者能幸运通过独木桥,但也总令更多聪明才智之士如李时珍者铩羽而归。

好,李时珍不考了,自由了。自由读书,全凭兴趣,博览百家,皆如食甘蔗;每有心得,还笔记之。那时医文本来也不分家,大医也需著述,其著述虽不以文学为目的,也不是所谓道德文章,但也需文质彬彬,引经据典,于仁术见仁心;那时学科都还不分家,专家也都是杂家,"杂"更能启发"专"。读书并自由着,为李时珍后来埋头著述《本草纲目》打下了又厚又宽的基础。

一边读书,一边跟父亲学医,胡子还没长长,李时珍也已经是李家的又一代名医了。他尤精于脉学,并著有《濒湖脉学》《奇经八脉考》;此外还著有《濒湖医案》《五脏图论》等多种。在民间,流传有很多关于李时珍起死回生的传奇医案故事。

立志修本草

在行医过程中,李时珍总是发现,传统的本草药典中,多有错误,令人头大。关于传统主要本草药典,我上学时是背过的;考试还做过填空题和选择题,并且做对了。我现在因能再梳理一番:

我国最早的药学经典是《神农本草经》,载药365种,约成书于东汉,托名医药之祖神农(炎帝),真实作者实不详。

接下来是南朝梁代陶弘景著的《神农本草经集注》，载药730种，恰好多了一倍。

接下来是唐朝苏敬的《新修本草》，载药844种，又增114种。

接下来还有北宋唐慎微编著的《证类本草》，载药已是1558种，又增近一倍，已被称为"全书"。

接下来就是明代李时珍的《本草纲目》，载药1892种，新增374种，独成高峰，可称中国第一部药典性著作。

前代、历代医药学家，不断充实本草药典，于人民健康贡献愈来愈大，但李时珍也发现了其中的问题。《明史·李时珍传》："然品类既烦，名称多杂，或一物而析为二三，或二物而混为一品，时珍病之。"

比如，人参、党参，疗效完全不一，却被混为一种；虎掌、南星，同种而异名，却被分为两药；有的是错将一种药误分为几种，比如枸杞子，产地不同，外观可能差异较大，就被误认为几种不同的药。

还有的是对药物的生长形态描绘不清并不同。一是绘图不清，或竟将外形近似之药张冠李戴。二是文字描述各家不同，不知谁对谁错。如远志，其苗名小草，梁代陶弘景称其小草"状似麻黄而青"；宋初名医马志（《开宝重定本草》编著者之一）却称"茎叶似大青而小。比之麻黄，陶不识也"。还批评上陶弘景了。

远志，根皮入药，性温，具安神益智功能。我鄂西北老家有生长，我认识，也采过，的确是一种很小的草，开着紫红色的花。我曾经写过一首《远志》诗，在写实的层面上，对远志外观多所描绘：

> 你很小，你的名字很励志
> 在山道旁瘠薄的寸土上
> 我看见你开花了，紫的
> 你的叶子很细，长不过一至三厘米……

关于远志，李时珍在他的《本草纲目》中又当如何评定陶弘景和马志的不同"看法"呢？而我印象中的远志是不是完全符合客观呢？下边再谈。此处先说诸家本草存在的错误令"时珍病之",那些错误都会误导医、药、患三方,后果轻则使医药无效,重则会把患者医坏药死。电影《李时珍》中,就讲述了两个因为药典混乱而导致严重后果的医案故事。

书本上的错,源于以书抄书,以纸传纸,并以错解错,缺乏躬行实践、久久为功的工匠精神;书本上的错传下来无人改、无人敢改,源于迷信权威、盲崇经典,缺乏起炉另造、重新"发明"的智勇。

现在,本着为人民健康和生命负责的精神,李时珍决定填补"缺乏",修订历代《本草》,重做一部他理想中的本草正典。

名山采百药

明世宗嘉靖三十一年(1552年),李时珍开始了编写《本草纲目》的事业。他以《证类本草》为蓝本,一共参考了800多部书籍,其中包括历代本草,也包括相关文史典籍。

自然,这事业不能仅是在书本子上下功夫,还必须遍采百药,收集标本,以亲手所接、亲眼所见,鉴定药物的生长形态,验证其性味功效,然后准确记录之,始能正谬纠错,并有自己的发明。于是自1565年起,李时珍走出药房和书房,外出采药。他的足迹先在蕲州,很快扩大到全湖广,又远至安徽、河南、河北、江西、江苏等很多地方的名山大川,采药并遍访名医宿儒、和尚道士,也拜渔人、樵夫、农民、车夫、药工、捕蛇者等草根层"知道分子"为师,弄清许多疑难问题,也搜到不少民间验方、复方、单方、偏方、秘方。可以想象,他背着药篓,还背着书袋和文具,以便随时翻书,以前人所载与眼前实

李时珍采药

物核对,每有新见,就当场记下。

似可确定的是,李时珍没少西行去我鄂西北老家的道教名山武当山采药。据初步统计,在《本草纲目》(人民卫生出版社,1982年)中,产地冠以"太和山"(武当山古名)的药用植物就有近20种。

据传,李时珍在武当山发现了曼陀罗花,并第一次载入本草。在明以前的医药书中,无有此药。

曼陀罗花,我也认得。我老家人单叫它"酒醉花",因其有麻醉作用。这是它的主要功效。我家隔壁邻居是一位懂"三分阴阳"的老农,单身,唯在门槛前密密地种了一些草药,其中就有酒醉花。枝叶高大,花白色,也不小,有令人不快的异味。有时就有农民找上门来,向他要酒醉花。有一年夏天我被"葫芦包蜂子"蜇了,也采那白花湿湿地揉碎乱抹,以图止痛。它是夏天开花的。

在《本草纲目》中,李时珍对曼陀罗花记载甚为备细:

首先"释名":

时珍曰:《法华经》言:佛说法时,天雨曼陀罗花。又道家北斗有陀罗星使者,手执此花。故后人因以名花。

原来也是自印度"进口"的神药呢。曼陀罗者,梵文Mandala的译音,修法场地或坛场之意。

再是"集解",描绘其生长形态:

时珍曰:曼陀罗生北土,人家亦栽之。春生夏长,独茎直上,高四五尺,生不旁引,绿茎碧叶,叶如茄叶。八月开白花,凡六瓣,状如牵牛花而大。攒花中坼(花瓣聚生,中间裂开),骈叶外包(花萼小叶外托着花瓣),而朝开夜合。结实圆而有丁拐(指果实上的一种肉质突起呈芒刺状),中有小子。八月采花,九月采实(种子也入药)。

怎么样?植物学家的眼光吧?我圆睁双目,从少年看到青年,也描绘不出此段文字。我之"弃药从文",宜矣。

　　然后依次是"气味"：辛，温，有毒。"主治"：诸风及寒湿脚气，煎汤洗之。又主惊痫及脱肛，并入麻药。

　　最有趣的是接下来的"发明"：

　　时珍曰：相传此花笑采酿酒饮，令人笑；舞采酿酒饮，令人舞。予尝试之，饮须半酣，更令一人或笑或舞引之，乃验也。

　　江湖上传说，笑着采此花酿酒，喝了就令人笑；作舞蹈状采此花酿酒，喝了就令人舞。难怪说我老家人单叫它酒醉花啊！委实有趣得紧。李时珍乃酿酒亲饮，果兴奋不禁。这是拿自身当小白鼠所做的药理学实验啊。

　　在"发明"一节，还有李时珍自己的炮制和治疗经验：

　　八月采此花，七月采火麻子花，阴干，等分为末。

　　热酒调服三钱，少顷昏昏如醉。割疮灸火，宜先服此，则不觉苦也。

　　最后是"附方"，他辑录的前人方子。比如面上生疮，就拿曼陀罗花晒干研末，取少许贴敷疮上。大肠脱肛，则取曼陀罗子（连壳）一对，橡斗16个，同锉细，加水煎开三五次，再加入朴硝少许洗患处。

　　自20世纪70年代以来，以曼陀罗为主的中药麻醉剂，经过20多万例临床实践，这种麻醉方法已引起国外医学家的重视，为世界医学作了贡献。

人肉人血都是中药?《本草纲目》到底价值几何?

  李时珍著《本草纲目》,那该需要多么大的定力和信念!破万卷书,走万里路,执一支笔,伏一张案,没有官方的资金支持(前朝修药典这事,都是由朝廷主持的),且有保守势力的恶意讥批(说他擅动古典),全凭一己一家之担当,且纯以百姓之身份(当然也在百姓的支持下),历27年,从壮到老,终于修成。190多万字,一一毛笔正楷录写,一卷一卷,整室为盈,这是多么艰巨的工程!

  下面从书名开始,介绍一下这部书的亮点。

创新的纲目体例

  《本草纲目》共分52卷,所录药物不止"本草",即植物类药,而是包括植物、矿物、动物等类,其中植物药1094种,矿物、动物及其他药798种,合共1892种,有374种为李时珍所新增。另辑录古代药学家和民间药方11 096则。书前还附药物形态图1100余幅。

  "纲目"的编撰体例是李时珍的创新。他将1892种药分为水部、火部、土部、金石部;次之草部、谷部、菜部、果部、木部、服器部;再是虫部、鳞部、介部、禽部、兽部;最后还有人部。一共16部,此之谓"纲"。每部又分类。比如草部又分山草类、芳草类、隰草类、毒草类、蔓草类、水草类、石草类、苔类、杂草类等10类。一共是60类,此之谓"目"。

  每种药先题定条目正名,随之"释名",录各种别名("又名")。正名为"纲",别名为"目"。再引经据典解释各种名称来历,此又是"目",而正名、别

《本草纲目》(壹图网供图)

名为"纲"。

　　"释名"之后是"集解"，叙述产地、形态及栽培和采集方法，有引经据典，有李时珍自己的经验和心得（"时珍曰"）；接着是"正误"，考订品种和历代文献记载；然后是"修治"，说明炮制方法；然后依次是"气味""主治""发明""附方"，以分析性能，明确功用，指导医用。以"纲目"总之，以上"释名"部分又是"纲"，"集解"以下又为"目"。总之纲举目张，内容十分丰富，条理相当分明。

　　在《〈本草纲目〉凡例》中，李时珍详细说明了他这种编撰形式的用心，大意谓让人"一览便知，免寻索也"，且正本清源，"是非有归"，有体有用。对此王世贞在序中点赞称："博而不繁，详而有要，综核究竟，直窥渊海。"

　　以上形式和内容中最有价值、最体现匠心的是"发明"。

蛇！蛇！看看《本草纲目》的发明

　　"发明"，有发现、启发、阐明之意，系李时珍自己从中药释名、鉴定，到炮制、功效、主治、临床等各方面的独到发现和研究结论，以及价值发挥。这部分内容主要来源于他的实地采集和采访，也有他爬梳百典的获得。"发明"包括体例中专属于"发明"一栏的内容和纲目各栏中冠之以"时珍曰"的文字。

　　上节中我们曾举到远志，李时珍从书上发现，梁代陶弘景和宋代马志对此药地上部分的"小草"有不同看法，陶称其如麻黄，马称其似大青，并批陶

"不识"。李时珍行万里路,看到各地的远志,遂有自己的判断——

> 时珍曰:远志有大叶、小叶二种,陶弘景所说者,小叶也;马志所说者,大叶也。大叶者,花红。

这就是"发明"。李时珍也启发了我:我在老家放牛时看到的开紫红色花的远志,应属大叶者,只不过长在太瘦的地面,叶看起来又很小。

关于远志为何有这样一个很励志的名字,李时珍在"释名"一栏也有"发明"——

> 时珍曰:此草服之能益智强志,故有远志之称。《世说》载郝隆讥谢安云:处则为远志,出则为小草。《记事珠》谓之醒心杖。

"处则为远志,出则为小草",太有趣了。地下根为远志入药,出苗则为小草,契合药理;以之讥谢安当时,则有在家很大爷出门也不得不变成孙子之意。委实有趣得紧。

我们常拿金银花泡茶喝,取其清热解毒。金银花,也是我从小就认得并采过的。藤本植物的花,其叶经冬不凋,故全株称忍冬;其花长条状,有黄、白二色,故名金银花,又合称二花。查查《本草纲目》才知道,我对忍冬仍有"不识"的地方。"时珍曰":

> 花初开者,蕊瓣俱色白;经二三日,则色变黄。新旧相参,黄白相映,故呼金银花,气甚芬芳。

原来不是有的白来有的黄,而是先白后黄、先银后金。

下面再以动物药举例。

蕲州产蕲蛇,道地药材,最是名贵。蕲蛇,即蕲州产的白花蛇(想起梁山好汉中有名"白花蛇杨春"者),是我国主要剧毒蛇种之一,咬人立死,故又有俗名"五步蛇"(现在已是国家二级保护动物)。蛇越毒越有药用价值,此蛇有医治风痹、惊搐、癣癞等功用,捕者甚伙,且用于进贡(你一定想起了柳宗元写的《捕蛇者说》)。

现在,李时珍开始研究家乡的蕲蛇。他从蛇贩子那里观察。好事者向他透露,他所看见的所谓蕲蛇都不是真正的,而是皆自江南兴国州(即今湖北阳新县)诸山中捕来的,价值差老远了。

在《本草纲目》以前的药典中,蕲蛇的"学名"都是白花蛇。李时珍继承前人,也以白花蛇名称之,只以蕲蛇为"又名"。

关于白花蛇的鉴定,宋代药物学家寇宗奭称:诸蛇鼻都向下,只有此蛇鼻向上,故又名褰鼻蛇;背上有白色方胜样花纹(两个菱形压角相叠组成的图案纹样),故称白花蛇。走马观"蛇",语之甚简,不能解惑。李时珍在"释名"中录下寇宗奭的成果,接下来就是自己的"集解"。

为了"集解"中的文字,李时珍找到一位捕蛇人,作揖执弟子礼。捕蛇人于是带他到龙峰山上。山上有一个洞,洞周多怪石灌木,还多生一种叫做石南藤的藤本植物——本身也是药,喜欢缠绕在灌木上。而蕲蛇,独喜欢吃石南藤的花叶。这就为找到它提供了线索。

李时珍随着捕蛇人,重点围绕着石南藤到处找。嘘,那穿一身花衣的蛇终于露面并且在吃它喜欢的食物了。

李时珍凝神谛视,只见那蛇白花闪烁,曲身前行,而把三角形的头抬起来。捕蛇人撒了一把沙子,它居然就"龙蟠"不动了(像蝎子怕吹风一样,它怕沙!),再迅疾以叉叉其头部。它怒而反击,大张其口,口有四牙,目露冷光。而终于被捉将回山下用绳悬起,解剖,炮制。李时珍参与了捕蛇、剖蛇、制蛇全过程,因能在"集解"中从容详细地录下蕲蛇的形态:

其蛇龙头虎口,黑质白花,胁有二十四个方胜文(他数了三遍,二十四个),腹有念珠斑(前人没有这样记),口有四长牙,尾上有一佛指甲(像佛指一样的鳞甲),长一二分,肠形如连珠(从外看到内)。

在炮制中,李时珍还发现了一个唯独蕲地白花蛇才有的特征:"虽干枯而眼光不陷"(真英雄也!)。而宋代罗愿在其《尔雅翼》一书中也有类似记录:"蛇死目皆闭,惟蕲州花蛇目开。"时珍以亲眼所察,验证此条不虚。这条信息也录在其"集解"中。

"白花蛇"条排在《本草纲目》卷四十三,鳞部,2000多字,附白花蛇图一幅。李时珍另著有《白花蛇传》一文。值得一提的还有,自《本草纲目》出,后世药书就以"蕲蛇"名为纲,而以"白花蛇"为目了。

《本草纲目》就是这样一部有调查、有"发明"的药典书。

一部真美俱呈的药典

《本草纲目》还是一部很好看的、打通了科学和人文界限的药典书。

《本草纲目》是可以当成一部文学书读的。自古有医文不分家之说。写不好八股应试文章的李时珍,著起他心爱的"本草"来,自是才华无羁,于经史子集信手拈来或刻意罗致,以佐证自己的调研观察,并助力推翻前人的谬见,其真美俱呈的手法,正如法布尔的《昆虫记》予我们的读后感一样。王世贞在其序文中对此有更好评价:

上自坟典,下及传奇,凡有相关,靡不备采。如入金谷之园,种色夺目;如登龙君之宫,宝藏悉陈;如对冰壶玉鉴,毛发可指数也。

这是专家而兼杂家的特色,这是学科不分的魅力。这种特色和魅力,我们于曼陀罗花、远志、忍冬、蕲蛇诸例已领略一二。下再列数证。

穿山甲,大家都知道以蚂蚁为食。而穿山甲是如何把蚂蚁吃到嘴的呢?"集解"中,李时珍收录了陶弘景的记录——

弘景曰:日中出岸,张开鳞甲如死状,诱蚁入甲,即闭而入水,开甲蚁皆浮出,因接而食之。

原来吃得是这么麻烦、这么多智、这么呆萌。而李时珍上山观察的结果却仅是"常吐舌诱蚁食之"。此察更接近于真相。穿山甲"长舌尖喙"(时珍描绘),我看了许多视频,见此甲无不是以其尖喙直探蚁穴,再以长舌扫蚁群直接食之。李时珍还"曾剖其胃,约蚁升许"(切勿模仿,穿山甲于今也是保护动物哦),这是验证穿山甲确实以蚁为食。这一点陶弘景是对了。但陶记录的食蚁法却是错的,可能是将一次偶然所见当成"全真"了。但陶之错却也"委实有趣得紧",足能发人想象。

家鸭(鹜)和野鸭(凫)是不同的禽类,药性也不同。而前人竟有认鹜、凫乃同一者。为了证明鹜是家鸭、凫是野鸭,李时珍搬出《尔雅》《周礼》《诗经》《楚辞》等一大摞子经典,并在《楚辞·卜居》中找到了屈原留下的最有力的"诗证":

> 宁昂昂若千里之驹乎,将泛泛若水中之凫……乎?
> 宁与黄鹄比翼乎,将与鸡鹜争食乎?

凫、鹜对举,鹜则又与鸡并列,则凫为野鸭、鹜为家鸭,倍分明矣。时珍之认真和博雅,于"本草"一书中比比皆证。

又,当归是妇科活血调经之要药。在"释名"中,"时珍曰":

> 古人娶妻为嗣续也,当归调血为女人要药,有思夫之意,故有当归之名,正与唐诗"胡麻好种无人种,正是归时又不归"之旨相同。崔豹《古今注》云:古人相赠以芍药,相招以文无。文无一名当归,芍药一名将离故也。

许多中药名称都包含着美丽的典故。博闻能述,也是一种人生的幸福。

故事性强,也可以拿来作为对《本草纲目》的亮点总结。关于药名来源的典故多是故事,还有关于药效传说的民间故事,也处处可见李时珍自己经历的故事。

雷丸具有杀虫作用,李时珍乃从陈正敏《遁斋闲览》中"发明"出一段传说:"杨勔中年得异疾,每发语,腹中有小声应之,久渐声大,有道士见之曰:此应声虫也。但读本草,取不应者治之。读至雷丸不应,遂顿服数粒而愈。"委实有趣得紧。这也是美与真的结合。

黄芩的功效是清热燥湿,尤泻肺火。编写"黄芩"词条时,李时珍想起自己20岁那年得的一场几乎致死的肺病:

> 予年二十时,因感冒咳嗽既久,且犯戒,遂病骨蒸发热,肤如火燎,每日吐痰碗许,暑月烦渴,寝食几废,六脉浮洪。遍服柴胡、麦门冬、荆沥诸药,月

余益剧,皆以为必死矣。先君偶思李东垣(金元时期著名医学家)治肺热如火燎、烦躁引饮而昼盛者,气分热也。宜一味黄芩汤,以泻肺经气分之火。遂按方用片芩一两,水二钟,煎一钟,顿服。次日身热尽退,而痰嗽皆愈。

彼时李时珍正刻苦复读备考举人,也许太刻苦了,终竟差点一病不起。是父亲受李东垣的启发,单用黄芩治好了他的病。从这个故事,我读到了对父亲的怀念;也读到了医疗经验的传承:一位名医根据前朝名医留下的方剂,救了未来又一位名医的命。信息量就是这么大咧。

人的全身都是宝?《本草纲目》绝不像你想象的那么恶!

《本草纲目》共分16部,最后一部是"人部"。

人部? 意思是人体各组织及副产品也是可以入药的? 这不奇怪,我们就知道人发(血余炭)、人胞(紫河车)、人乳、人尿(最好是童子便)都是中药,也能为现代医学所检验。但翻开《本草纲目》"人部",你会发现其中还有人屎、人势(阴茎)、阴毛、人胆、人肉、人血等30多种奇药及由它们形成的怪方! 比如男子阴毛,主治蛇咬,以口含20条和汁咽下,令毒不入腹……

其他各部也时有奇药怪方。如土部,就收有寡妇床前土,主治耳上月割疮,和油涂之。为何一定是寡妇床前的土呢? 盖因其阴气重耶? 再有服器部,收录有孝子衫,云主治鼻上生疮等。诸如此类。为什么一定是孝子的衫呢? 因为孝是一种好品行?

因为以上元素的存在,就看到一些网站和微信公众号推文攻击李时珍重口味、伪科学、不人道,进而认为《本草纲目》全是糟粕云云。对于此种一知半解,我大以为不然。

细看本草,那些过分的奇药怪方,多采自前人所载,李时珍只是客观收录,立此存照,并告信源,以备研究而已。即便注明是他自己搜罗的方子,也只是收录,此外就不着一字。这是他的一个编撰理念。

他这种理念在"人部"总纲中已经明确表达出来了:"凡经人用者,皆不可遗。"人部种种,皆关人生,对此李时珍绝不糊涂——

> 时珍曰:《神农本草》,人物惟发髲(bì,假发)一种,所以别人于物也。后世方伎之士,至于骨、肉、胆、血,咸称为药,甚哉不仁也。今于此部,凡经人用者,皆不可遗。惟无害于义者,则详述之。其惨忍邪秽者则略之,仍辟断于各条之下。

这是一种清醒的人道主义态度,也是儒家的人本主义立场。医儒不分家。"人部"是动物药之一类,此类从鳞、介、禽到兽,"终之以人",李时珍说,这是"从贱至贵"的分类。本身就是尊重人的表现。另一方面,此种分类也基本符合由低等动物到高等动物的进化规律,与达尔文的进化论暗合。

以鲜明的人道主义的价值观,在"人部""人肉"条下,李时珍不再"客观",写下了一篇痛斥以人肉为药的"檄文"。

以人肉为药,源自唐代药学家陈藏器的《本草拾遗》,云可治瘵(zhài)疾(痨病,即肺结核),此或即鲁迅笔下"人血馒头"之想象所本。

李时珍指出,自《本草拾遗》"人肉方"出,闾阎中就多了割肉孝亲的残忍故事,这实在是令人发指的愚民行为,所为者皆伪善觊觎之徒,连明太祖朱元璋都怒其灭绝人伦,并实际杖配过一个这样的"孝子"。这是李时珍从他书中找到的一个故事。又引陶宗仪《南村辍耕录》所载:"古今乱兵食人肉,谓之想肉,或谓之两脚羊。"接着激评称:"此乃盗贼之无人性者,不足诛矣。"这是一篇奇文,读者诸君不妨搜索原文细细读之。

还有"人血"条目(我们再次想起鲁迅笔下的"人血馒头"),也是从陈藏器书中收录一方:"赢病人皮肉干枯,身上麸片起,又狂犬咬,寒热欲发者,并刺血热饮之。"对此,时珍在"发明"中怒斥:

> 饮人血以润之,人之血可胜刺乎?夫润燥、治狂犬之药亦伙矣,奚俟于此耶?始作方者,不仁甚矣,其无后乎?虐兵、残贼,亦有以酒饮人血者,此乃天戮之民,必有其报,不必责也。

综上,对于所有在《本草纲目》中出现的奇药怪方,我们都要注意李时珍亮明过的科学和人道的态度,及其客观实录的编撰理念。

其实,我们还要感谢李时珍给我们留下了那些匪夷所思的"医治文本",它见证了医巫不分的远古时代,以及医学从巫术中发展出来的脚印,可供我们从文化人类学、民俗学、心理学等各个角度进行研究。从这个角度说,正是由于这些"糟粕"的存在,反而使得《本草纲目》更有价值、更可读了。

《本草纲目》实在太值得读了,关于《本草纲目》的文章也实在太值得读了。

十年求来600字，终使《本草纲目》走向世界！

万历六年（1578年），李时珍著好《本草纲目》，只体验了一会儿大功告成的喜悦就陷入迷茫了……

我很理解他那种迷茫：因为出版难、难出版。190余万字的巨著，付之雕版，所需巨资，李家如何拿得出来？李时珍终究只是一个医生，出了蕲州，便鲜为人知，而27年呕心沥血不假外求，更增其默默无闻而已，有哪个出版商肯把赌注下在他身上呢？更何况，那书稿还是"枯燥"的专业技术类题材，又如何有读者肯花银子消费之？

但另一方面，他也极其自信他的著作具有前无古人的价值，冥冥中或注定有一慧眼书商，要和他一起成就这桩不朽之事业。

从湖北到江苏，背负书稿求一序

就在这种迷茫的情绪中，61岁的李时珍携着满袋子书稿离开蕲州，乘船顺江而下，但也好似逆流而上，来到出版业发达的南京寻找他理想中的识宝英雄。

不出所料，他收获的依然是迷茫。

越是迷茫，越要向前。"身如逆流船，心比铁石坚"，谁人伪作的诗句，却真的很符合李时珍的性格。

那是万历八年，李时珍从南京再次顺流而下，但也好似逆流而上，去至江苏太仓弇山园，不揣冒昧地闯到文坛领袖王世贞家里。

他想请王世贞为他的书稿写一篇序。

请名人作序抬高身价以助出版,这个道理连古人都懂呢。

王世贞主导明代文坛二十余载,多少文人墨客奔走其门,重金购其片言嘉奖,便也"大名鼎鼎"。现在,"荆楚鄙人"李时珍带着他的药书——不是小说诗歌散文什么的,也闯到大牛文豪家里求嘉奖了。

到底有什么桥梁纽带关系,使李时珍想到要去找王世贞作序呢?据宋光锐《李时珍和蕲州》(武汉出版社,2001年)一书考证,李时珍一家和蕲州望族顾敦家关系颇好。顾敦的两个儿子顾问、顾阙都是当时的理学名家。李时珍幼年即师从顾问读书习儒并考上了秀才。后来为李时珍作传的顾景星即顾阙的曾孙。王世贞曾在武昌任湖广按察使,离蕲州不远,与顾敦家也素有交集。就这样,李时珍认识了王世贞,只是身份地位有些悬殊,并未曾深谈。

就这层关系,便要求序,李时珍能成功吗?

出乎所料,王世贞答应了。

但也出乎所料,王世贞答应之后李时珍收到的还是迷茫,而且整整十年。

十年后,打发儿子再到江苏求序

李时珍去找王世贞的时候,正赶上王世贞那位年仅23岁的女仙师昙阳子升天不久,王世贞正沉浸在他奇特的悲痛里而无力旁骛(这事儿很传奇,非此文关注对象,不提)。所以李时珍应是赶上的时机不对,王世贞虽然答应了,却并没有执笔就写出他想要的文字,而是先写了一首诗送给他。李时珍一看,那诗是"讽刺与幽默"的。在诗中,王世贞首先把他比作自己家门口那棵歪脖子老柳树(李叟维肖直塘树),并拿药界前辈同行陶弘景说事儿,说陶本可立即升仙,却醉心于为《神农本草经》作注,以至于耽搁了十年大好光阴(误注本草迟十年)。这都说的什么话啊?李时珍只是给了王世贞的幽默一个讪笑,然后是迷茫地返回湖北老家。

李时珍回到蕲州,十年间,又将《本草纲目》修改了三次,感到完美无缺。但越是感到无缺,却越是迷茫,还是因为出版无望。而越是迷茫,又越是一根筋地想做成。

十年了,白发苍苍的李时珍又想到王世贞十年前的承诺。

不行,还得找他!

但李时珍已是步履维艰。

万历十八年(1590年),刚过完春节,李时珍就派他的大儿子李建中携《本草纲目》手稿再赴太仓弇山园拜访王世贞。李建中总算把老李家的科举梦圆了一大半,考上了举人,曾官授四川蓬溪知县,清官,其时已谢归专意侍亲。

当白发苍苍的王世贞从李建中脸上看到十年前李时珍的面貌时,立即就感动和愧疚了。他说,对不起,让你们等了十年……我写!

王世贞序称《本草纲目》是无尽宝藏

万历十八年上元日,王世贞为李时珍《本草纲目》作序,用他的话说,是"拜撰"。

这是一篇文采飞扬、评价独高的序文。

序文一开头,就用诗一般的语言凌空举出那些晨星般的专家和博学人物,如认得"萍实(传说中的一种水生大果实,祥瑞之物)商羊(传说中的一种神鸟,独脚,兆雨)"的孔子、"望龙光知古剑"的张华(晋人,著有《博物志》)、识别宝玉的专家倚顿、辨字专家嵇康等,言下之意,李时珍就属于这等第一流稀有人物。

接着王世贞就忆及十年前李时珍来访:

楚蕲阳李君东璧,一日过予弇山园谒予,留饮数日。予窥其人,晬(suì)然貌也,癯然身也,津津然谭(谈)议也,真北斗以南一人。解其装,无长物,有《本草纲目》数十卷。

"晬然貌也,癯然身也",蒋兆和便是据此描绘创作李时珍肖像并发现自己的岳父形神有似的。那是一个瘦身材的老头儿,但面有光泽,目有精神,一坐下就津津有味地谈议不休,操着一口浓重的鄂东口音(如称下雨为下

"汝");说了不大一会儿,就起身解开鼓鼓囊囊的行装,排开数十卷书稿——他的《本草纲目》。

王世贞作序前,定然是一连数日浏览并细览了《本草纲目》,带着对书中内容的强烈印象,随之对李时珍的初访印象也强烈修正:那真是北斗星以南第一人!

李时珍津津谈议的内容,前已交代过,他说自己从小身体不好,资质不好,"长耽典籍,若啖蔗饴。遂渔猎群书,搜罗百氏"……

十年后,李建中坐在王世贞面前,接着谈父亲和《本草纲目》的故事:"岁历三十稔,书考八百余家,稿凡三易。复者芟之,阙者缉之,讹者绳之"……

"愿乞一言,以托不朽。"十年前,李时珍这样谦虚但并不心虚地说。

"愿乞一言,以托不朽。"十年后,他的儿子还是这样说,谦虚而不心虚。

十年待一诺啊,王世贞不吝华词,极予高评;而《本草纲目》也委实值得他这样高评。他认为,《本草纲目》,"实性理之精微,格物之通典,帝王之秘箓,臣民之重宝";他一口气排出三个颜值很高的比喻来形容读《本草纲目》的体验:

> 如入金谷之园,种色夺目;
> 如登龙君之宫,宝藏悉陈;
> 如对冰壶玉鉴,毛发可指数也。

金谷园是西晋大官员大富豪石崇的别墅,其内集纳了无数珍宝。看《本草纲目》,就好比进了金谷园,令人眼花缭乱。"如登龙君之宫,宝藏悉陈",此句评价尤高。有部佛典,名《华严经》,华瞻宏博,被誉为经中之王,说是龙树菩萨于龙宫中见到,携至人间,造福人类。《本草纲目》就好比这样一部可以造无限福于无限人的宝藏。"如对冰壶玉鉴,毛发可指数也",意谓《本草纲目》是一部使人明辨的著作,而辨其可疑、正其谬误、别有发明、一览可知、精微无遗,正是李氏的追求、纲目的特色。

总之,王世贞的评价有一个核心意思:《本草纲目》远不仅仅是一部医药书,还是一部令人多闻而且明辨的博物学经典。"李君用心嘉惠何勤哉!"

王世贞最后结尾点题说:"我能读到这本书,真是太幸运了。这部著作,只让它藏在深山石室那可真是太可惜了,宜付刊刻,以共天下后世研究玩味。"

序作好,不收一文钱。

李时珍两次求序,也没打算给钱的。少了拿不出手,多了给不起。

在写好那篇精彩的序文之后没过多久,具体不到10个月,65岁的王世贞就与世长辞了。

出版终于有着落了! 他却走了……

在得到王世贞那篇精彩的序文后没过多久,具体也就三年多,75岁的李时珍也与世长辞了。时在万历二十一年(1593年)。

有了王序,终有南京书商胡承龙答应刻印《本草纲目》,在李时珍去世时,书稿已经刻成大半,但要等到他去世三年后,万历二十四年(1596年),《本草纲目》才在南京正式刊行。

李时珍临终,有大欣慰也有深遗憾。欣慰的是,借王世贞序文的影响力,出版心血著作有了眉目;遗憾的是,他到底未能亲眼见到《本草纲目》的发行。

弥留之际,李时珍给儿子们留下遗嘱,将《本草纲目》献给朝廷,颁行天下。因当时朝廷有诏下访购四方遗书,凡民间著述,不管是政治类还是专业类书籍,只要能成一家之言,均在访求之列。

万历二十四年,李时珍的二儿子李建元带上刚刚印出的《本草纲目》跋涉到北京,献诸朝廷,并呈《进〈本草纲目〉疏》一文,备述父亲遗志,字字句句,情恳意切,真可谓"无改于父之道"也。 李建元也是在考了个秀才后就随父学医了,父亲到各地采药时,紧紧追随的,就有这个儿子,他还帮《本草纲目》画了插图。

关于李建元此次献书的结果,顾景星《李时珍传》称:"(天子)命礼部誊写,分两京、各省布政刊行。"《明史·李时珍传》亦称:"天子嘉之,命刊行天

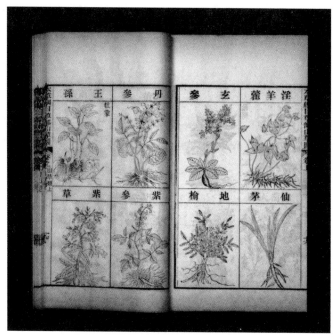

《本草纲目》中的药材插图（视觉中国供图）

下，自是士大夫家有其书。"但这都只是对李时珍和他的儿子们"梦想"的记录，现实的情况是，万历皇帝仅仅下了道圣旨："书留览，礼部知道，钦此。"当时的万历皇帝连上朝听政都已放弃，哪还对一个小老百姓的事儿感兴趣呢？

《本草纲目》走向世界

胡承龙刻印的《本草纲目》被称为金陵本，如今已是古籍中的稀世珍宝。特别提醒好古籍者注意。

有藏家出示了其所藏金陵本《本草纲目》，见其署名有"李建中辑""李建元图""李树宗校"等，这是上卷；下卷则"李建木图，李建声校"。李建木是李时珍四子，过继给了他哥哥的，李建声或是侄子，李树宗则是孙辈。可见，李家满门，祖孙三代，都参与了《本草纲目》的编纂。

金陵本《本草纲目》虽已是稀世珍宝，但就刻本而言，质量不高——"初刻未工,行之不广"。7年后,由江西巡抚夏良心倡议重刻,按察使张鼎思主持,江西各级地方官员支持,南昌、新建二县尹协助,重新刊刻《本草纲目》。这个本子称江西本。

官刻江西本《本草纲目》迅速代替金陵本流传开来,成为通行本。至此,李时珍终于可以含笑九泉了。

王世贞也可以含笑九泉了。

《本草纲目》于1606年(一说1604年)由日本学者林道春传入日本。

李时珍忙着采药和修订《本草纲目》之际,意大利利玛窦等耶稣会传教士已来到中国开始了他们的活动。借着这批人的推介,《本草纲目》迅速传至西方。

据不完全统计,《本草纲目》在世界上现有拉丁文、法文、德文、英文、日文、俄文、西班牙文、朝鲜文等8种文字的译本流传,被誉为"东方医学巨典"。今英国大英博物馆、剑桥大学图书馆、牛津大学图书馆、法国国家图书馆等都收藏有《本草纲目》的多种明刻本或清刻本。德国国家图书馆收藏有金陵本。此外,俄罗斯、意大利、丹麦等也都有收藏。美国国会图书馆也收藏有金陵本和江西本等。

在西方,《本草纲目》通常是被当成一部博物学著作来重视的,是一部百科全书式的经典(这一点王世贞在他600多字的序文中也评价到位)。《本草纲目》中对于植物药(草部)的科学分类,比植物分类学创始人林奈的《自然系统》一书要早160多年而又远比后者完善。纲举目张,李时珍在传承《尔雅》分类法的基础上创新完善的"从贱至贵"的物种分类原则,即从无机到有机、从低等到高等,基本上符合进化论的观点。达尔文撰写《物种起源》时,《本草纲目》也是其重要的参考书之一。

李约瑟博士说:"毫无疑问,明代最伟大的科学成就,就是李时珍那部登峰造极的《本草纲目》。"(参见王剑编著《李时珍大传》,中国中医药出版社,2011年)1986年11月24日,已是86岁高龄的李约瑟博士还从英国赶来中国,参观访问了湖北蕲春李时珍陵园、李时珍纪念馆、李时珍医史文献馆和李时珍医院。那一年,我也正在古蕲州所在地区读中药专业,但还浑然不知李约瑟是谁,也不知道他来了。

2010年,《本草纲目》入选《世界记忆亚太地区名录》。

第十一章 酒话连篇

酒祖是男还是女？

年节刚过，亲朋好友聚会，酒自然是喝了一点，"不及乱"，所以还可以在此很清醒地晒一晒与酒品有关的中国制造、中国工匠和工匠精神，故又有此"酒话连篇"。

仪狄作酒

喝起酒，说起酒，首先要问：酒，是谁发明的？ 或者说，史上有名可查的最早的酿酒工匠是谁？

把槊一横，曹操同学就抢答了："何以解忧？ 唯有杜康！"（《短歌行》）他说是杜康。很多人貌似都知道、都同意是杜康。

可另一位爱学习的同学说是仪狄，并排出典籍。仪狄？ 好生僻的名字！是的，仪狄。知否？ 中国酿酒业有一个最高奖项"中国酒业仪狄奖"，这是2010年4月由中国酿酒工业协会第四届会员代表大会在北京公布的，已有不少酒企和"酒人"获奖。为何以"仪狄"命名此奖？ 就因为仪狄是史上最早的酿酒人。典籍为证——

《吕氏春秋·审分览》："仪狄作酒。"《吕氏春秋》成书于公元前3世纪，这是目前所知关于酿酒工匠最早的记载。此句之所出处，作者一共列举了20位匠师型人物，以阐发其君主不可亲力亲为（勿躬）的观点，如："大桡作甲子……胡曹作衣，夷羿作弓，祝融作市，仪狄作酒，高元作室，虞姁（xū）作舟，伯益作井，赤冀作臼，乘雅作驾，寒哀作御，王冰作服牛……巫彭作医，巫咸作筮。"此处作者把仪狄与时间（甲子）、市场（市）、衣服、房屋、驾御、医术、占卜(筮)等重要事物的"创作者"排在一起,可见酒之地位初非可有可无。

"仪狄作酒",《吕氏春秋》所记甚简。应创作于其后的《战国策》(魏策二)再次提及"仪狄作酒"。与前者相比,就记得故事性很强了:

昔者,帝女令仪狄作酒而美,进之禹,禹饮而甘之,遂疏仪狄,绝旨酒(美酒),曰:"后世必有以酒亡其国者。"

这个故事有点熟悉(原来是作为有关策论的例证材料用的),主角是大禹。我们把主角换成仪狄,就是有关酿酒始祖仪狄的记录。他于夏代之初酿造出了酒,他的酿造水平已经很高,所以能"作酒而美"。

他? 凭什么就断定仪狄是"他"而不是"她"呢? 实际上关于仪狄的性别还真存有争议。"帝女令仪狄作酒而美",有的版本作"帝女仪狄作酒而美",少了那个"令"字,争议盖源于此。帝女,是以上记录中的第三位"主角"。那么帝女又是谁呢? 有人说是禹的女儿或女人,有人说是尧的女儿,有人说是舜的女儿,还有说是天帝的女儿的。我们不做繁琐的考证,也不打算进入神话,只接受她是一位女性就行了。是一位女性,名叫仪狄,她造出了酒。或者是她"令"仪狄造出了酒,她是策划者和施令者。不管怎么说,造酒一开始就与女性结下了不解之缘。

我们看到一些酒企供奉的酿酒始祖就是仪狄,其塑像还真有男有女。我在南粤一家著名酒企看到,他们也奉仪狄为始祖,看那塑像,长发无冠,确切为女娘。考之于生活,将造酒与女性结缘似乎总是一种更令人愉快的结果。我们的家酿米酒,其酿造者不正是我们的母亲吗? 而广东梅州客家人酿的米酒,就叫"客家娘酒"。

关于仪狄到底是男是女,我们也不争论,在此只先接受"仪狄作酒"这个结论就行了。关于"仪狄作酒"的典籍记载,还有《世本·作篇》:

仪狄始作酒醪,变五味。少康作秫酒。

《世本》我们介绍过,是先秦一部已经失传的有专门记录古代发明家和革新家内容的书籍,最早是公元前234—前228年由赵国人结集成书的,年代稍晚于《吕氏春秋》。

杜康作酒

《世本》明确"仪狄始作酒醪",关键词:始作;同时并列"少康作秫酒"。少康是谁? 就是杜康。至此我们就来理会由曹操同学给出的另一位酿酒祖师:杜康。

关于杜康造酒,除了《世本》,另见东汉许慎的《说文解字》(卷七"巾"部):

古者少康初作箕帚、秫酒。少康,杜康也。

杜康可不是一般人,他也是夏代的君主。由一位君主亲自发明了酒,这可真值得重点一提。杜康在造出酒的同时,还顺手发明了畚箕和扫帚这两件我们每天都要用到的家政小工具。闻一知二,很有意思。杜康自然是夏禹的后人,数一数,是夏代的第五位继承人,以这么低矮的辈分论,他酿酒始祖的地位还真保不住。但也许因为杜康是堂堂帝王的缘故,后世关于他"作酒"的记录要远远多于仪狄:

张华《博物志》:"杜康作酒。"(西晋)

顾野王《玉篇》:"酒,杜康所作。"(南朝·梁)

李翰《蒙求》:"杜康造酒,仓颉制字。"(唐)

高承《事物纪原》:"杜康始作酒。"(宋)

与以上记载相比,与张华同时代的西晋另一位文人江统在他的《酒诰》一文中的说法就比较公允:

酒之所兴,肇自上皇(太古的帝皇时代),或云仪狄,一曰杜康。

无论如何,杜康是另一位对酿酒作出重大贡献的匠师。他起码是秫酒的发明人。

北宋朱肱的《北山酒经》开头亦称:

酒之作尚矣。仪狄作酒醪,杜康秫酒,岂以善酿得名,盖抑始于此耶。

人类作酒的历史很久远了,仪狄作酒醪,杜康作秫酒,都很出名,不仅因为他们的技术水平很高,或许更因为他们同为起源性人物。

也是的论。但无论如何,始祖只能有一位,以仪狄生于夏初、与大禹共过事的高辈分而论,只能是他(或者她)。但与杜康一比,仪狄的知名度到底还是"弗如远甚",这首先与曹操同学写诗推举有关。其实,在中国老百姓心目中,也早已认同酒祖是杜康,自古百姓们也是更重官位,何况杜康更贵为元首。

一位作家说,酒祖是女性

属于我们这个时代的作家端木蕻良在他的散文《酒呵!酒》中独称仪狄:"酒,我认为是仪狄造的,但是,长久以来,世上最流行的说法,都是派在杜康名下。杜康,也就是少康,是禹的后代。仪狄当然要比他早得多,据《战国策》中说,她是禹同时代人,禹吃了她做的酒醪,觉得很美,却反而因此疏远了她。"请注意,端木蕻良指代仪狄,用的都是"她",这说明他不仅认为造酒的祖师是仪狄,而且确信其是女性。他继续写道:

其实,仪狄应是母系社会时代的人物。时间可以作证,母系社会中拥有"家"的主权的,是母亲。生活资料以及生产都由母亲掌管,连必需的陶器也由妇女制作。汉字中,凡与酒有关的字,都离不开"酉"字,"酉"字是象形字,也就是酒罐的画像。仪狄酿出美酒,盛在容器里储存起来,给生活加添了甜蜜,这是了不起的成就。

这虽是作家之言,却是清醒的有关酒的发生学文章。确实,酿造是农业之余,而农业的发明权首归负责采集的女性,故也由她们首先发现粮食变成酒的奥秘并有意利用之,是最可能的。这与我们关于母亲酿造米酒的生活现实和记忆相吻合,也是令人愉快的结论。

杜康是河南人我们大都知道,具体是洛阳市汝阳县,其地还出产著名的杜康酒。仪狄被认为是河南平顶山市宝丰县人。汝阳和宝丰,相距不过80多千米。

极简酒史:酝酿六千年

"朋友来了有好酒……"主旋律歌曲《我的祖国》这样唱道。"十月里,响春雷,八亿神州举金杯。"李光羲原唱的《祝酒歌》,至今荡气回肠。

当我们说到古代的酒,起码自元代以前,所指都是未经蒸馏的发酵酒(又称非蒸馏酒),以粮食为主要原料,亦即今天所称的米酒或黄酒(也有白色的)。米酒或黄酒,迄今仍是非蒸馏酒中的主流。我老家湖北郧阳所产以稻米为原料的老黄酒是最能代表地方风味的饮品,家家都酿,是主妇必须掌握的中馈之技,是母亲和乡愁的味道。杜甫《饮中八仙歌》:"李白斗酒诗百篇"。李白一生所饮所歌,大部分都不过是米酒或黄酒而已,当然,在唐宫中"任职"那段时间估计也喝了不少皇帝和贵妃赐的葡萄果酒。王翰《凉州词》:"葡萄美酒夜光杯"。西汉张骞出使西域,始引入葡萄和葡萄酒的酿造技术并酿葡萄酒的工匠,自是中国乃有葡萄酒,并一直是贵族专属饮品。曹操的儿子魏文帝曹丕曾在一篇诏书中分享了他对于葡萄酒的饮后感。

从桑树洞中冒出的酒香气

仪狄是第一个留下名字的酿酒工匠,时在夏初(约4000年前)。实际上酒的起源要更早到新石器时代后期(约6000年前),其时还是由妇女担当负责原始农业和进行陶器制作。酒最初被发现或是一个偶然。"酒之所兴,肇自上皇",江统的《酒诰》还有下文:

有饭不尽,委余空桑。郁积成味,久蓄气芳。本出于此,不由奇方。

这是一个故事。说是从前有一个人,把吃不完的饭存放在桑树的树洞里(委余空桑),忘了,时间一长,那饭就发酵发出一种奇异的香气(久蓄气芳)——那是酒香气——这就有了酒。这个人,后世传说就是杜康。值得注意的是,传说中把杜康提前至原始社会时代出生了,使他一跃成为真正的酒祖。还有人说是把野果贮在树洞里自然发酵出酒香气的,此说则更为我们欣赏。确实,一直不占饮界主流的果酒要早于粮食酒。所以又有人说是猿猴先生首先发现了野果变成酒并首先体验到醉的滋味,甚至是鸟儿小姐。

杜康所造秫酒之辨

总之,从"空桑出酒"时期,最起码又经历了2000年的"酝酿",至夏代,中国人已开始有意用粮食造酒,见诸古籍的种类一般有黍(黄米)、稷(小米,亦即粟)、秫和稻。"少康作秫酒",这里的"秫",相关辞书中说就是黏高粱,但也有农史专家说稷之黏者即为秫,黍、稻之黏者都可统称为秫。如此则杜康对于酿酒的贡献则是发现有黏性的粮食更适于酿酒,并因之而创工艺。另考高粱,证明是源于非洲的外来作物,经印度传入中国,约在辽宋西夏时期,实实在在是"后起之秀"(确实不见上古典籍中有载。我屡见相关古典文学专家解、译《诗经》中的"秫"为高粱者,谬矣)。其作为酿酒原料的"大红大紫",则起于现当代(大家一定还记得莫言、张艺谋们"种"的"红高粱")。

与黍、稷相比,稻之作为粮食作物也是晚辈,约起于周代,但后来居上,在"舌尖上的中国"占了半壁江山。所以稻米酒亦起于周代,后来也成为主流酒品。今天我们说到米酒,甚至专指稻米酒。适于做酒的稻自然也是黏的,称为糯米,我们老家也直呼其为"酒米";与此相对,做米饭或熬米汤的米就称"饭米"。大集体时代的情形我记不得,我所记得的是土地下户后,家家的田里,总留有一小块是专栽糯米稻谷用于做酒的,那谷相应亦称为"酒谷"。那酒谷从小就与众稻异样,其苗格外黑青而壮,其穗粒偏于圆(也有特别尖长的种类),谷壳坚实,而其中的米质地却又比饭米要软,视之、触之似更令人生出一种对生活的坚决和期待之心来。

"仪狄始作酒醪",此处的"醪"是指酒汁和酒糟的混合物。舀起来,用我们老家的话说就是"连汤带稠的"一起喝下去,因有"稠的",所以在章回小说中,古人们都爱说"吃酒"。俗语亦有云:"敬酒不吃吃罚酒。"我女儿也注意到小区里有一位江西籍外婆常说:"我不会吃酒。"

醪之作为酒,度数自然很低,其味则甜甜的,就是今天的甜米酒,武汉蛋酒之酒亦是也。这种酒,古人又称其为醴。《庄子·山木》云:"小人之交甘若醴",可证其甜。醪虽然只是"低度的甜",却不妨其成为酒的泛称。这与仪狄的酒祖地位有关。

至迟到商代,用粮食酿酒已很普遍。说起商代,我们就会想起商纣王"以酒为池""为长夜之饮"的荒淫,但这材料却也可证商代酿酒业已较为发达。到博物馆里看看,商代的青铜酒器繁多,其中饮酒器类,就有觚(gū)、觯(zhì)、角、爵、杯、舟等种类。商代甚至出现了"长勺氏""尾勺氏"这种专门以制作酒具为生的氏族。所谓勺,那是酌酒器。

商代还有一种叫做"鬯"(chàng)的酒,用秬(jù,黑黍子)加郁金香草酿成,又称"秬鬯",专供祭祀。李白《客中行》:"兰陵美酒郁金香,玉碗盛来琥珀光。"赞的就是这种源远流长的"鬯"。兰陵(记得,荀子曾为兰陵令),在今山东兰陵县兰陵镇,有"天下第一酒都"之誉。

鬯还是中国药酒之祖。

烧酒到底何时有?

烧酒是用蒸馏法制成的酒,透明无色,酒精含量较高,引火能烧着,也称白酒。以我说,烧酒是白酒的小名。小时候的记忆,我们农家都称白酒为"烧酒"。现在老一辈人还这样叫。

一般认为烧酒(白酒)起自元代,典籍证据是明代李时珍的《本草纲目》(谷部·烧酒):

烧酒非古法也。自元时始创其法……

　　李时珍还"释名"道,烧酒又称火酒、阿剌吉酒。从"阿剌吉"这名字,可见是外来事物。元是建在马背上的帝国,彼时中国与西亚、东南亚交通方便,文化和技术多有交流,阿剌吉酒就从印度传入了。也有人称,阿剌吉酒源自阿拉(剌)伯。元征西欧,途经阿拉伯,顺便就将阿剌吉酒酿造法传入中国。

　　但是烧酒究竟源于何时,科技史界一直存在争议。有人认为出自北宋,因传为苏东坡所撰的《物类相感志》中有"酒中火焰以青布拂之,自灭"的记载。南宋法医学家、提刑官宋慈所撰法医学名著《洗冤录》中记了一个"急救方":毒蛇咬伤人,可"口含米醋或烧酒,吮伤以吸拔其毒,随吮随吐"。一可燃烧,一可用于消毒,可见都是经蒸馏出来的高酒精度的酒。但是迄今仍不见典籍记载宋代有饮烧酒者。唐代倒是有。白居易《荔枝楼对酒》:"荔枝新熟鸡冠色,烧酒初开琥珀香。"这是"烧酒"一词首见于典籍中。难道从这句诗可以证明唐时已有蒸馏酒了吗?不大可能。窃以为白居易诗中的"烧酒"只是把黄酒加热饮用而已。至于宋代典籍中的"烧酒",如确是蒸馏酒,肯定十分稀奇,还属非饮品,或许只是由道家人士在试验室小小地试制出来珍存在小瓶中。

　　总之,即使在明代晚期,烧酒也还稀见。宋应星的《天工开物》有相关造酒内容,但不见提到烧酒。一直到清代以后,我国民间酒坊才较普遍地采用蒸馏工艺制作烧酒。

　　民间蒸馏白酒,迄今乡下也还普遍。其法有二锅,在下者为地锅,在上者为天锅。架起地锅,锅上架甑。发酵好的酒饭自然贮于甑中,烧火蒸之。甑上又架一锅,即是天锅。蒸,是要产生蒸汽的。因酒精的沸点只有78.2℃,故先于水大量汽化产生酒蒸气。那酒蒸气上腾,遇天锅锅底却就冷凝,复成液体汇聚,通过承接器引接而出,即是有一定含水量的酒了。即是"出酒"了。酒蒸气为何遇天锅即冷凝呢?因为天锅中加有水,而且是冷的。在整个蒸的过程中,要不断往天锅中换加冷水,决不使其水变热。这就起到冷凝器的作用了。天锅、酒甑、地锅三合一,就是一个土法蒸馏器。那汇酒出酒的承接器的设计也有巧妙。我查了古书,也问了乡亲,大抵一端为勺状,连

天锅（冷凝器）

冷水

酒蒸气

汇酒槽

甑锅

酒糟

箅

开水

古代蒸馏制酒图（采自《彩图科技百科全书》第五卷）

接以筒，悬空固定在天锅之下酒甑之上的密闭空间里，筒则穿甑壁外出。

总之，当我们说到古时候的酒，并不是烧酒，总是指黄酒，又称米酒，但不单以稻米酿成，还有黍、稷或秫等。有诗为证：

春秫作美酒，酒熟吾自斟。（晋·陶渊明《和郭主簿·其一》）

莫辞酒味薄，黍地无人耕。（唐·杜甫《羌村三首·其三》）

骚客们留下的酒诗很多，但多是终端体验，从酿酒这一头写起并点明原料的，很少，以上是好不容易找到的，分别是秫酒和黍酒的诗证。而明写以稻酿酒的诗，我则翻查到最古的《诗经》：

八月剥枣，十月获稻，

为此春酒，以介眉寿。（《豳风·七月》）

又：

丰年多黍多稌（tú），亦有高廪，万亿及秭。

为酒为醴，烝畀祖妣。（《周颂·丰年》）

《丰年》诗中的"稌"即解为"稻"。诗中祈求或描写道，丰年产了很多很多的黍和稻啊，多到万呀、亿呀，甚至是比亿还要大的数字（秭）呀，装在那高高的粮仓里，然后我们就"为酒为醴"啊，在冬祭（烝）时进献给我们敬爱的祖先啊！

以曲酿酒：中国古代"第五大发明"

大家都知道，造酒必须有曲，无论黄酒还是白酒。宋应星在《天工开物·曲蘖》中也说了："凡酿酒，必资曲药（曲亦可称为酒药）成信（作为引子）。无曲即佳米珍黍，空造不成。"也可以这样说，曲乃酒之骨，曲乃酒之母。

从蘖到曲的飞跃

酿酒为什么要用到曲？定然有很多人只是知其然而不知其所以然，必须科普，从酿酒的原理开始。

许多人都能说出，酿酒是一个发酵的过程，就像发面一样。这是对的，但是不准确全面。

准确全面地说，酿酒过程是一种复杂的生物化学反应过程。简单地说分两步：第一步，是粮食中的淀粉先分解为糖类（碳水化合物），这个过程也叫做糖化；第二步，再经反应，糖转化为乙醇（酒精的化学名称），这个过程也俗称酒化。

以上两步却不是凭空就可以走的，必须借助于酶。这些年经过健康科普，"酶"这个词大家都耳熟面熟。酶是一种有机的胶状物质，种类繁多，由蛋白质组成，对于生物化学变化起催化作用。由于酶的作用，包括微生物在内的生物体内的化学反应在极为温和的条件下也能高效和特异地进行。缺或少了哪种酶，相关生化反应就难以进行，对于人体来说，就会出现不适症状。比如不会喝酒的人，就是解酒酶的含量太低所致。

返回酿酒：第一步的糖化过程需要淀粉酶的参与；第二步的酒化过程需

要酒化酶的加入。

接近终点：以上两种酶都主要由微生物产生。淀粉酶由霉菌类（根霉、毛霉等）产生；酒化酶则由酵母菌负责生产。

恍然大悟：酒曲就是发酵剂，酒曲就是培养霉菌和酵母菌的固体培养基，或者说是一个"温床"。把沉睡着霉菌和酵母菌的酒曲接种（投放）在做酒的"熟饭"内，就起到发酵作用（对，正像发面之需要面酵一样）：两种菌类就苏醒并不断繁殖，不断催化"米饭"中的淀粉分解为糖，再将糖转化为酒精（乙醇）。酒就出了。

如果是葡萄等果类酿酒，因果类所含本身就是糖分，则不需要第一步的糖化，可直接经自然发酵，利用酵母菌将糖转化为酒精，所以酿造葡萄酒不需要投放酒曲。

利用酒曲酿酒，是中国匠人（仪狄和杜康们）的又一项了不起的发明。日本著名微生物学家坂口谨一郎教授（著有《日本的酒》）认为，这项技术甚至可与中国古代的四大发明相媲美。著名农史学家缪启愉称："在欧洲，直到十七世纪末意大利的赖地（Radi）才提出微生物自然发酵之说，十九世纪末法国的卡尔美脱（Calmette）才创立阿米露法制造酒精，其所用霉菌是从我国的酒药中取得的。"（《齐民要术导读》，巴蜀书社，1988年）。那么也可以这么说，以曲酿酒，堪称中国古代的"第五大发明"，而以发明时间论，还要远远排在"四大发明"的前边。

考古实证，以曲酿酒，起码起于商代。河北藁城曾发掘一处保存完好的商代酿酒作坊，其中发现一种白色沉淀物，经鉴定为人工培植的酵母。

曲也不是一步到位的，曲之前，还有蘖的过渡。

发芽的麦子、谷物，古书称"蘖"。灾年记忆，田里的麦子和稻谷发芽了，变成甜的。原来麦子或谷物一发芽，就会自发地分泌出淀粉酶，把麦或谷所含的淀粉水解为麦芽糖，为其滋长生根提供营养。除了发挥种子的作用，粮食发芽是灾年记忆，是一件坏事，但从这"坏"中，却无意间让我们的远古祖先（可以是仪狄，也可以是其他聪明人）发现了颗粒糖化变酒的秘径，于是就发明了以蘖酿酒的人工技术。真可谓因"坏"得福。

从蘖而出的酒自然是很甜的,远不如用曲之出酒率高。宋应星说:"古来曲造酒,蘖造醴。后世厌醴味薄,遂至失传,则并蘖法亦亡。"没有失传,古人转用蘖法造糖了。

"曲蘖"常连用成一词,一般只指酒曲,但也有分指二物的。《尚书·说命下》:"若作酒醴,尔惟曲蘖。"

从蘖到曲,是酿酒技术的首度飞跃。

制神曲,祭曲神

起码从汉代始,可以这样说:凡酿酒,以制曲为首为要。因为汉代虽还使用到蘖,但大量的酒已用曲酿造了。曲制得好,酿酒事业就成功了一半;曲若制得孬而又投入使用,则会把人家或自家全部的酒米都给败坏掉。《汉书·食货志》载:"一酿用粗米二斛,曲一斛,得成酒六斛六斗。"这是我国酿酒史上关于酿酒原料和成品比数的最早记载。

制曲也用粮食为原料,两广主要用米粉,称米曲,或称至迟至晋代出现;北方则是麦曲,原料为麦。"有饭不尽,委余空桑",朱肱在《北山酒经》中重新叙述了这个传说:"古语有之:'空桑秽饭,酝以稷麦,以成醇醪。'酒之始也。"可以看成是酒曲制作的"滥觞"。

籍贯山东益都(今山东寿光)的北魏高阳太守贾思勰所撰《齐民要术》,是我国现存最早最完整的古代农学名著,也是"世界名著"。该书于农、林、牧、渔之外,兼有"副业",主要介绍古代食品加工技术,有4篇专门介绍酿酒,共记录了当时北中国9种制曲法,其中"神曲"类5种。所谓神曲,主

贾思勰像(壹图网供图)

《齐民要术》(中国农业博物馆供图)

要指酿酒效率极高的曲。与此相对,则有笨曲。贾氏所介绍的曲种所用原料,8种都是小麦,1种是粟。

现介绍贾思勰所录第一种神曲——三斛麦曲——的造法:

时间。择"七月中寅日,使童子着青衣"(极靓的工作服),于日未出时,面向"杀地"(占卜学中的一个方位),汲水二十斛。汲水时不要泼了,水多了可以倒掉一些,但不可让人饮用。

配料。取蒸、炒、生麦各一斛。按当时计量,1斛等于1石,等于40升、4市斗,等于120市斤。三种小麦各120市斤,等量配合。炒麦要黄而不焦。生麦要择那十分精好的。三种麦都要磨。分开磨,要细。磨好混合。(缪启愉《齐民要术导读》称:"小麦经过蒸、炒,有利于霉菌的繁殖。现在的小麦曲大多纯用生小麦。蒸、炒、生三种配合的曲,现在已经没有。")

和曲。也要面向"杀地"和之,要和得极干,而水又要匀透。参考《北山酒经》,对和曲干湿的掌握是:"握得聚,扑得散。"(缪启愉称:"达到这样的标准,需水量大约是曲料量的38%。")

团曲。团成饼,规格:直径二寸半,厚九分。那团曲的人,都须是小男孩,也要面向"杀地"去团。注意,还都须是干净的男孩,污秽的不使。亦不许闲杂人等靠近制曲间。当天必须团讫,不得隔宿。屋用草屋,勿使瓦屋。地亦须净扫,不得秽恶;亦不能潮湿。(缪启愉称,不在当天团曲完毕即布入密闭的曲室培育菌种,会被有害微生物侵染。)

布曲。画地为阡陌,也就是在地上画出纵的横的小行列;四周还空出四条小巷道,以便布曲和翻曲人走动。曲饼就纵横排布在阡陌内,"比肩相布"。布曲间要用木板门,以泥涂封,务使密闭,勿令风入。(缪启愉解释"比肩相布":个挨个,但曲块之间留有一定空隙,有利于发酵热量的散发和菌类的均匀生长和繁殖。)

翻曲。过七日,把曲都翻个过儿。翻好,再涂户密闭,莫使风入。(缪启愉称,翻曲有利于品温的调节和菌类的两面繁殖。)

聚曲。再过七日,把曲饼堆聚起来,完毕,仍泥封门户。

瓮曲。至三七日,出曲,盛瓮中,仍泥封瓮口。

晒曲。至四七日,取瓮中曲,各穿孔,贯以绳,挂在太阳底下晒干,复盛于瓮。

除以上各序,还有一道重要而神秘的"工序":祭曲神。其法如下:

先做"曲人",封"曲王"。大抵是布曲时,也捏曲为人的模样,各布巷中,四巷中四个,正中一个,一共五个,它们都被"封"为曲王,它们手中还捧着曲做的碗,碗中还有真的酒和肉类,总之都作致祭状。布讫,开祭,主人就领着五位曲王开祭。主人读祷文三遍,每遍都拜上两拜。

听那祷文可知,原来那曲神就是土神——"五方五土之神",也是五位,很具有"普遍性"。那祷文是极其诚敬的骈俪美文:

主人某甲,谨以七月上辰,造作麦曲数千百饼,阡陌纵横,以辨疆界,须建立五王,各布封境。酒脯之荐,以相祈请,愿垂神力,勤鉴所领(殷勤地鉴察所领属鬼神的行为):使虫类绝踪,穴虫潜影;衣色锦布(曲饼生长菌衣如锦),或蔚或炳(绿的、黄的繁殖旺盛)……

接下来的祷告大意是:

让曲饼的酵解力十分透彻，

热力也像火一样有劲；

让成酒的香味超过香草、花椒，

味道也比鼎中五味还胜。

君子们喝了，醉得很美；

小人们喝了，也很恭敬安逸。

我敬告再三，我的话要完整领会啊。

诸神啊，可曾听见我的心声？

我相信福报会从冥冥中降临。

但愿我们所有人都心想事成，永远事成！

这真是充满了仪式感的"劳动美"啊。

诸位，以上制曲过程，我说是充满了仪式感的，沟通神秘，表达敬畏，讲究禁忌，莫轻易当做迷信来看，甚至本身也是一种"科学的程序"，体现了中国古代酿造匠人们对微生物把握和利用的"微智慧"。

制曲，包括接下来的酿造，都必须培养利于霉菌和酵母菌繁殖而抑制其他有害杂菌生长的条件。故第一必须非常干净，从水源、空气、器具、衣物和人体，步步、处处都有禁忌，都是为了杜绝污染，保证曲好。如日出时汲水，就因该时水质更为纯净。勿泼水，莫令人用等，亦是为了保证纯净。

干净是最基础的。在此基础之上，就是要保证发酵顺利和充分地进行。首先是调节温度，从"一七日"至"四七日"的时间节点，都是古人所摸索到并认为最好的关于品温调节的技术秘密。而所谓"七月中寅日"开始的讲究，看似是"择吉迷信"，实际上也包含着高温季制曲的科学性。因为在高温季，空气中的微生物最为活跃，最易实现天然接种。古时制曲多选七月。东汉崔寔《四民月令》亦载："七月，四日，命治曲室……七日，遂作曲。"

即使是上述制曲过程中最会被认为是"迷信"的"祭曲神"部分，那祷文却也可以当成一份产品质量控制书来看的。祷文清楚地给出好曲的判断标准是"衣色锦布，或蔚或炳"；还给出了曲室所要达到的质量标准："虫类绝踪,穴虫潜影";还有从酿酒过程中的优良反应、最终成酒品质的卓越体现,倒过来要求制曲饼质量控制所应达到的最高标准。聆听祷文,现场众工定然是充满了敬畏之情,从而保证要以最高的热情,最高的水平,造出最高品质的曲块,造出"神曲"!

微生物的活动,看不见,摸不着,而先民们却仅凭"摸"和"看",仅凭"肉体六根",便能驱使那微观世界中的千军万马服务于人民的生活,由此发明了酒,还有糖、醋、酱、豉、菹(zū,酸菜)等,使我们从"舌尖上"画出了记住乡愁、爱我祖国的"最大同心圆"。那活动起来看不见、摸不着的微生物,却能神奇地改变食物的性质,或者说"化腐朽为神奇",古人遂以为神秘,亦即有神的指导参与作用,而尤以能直接作用于神经的酒,其酿制最为"有神"。"民以食为天",工匠大师们一方面能巧夺天工,提高吃喝的境界;一方面也因为生产力水平的限制,能常怀敬畏之心,给"神"留下位置。不独酿酒如此,古代百工各业,都有崇拜行业神或保护神的习俗传统。永存一份对技艺、对大师、对客户、对至善品质、对"天外之天"的敬畏之心,这也是工匠精神的题中应有之义。敬畏之心,是能穿越时空的一种精神,今天我们能登陆月球的背

《天工开物》记载的制曲过程:长流漂米、拌信成功、凉风吹变(采自《彩图科技百科全书》第五卷)

面了,却让我们更加敬畏于宇宙的无限、星空的神秘。

因为敬畏,所以更爱,所以认真,所以需要仪式。因为仪式,生活和劳作遂多了一种诗意的美感。而酿酒,就是最有仪式感的诗意的劳作,而酒也是仪式感生活中不可缺少的美品。从古到今,从中到外,都是。

踩曲的记忆和观看

以上所录制曲的过程只是用手"团",而实际上从古到今,蔚为主流的制曲过程是"踩",用脚踩。所以制曲又叫"踩曲"。

踩曲,我有记忆。我说过我们郧阳是家家都要酿老黄酒的,所用酒曲也是自制、自踩。一切亲力亲为而不买,这是自然经济的特征。

我家踩曲,也是每年夏热时,我准确地记得是我们放暑假的时候,也许是农历六月,也许是七月。打电话问我大妹,她说是五月端午刚过的时候。也行吧。

那必定是一个很好的天,阳光必须灿烂,午后,我的父亲母亲就在堂屋里忙着了。母亲在一个圆盆里和刚刚磨好的麦麸面。上午磨好的新鲜麦麸面。之所以叫麦麸面,是因为只是将麦子粗粗磨过,麦麸皮和白面还是你中有我我中有你。只是稍加水和之,也就是要和得干。问我妹妹,她说母亲是搅了发面糊拌和进去的。发面糊,也有道理,里边不正是有酵母菌吗?

父亲在侧,一双大手捧了母亲和好的麦麸面,填装在面前的坯模子里。坯模子(实际上叫坯范),一个长方形的木框,脱土坯用的,每年却有一次临时客串"脱曲坯"。坯模子是一个空框,但麦麸面却绝不是像坯泥一样直接按在地下,也不直接接触木框,而是事前铺以干净的麻叶。麦麸面在坯模子里装满了,上再覆以麻叶。最后,父亲就脱了鞋,洗净赤脚,站在模上踩。踩啊,踩。轻轻地踩,也稍微用力去踩。低头看顾着踩。踩得严实了,将坯模子脱起,一块麻叶包着的曲坯就形成,用绳缚裹完好。

那包曲的麻叶也是新采的,且年年都是父亲安排我去采的。"令童子采麻叶"。到哪里去采呢?磨坊里牛在转圈,磨做曲的麦子,我则提着圆箩筐出门,向东走四里路,到达五、六队(生产队)之交的田埂上。就到那里采麻之叶。只有那里的才是。那不是一般的麻,根据脑中的"图片",我查出那是苘麻(青麻),长在田埂外的斜坡上,显然是人家有意栽培的,但并不禁采。一蔸一蔸的,长得比我高很多,叶片宽宽好漂亮,有一股清香。还记得有时候那苘麻还能开出大朵的红花,远远地摇着。

曲都踩好包裹好了,最多4块,有时两三块。每块自然与土坯等大,长近40厘米、宽近20厘米、厚则10厘米有余。放在背篓里,上边厚厚地盖上青草,捂:捂多长时间呢?电话中大妹说,7天。而我记得是二七14天。总之,要捂到酒曲发热,继续发热,并发出一股股浓郁喜人的酒香气,翻视之遍身茂长"白毛"(菌丝),就好了,扒出来悬挂于檐下风干。

《北山酒经》记录了13种曲的制法。以制法不同分为三类:第一类叫"罨(yǎn)曲",是把生曲埋入麦秸堆里,定时翻动;第二类叫"风曲",是用树叶或纸包裹着生曲,挂于通风处;第三类叫"醭(bào)曲",是将生曲团先放在草中,俟生毛霉后就把盖草去掉。依此记录,则我家制曲是兼了"醭曲"和"风曲"两法。不要以为我们的办法是那么随便,原来都从典籍上传承而来呢!

我记忆中家庭踩曲的劳动,是愉快的、温馨的,年年重复不变,也近乎是一种仪式。如果说酿酒是母亲(女性)的技术,而踩曲却必须注入男人的力量。或者是,父母都须参加、男女必须搭配,且又以男性踩者为主角。验之以典籍,也是男人主踩。看《齐民要术》"又造神曲法",那曲块不再是手团,也需要范围、需要脚踩了:"饼用圆铁范,令径五寸,厚一寸五分,于平板上,令壮士熟踏之。"这里用的是"踏",近义词。查,"踏"字字龄要长过"踩"。还有一种作笨曲法,亦记"作木范之","使壮士熟踏之"。笨曲的酿酒效率较神曲逊弱,配料单一,此外就是曲形特大,饼方一尺、厚二寸。以此概念,我家所踩,我们那里家家所踩,也是笨曲。神曲也罢,笨曲也罢,年年须踩,必在暑天。《北山酒经》(卷中)中的13种酒曲皆须踩成:"凡法,曲于六月三伏中踏造。"又称:"直须实踏,若虚则不中。"分述各曲制法,在在称:"方入模子,用布包裹,实踏。""次日早辰用模踏造,唯实为妙。""候水脉匀,入模子内实踏。"

传承着宋人,入模子内踏踩着,是父亲的赤脚。母亲坐在一侧继续拌和。他们一边小声交谈着。这劳动是温馨的、愉快的。父亲向来没有好脾气,母亲向来只是叹息,然而踩曲时,父亲的脾气很好,母亲的心情也不错。这似乎也是"踩曲仪式"所必需的情感元素。

我的采麻叶,也是仪式的重要一部分,或者说是前奏部分。我吃过早饭就迎着朝日出门了。这劳动也是愉快的、轻松的,我很喜欢。《天工开物》亦载,做神曲用"麻叶或楮叶包掩"。此处所谓麻,也是单指苘麻吗?他种麻,如苎麻,可是不行的哦。

踩曲,在传统的酿酒作坊里,要大量地踩,必须给身体以支持,制曲间一般设有吊环或"单双杠",或手向上拉着踩,或向下扶着踩。我在南粤那家酒企建的酿酒博物馆里看见了图片和实物展。

踩曲,在现代酿造白酒的工厂,也是一道必须的前置工序。我们可在视频里看到南北一些酒厂的踩曲。那是很多人一道踩,而且都是女工上去踩。必须是女工,而过去有的地方还规定必须是未婚女性,最好还要长得美。为何必须是女性呢?过去的解释是,女性属阴,而踩曲一般在至阳季节(还有一个通行的节点是端午节前后),阴阳结合,曲事才成。这是发散着中国传统哲学"酒味"的解释,这是习俗,这是仪式化的劳动之美,仍不忍称其为迷信。

而纯科学的解释是,那曲要踩得外紧内松,便于粉碎发酵,只有体态轻盈的女子所施之力方能恰到好处。

在贵州茅台酒厂,我们看到,年轻的女工们一排一排站在装满曲料的模子上,赤着白皙的脚,手背在腰后,用脚尖快速踩着,像跳芭蕾一样!要踩得四边紧、中间松;四边紧而低平,中间松而圆凸。那外方内圆的样子,极是好看,也是一种传统的"有意味的形式"。

踩曲,是绝对不能、一直不能用机器代替的纯用双脚的手工劳动。如用机器压制曲块,效率固然是提高了,也可以标准化了,但却不能达致人工那样巧妙的力度,关键是,我认为,是没有生命感,没有仪式感。

贵州茅台镇一年一度的端午祭麦踩曲活动（视觉中国供图）

是的，女工踩曲，是最适合编排成舞蹈的，那种青春、动感，那种技艺与力度的融合，以及有关蕴含和发酵的想象，以及酒作为自带流量的文化符号所予人的那种积极开放畅快的色彩，真是尽善尽美了。

这样一想，百度，果真，有，女工踩曲的集体舞蹈。

在我记忆中的家里，我的母亲坐在矮凳上，在圆盆里揉麦麸面，我的父亲站得高高的，在方范中踩曲，这是很好的画面，也是一种具有仪式性质的家庭劳作图。

最后，曲都踩好包裹好，必定还余下少许麦麸面，母亲就烙几个麦麸饼，一家人就额外地加餐了。烙麦麸饼，也是每年踩曲的一个程式化的收官，也成了仪式的一部分了。麦麸饼，不见得比白面馍好吃，但作为踩曲之后的酬享，就格外值得期待，我就吃得格外香。

酿酒是高尚圣洁之事

曲制好,就放在阴凉干燥的地方,等酿酒。一等二三年都没有问题。菌种就沉睡在曲体内。也就是说,酒曲潜藏着酒化力和糖化力,经二三年,其力不弱。

制曲是热天,酿酒却要等天凉快了开始。"九月九,酿新酒",秋天最合时令。《齐民要术》多次提到"桑落酒",即桑叶落时酿的酒,时在秋末冬初。

酿酒"五齐"

酿酒,简单说就是把酒曲适量投放在蒸好的酒米内,密封发酵。赶紧从脑库里调出家中黄酒坛子的影像,以及母亲向坛中看酒发得如何的镜头。酿酒是一种复式发酵,即一面由根霉、毛霉等进行糖化,同时一面由酵母进行酒化。

酿酒是有难度的,难在对温度的控制。原来淀粉酶糖化时需要高温,这高温对起酒化作用的酵母菌却不适宜;在高温下糖分积累过快过高,对酵母菌的活动就更不利;再则一般有害杂菌的生长温度也高于酵母菌,所以温度一高它们的繁殖速度就高于酵母菌,其结果就是把酒变酸。

温度高了不行,温度低了也不行,难就在这里。而匠人之所以是匠人,就体现在攻坚克难,于细微处见真功夫。反复读《齐民要术》,慢慢就可以看出,在没有温度计的科学条件下,北魏时的酿酒工匠已能精细巧妙地把温度控制在于淀粉酶和酵母菌都有利的最佳范围内。亦即,温度高时,需注意抑温;温度低时,则要灵活增温。

增温之法,我们还有印象。天冷时酿酒,母亲会把酒坛子坐在热灰上,坛口或加布蒙紧,甚至泥封,有时连坛壁都要用布围裹起来。《齐民要术·造神曲并酒第六十四》:

(又作神曲方)桑落时稍冷,初浸曲,与春同;及下酿,则茹瓮(即在瓮外裹以保温材料)——止取微暖,勿太厚,太厚则伤热。春则不须,置瓮于砖上。

(河东神曲方)凡冬月酿酒,中冷不发者,以瓦瓶盛热汤,坚塞口,又于釜汤中煮瓶,令极热,引出,着酒瓮中,须臾即发。

这是把一个装了热汤的瓶子,放在汤锅中煮到更热,然后浸入酒瓮中,使酒醪升温,马上就发了。

"冬欲温暖,春欲清凉。"不设法增温,不过分增温,就是抑温了。如"春以单布覆瓮,冬用荐(草荐)盖之。"相比冬天的措施,以单布覆瓮就是抑温。天再热时,连单布也不要,也是抑温。但抑温的根本办法是改变基础工艺,如采用冷水浸曲、冷饭下酿、增多投饭次数等。如:

(河东神曲方)冬酿六七酘,春作八九酘。……酘米太多则伤热,不能久。

原来《齐民要术》所载酿酒,都是大规模的酿作,其工艺描述与我们家酿的那一小坛黄酒有些相反。我记得我们家庭酿酒是投曲于饭,"要术"则一概投饭于曲。先浸曲于瓮,后投饭,要分次投。先曲后饭的描述顺序,一说明酿酒量大,用曲量也大;二也与酒曲的身份相关。曲为酒之骨,曲为酒之母。这不,母亲先坐在那儿了,召唤着儿女们投入她的怀抱成长、变化。分次投饭,一说明产量大;二来也是让米饭慢慢糖化、分次糖化,免得酒化不及,积热变酸。以上所举例中,"春作"比"冬酿"增多两投,这也是抑温之术。

于是在被抑制的温度下,糖分缓慢水解产生,缓供酵母酒化,边糖化,边酒化,有序进行,糖化毕,酒也将熟矣。

一般来说,增温容易,抑温相对较难。所以酿酒多在寒凉季节,夏季最好停酿。

缪启愉说:"这一套黄酒酿造工艺流程,是我国特有的发明创造,世界上没有先例。"

记得新醪在坛，母亲常要揭开盖子看"发"了没有。也就是看开始发酵了没有，发酵充分了没有，可以喝了没有。而早在西周，我国酿酒先师就有一套判断"发了没有"的标准，此即《周礼·天官冢宰·酒正》中所载的"五齐"：

酒正掌酒之政令……辨五齐之名：一曰泛齐，二曰醴齐，三曰盎齐，四曰醍（tǐ）齐，五曰沉齐。

这"五齐"就是把整个发酵过程分为五个阶段。一一解之就是：

泛齐：发酵开始，产生气泡，米物膨胀，部分上浮。

醴齐：糖化作用旺盛起来，醪味变甜，并有薄薄酒味散发。

盎齐：发酵旺盛，气泡很多，嘶嘶有声。

醍齐：酒精成分增多，颜色由黄转红（醍：较清的浅赤色酒）。

沉齐：发酵完成，气泡停止，酒糟下沉，此即酒熟，可以喝啦！

洁敬，洁敬，再洁敬

从制曲已经看出，古人酿酒，非常讲究干净卫生。酒乃入口之品，必须卫生；酿酒工艺的精髓是对有益菌的培养和对有害菌的抑制、避免，更必须干净；酒还可以表达敬意，敬人敬祖敬天地，且酿酒亦须神助，更必须干净卫生到洁癖的程度、圣洁的高度，方能表达那份诚心和敬意，方能获得那种沟通的神效。

《左传》云："国之大事，在祀与戎。"在西周，"礼仪三百，威仪三千"（《礼记·中庸》），祭祀居半，作为祭祀必需品的酒液之酿造，也是国家大事，由国家主抓，可谓"高尚其事"。西周专设酒正负责造酒，此职或名"大酋"（"酋"有酒熟之意）。《礼记·月令》记载：

（仲冬之月）乃命大酋，秫稻必齐，曲糵必时，湛炽必洁，水泉必香，陶器必良，火齐必得，兼用六物。大酋监之，毋有差贷。

秫稻多少必须合适，曲糵制作必须及时，浸泡米（湛）和炊蒸（炽）必须洁净,泉水必须香美,陶器必须精良,蒸炊火候必须得当,兼顾以上六个方面,由大酋监督,不得有差错。

以上六个方面与"五齐"并称"五齐六法",被视为古代酿酒总诀。细味"六法",足以领会酿酒是高尚的事业,必须以有神的态度、优质的资源、卓越的匠术从事之,而"必洁"是最基本的保障。"水泉必香",是用最好的水,而这样的好水,第一也是要纯净无污染。

崔寔《四民月令》是记一个四民(士、农、工、商)合一的中产之家按照时令一年每月所必须安排的生产生活事务,其中制曲是少不了的工作,酿酒自然更是、接着是:

(正月)命典馈(主管食物的人)酿春酒,必躬亲洁敬,以供夏至至初伏之祀。

(十月)命典馈渍曲,曲泽(湿透融化),酿冬酒。必躬亲洁敬,以供冬至(祭祖)、腊(祭)、正(正月的祭祖仪式)、祖(此指祭道神)、荐韭卵之祠(此代指庶人宗庙祭祀的最低标准,春天荐韭菜于祠堂,配以蛋类)。

这两条记录清楚不过地说明了,即便庶民之家,酒之为用,亦首在祭祀,必须"躬亲"而且"洁敬"。"洁敬"是关键词,"敬"的前提是"洁"。即便遭逢灾年,没有人喝的,亦必须高尚其事、洁敬其事,保证神鬼之享。

贾思勰《齐民要术》所载酿酒,也是高尚其事、洁敬其事,并是科学其事。以下记载散见各节,一看我都画了杠杠:

其米绝令精细。淘米可二十遍。酒饭,人狗不令啮。淘米及炊釜中水、为酒之具所洗浣者,悉用河水佳也。

井水若咸,不堪淘米。

净淘三十遍;若淘米不净,则酒色重浊。

淘米须极净,水清乃止。

淘米必须极净,常洗手剔甲,勿令手有咸气;(有咸气)则令酒动(变质),不得过夏。

……

东汉酿酒画像砖(壹图网供图)

淘米都要二三十遍,这是何等的匠心!而那原料用米首先也必须是上等精细好米,不可将就。缪启愉解释"绝令精细"称:"指舂得极其精白。米愈精白,可溶性无氮物(以淀粉为主)的含量愈高,为产生酒精及一部分微生物代谢产物的主要来源。米的外皮及胚子中蛋白质和脂肪的含量特多,对酿酒来说,含量过多都有碍酒质,所以要除去,只留着胚乳。"

《北山酒经》有"淘米"专章。其中强调,"凡米,不从淘中取净",淘米之前,必须先拣净,"缘水只去得尘土,不能去砂石、鼠粪之类"。淘米并不是遍数越多越好,亦即忌久浸,浸久反致难蒸,也不利于酸浆进入米心。酸浆?对。原来宋人酿酒,工艺又有创新,除了用曲,还要特制酸浆加入,以控制pH在4.5到5.0之间——这是酵母菌的最佳生存环境。

《北山酒经》还列专章讲了酒器的处理,也是好一个"净"字了得。其中讲,若用瓷瓮,洗刷净,便可用。而西北多用瓦瓮,那就要消毒。若是新瓦瓮,用炭火五七斤,瓮罩其上,烤,不仅杀菌消毒,还可去除邪杂味及碱性;若用旧瓦瓮,则要用以黍穰为燃料的文武火熏过,之后还要蒸,之后水洗三五遍。

　　好了，经过一番洁敬、洁敬、再洁敬的细致缓慢的过程，酒，终于酿出了。自是非凡之品，总其名曰美酒，古雅则称旨酒。我们讲的一直是非蒸馏酒或黄酒，其最有劲者，酒精度数也不会超过20度，所以豪饮对于古人来说，相对不难。李白写诗，武松打虎，所饮酒量，都还不是匪夷所思。

禁酒令与酿酒书

　　酒供祭祀，重在象征，到底还是人要喝、人喝了、人美了。从"神权"到"人权"的递降归依，符合历史的流向。"我有旨酒，以燕乐嘉宾之心。"（《诗经·小雅·鹿鸣》）"为此春酒，以介眉寿。"（《诗经·豳风·七月》）"开轩面场圃，把酒话桑麻。"（唐·孟浩然《过故人庄》）"莫笑农家腊酒浑，丰年留客足鸡豚。"（南宋·陆游《游山西村》）"劝君更尽一杯酒，西出阳关无故人。"（唐·王维《送元二使安西》）"一片春愁待酒浇，江上舟摇，楼上帘招。"（南宋·蒋捷《一剪梅·舟过吴江》）从朝到野，从文人墨客到寻常百姓，皆需要以酒为媒、依酒成礼，以凝聚人气，祝福人生，和谐亲伦，增进友情，慰人自慰，并怡情、助兴、庆贺，为人我生活中的赏心乐事干杯，为工作中取得的佳绩干杯，为事业有成干杯，因把一个个寻常的日子都过成节日，更把节日过成诗。

为何禁酒？

　　但是酒到底是一种特殊的、能使人麻醉并成瘾的饮料，过度饮之，则飘飘然不知归路，败事有余而还感到很美。所以在酒酿出不久，禁酒之令就有了。"仪狄作酒而美"，"禹饮而甘之"，说，后世必有因酗酒而亡国的。这其实是史上最早的国家禁酒令，不仅有禁，一并连酿酒的发明者仪狄也"疏"了。这其实是仪狄造酒这个故事的核心意思。仪狄何辜，受此牵连？而酒又有何辜而担此原罪？只怪那一少部分饮者不知节制罢了。而这些饮者又往往忝列"关键少数"之中，故因酗酒所败之事，都关乎国计民生之大，其位越尊，后果就越严重，最尊最严重的，莫过于君主因酒精而亡国，正如大禹所担忧的。

　　大禹不幸而言中,商纣王果然就把江山喝垮了,一并连一己之命也没了(后人也把纣王为酒池的荒唐之举"安"在夏代的亡国之君桀身上,如果是真的,则大禹的不幸而言中还要提前数百年,就直接"中"在自己的后世上)。殷鉴未远,就在身边。周王朝一立,就发出了史上最严的禁酒令,其内容全在《尚书》所录《酒诰》一文。

　　《酒诰》是摄政王周公姬旦所发。诰文明确指出,酒是供祭祀用的,除了大祭有分寸地表达一下敬意外,臣民们不可饮酒。诰文还指出,各处人民失德,无不因纵酒成风;大小邦国灭亡,也无不起于醉生梦死。诰文谆谆告诫臣民,要尽力耕种经营(农事之余也可远行贸易),要孝顺父母,培养美德,"无彝酒"(不要经常喝酒),"不腆于酒",不要使治理下的人民"湎于酒";要制定法规,"刚制于酒";有聚众饮酒的,或直接抓人,杀! 或先教育,教而不听的,杀!

　　如果不论大禹和仪狄的故事内核,周公的《酒诰》就是史上最早的成文禁酒令。

　　而周代以礼治国,赖酒尤多,贵族宴饮频繁,是其政治生活的主要表现形式。但这并不意味着禁酒的多余。这种宴饮,最讲节制,达礼而已,所谓"礼节",正是此意;也会唱歌跳舞,但无不合于礼乐的缓慢节拍。如果喝过量,那就乱七八糟一团糟。《诗经》一共305篇,其中与酒有关的就有35篇,"酒"字出现63处,另有大量描写宴饮祭祀的间接"酒文"100多处,故有人说《诗经》简直就是"酒经"。而通观《诗经》中的"酒诗",无不体现出一个"礼"字,可谓寓"禁"于"饮"之中。最能体现禁酒意思的是《小雅·宾之初筵》。此诗正是描写了一次宴饮。专家称,诗中反映的礼仪,当属于"大射礼"。射礼的精神要义不是对目的地的征服,而是谦和、礼让、庄重、正己,自然,酒也是少不了的媒介物。"大射礼"是诸侯会集臣下在太学中进行的高级射礼,其程序是宴毕而后射。可是根据诗中所描写的情形,还没射呢,大家已经喝得鸡子认不得鸭子了,他们都离开了座位,乱叫乱跳,东倒西歪,丑态百出,"伐德"无余。而当"宾之初筵",他们尚能"左右秩秩","温温其恭",威仪不

失。前后对照之后,作者直接表达道:

饮酒孔嘉,维其令仪。

可译为:饮酒很好,主要体现在美好的礼仪。

或译曰:饮酒本来是好事,可要礼仪来维持。

《宾之初筵》作于东周初年。从西周到东周,意味着"礼坏乐崩",担当国事者终于又大面积地以酒乱德了,问题又很严重了,所以又到了一个必须严申禁酒令的时代了。《宾之初筵》正是寓禁于诗的"酒诰"。而今天重温此诗,也感到非常具有现实意义。

历代禁酒,不唯政治原因,也直接因为经济原因。酿酒耗费粮食,遇天灾人祸致粮食短缺,政府一般都会颁发禁酒令。曹操虽然写过"对酒当歌,人生几何"和"何以解忧?唯有杜康"的名句,就因"惜谷"故,也曾下令禁酒。孔融反对,孔融被杀。因此次禁酒,时人颇讳"酒"字,但称清酒为圣人,浊酒为贤人,并称喝醉了为中圣人或中圣,亦可见禁酒之严。

催人奋进著《酒经》

禁酒是对的,但针对的是"过度"、是某部分人,酒本身,终究是无辜的,酿酒的仪狄们也是无辜的,并且也值得敬他们一杯,他们也为中国制造的傲强立了功,也是在为历代人民对美好生活的向往而奋斗和贡献着。

这里还要提出特别表扬的是尽心尽力地完整记录下酿酒工艺的贾思勰、朱肱和宋应星们。他们是儒家干部队伍里别具抱负和"匠心"者。他们不唱高调、不说大话,只为民生的改善而"遣词",为技艺的传承而"造句",他们留下的朴实、"及物"的典籍,实是我们这个民族的生存之"典"、复兴之"籍"。

我读贾思勰的《齐民要术》,发现他是立意面向劳动人民而写作的,故其行文通俗,多用白话,而其描写之生动、准确,也足有可观者。起初在美国学农的胡适在研究中国白话文学史时,却未顾及传统农书中的文章。我读贾思勰《齐民要术》中的酿酒之文,很是惊异和感动于他的不厌其烦、不厌其细,以及记录的完整性和科学性,还有对于劳动的那份钦敬之心。要知道,贾思勰所生活的南北朝时代(后魏末年到东魏)可是山河破碎的大动乱年代,政治十分黑暗,土地大半荒芜,"人命危浅,朝不虑夕",许多士大夫可真的就"对酒当歌"了,贾思勰却独怀清醒之志,硬是在破碎的时代留下了一份完整可传的关于种植和酿造的"要术"之书。这是长达11万字的巨著,其中酿酒之文就有1.1万字。这是和平之书和劳动之书。想想,到处都是刀光剑影、人头落地,贾思勰却不为所动,一"字"不苟地记下粮食变酒那洁敬、缓慢、繁复、细腻和奇妙的过程,并穷尽各地各方。他写一种粟米酒的酿法:

> 唯正月得作,余月悉不成。用笨曲,不用神曲。粟米皆得作酒,然青谷米最佳。治曲,淘米,必须细、净。
>
> 以正月一日日未出前取水。日出,即晒曲。至正月十五日,捣曲作末,即浸之。
>
> ……

这是何等的从容自信!他自信的是,战乱还会过去,和平终究还要降临大地,人民还是要劳动谋生,技术兴业,把生活过得美满。江山一统,大地修复,粮食还要丰收,连年有余,家有酒香。他写到一种粱米酒酿出之后的成色:

> 酒色漂漂与银光一体,姜辛、桂辣、蜜甜、胆苦,悉在其中,芬芳酷烈,轻俊道爽,超然独异,非黍、秫之俦也。

这已经是说明和抒情融合的"诗文"了。这是对劳动成果的赞美,也是对酿酒工匠的夸奖。缪启愉称:"他所写都具有一种激励人们奋发前进的魅力,诱导人们在所提供的多种渠道中各就所爱,各展所长,从而通往改善生活以至富裕的康庄大道,充分体现了他拯救人民于水火之中的拳拳之忧。"(《齐民要术译注》,上海古籍出版社,2009年)

北宋末期进士、医学博士朱肱所著的《北山酒经》,是我国现存的第一部关于酿酒工艺的专著,是宋代制曲酿酒工艺理论的代表作。此书还被专家称为我国古代酿酒史上学术水平最高、最能完整体现我国黄酒酿造科技精华、在酿酒实践中最有指导价值的酿酒专著。朱肱(1050—1125),北宋吴兴(今浙江湖州)人,字翼中,任过一些级别不高的官职,号无求子,晚年更号大隐翁,《北山酒经》著于被罢官寓居杭州期间。在杭期间,朱肱是亲自动手酿起了酒。所以与《齐民要术》相比,朱肱的《北山酒经》不仅博采众长,还有自己的实践经验,此其一;其二,不仅有实践经验,还有理论高度(他是医学博士,这使他的理论又多了几分靠谱);其三,不仅录技术,还有关于酒文化、酒历史的"梗概"(《酒经》卷上)。他说酒:

> 夫其道深远,非冥搜不足以发其义;其术精微,非三昧不足以善其事。

以上前半句针对酒文化而言,说的是酒的媒介沟通功能;后半句说的就是技术,"非三昧不足以善其事"者,就是说不懂诀窍就不能把酒酿好。所以他要著《酒经》。在卷上结末,他说:

> 若夫心手之用,不传文字,固有父子一法而气味不同,一手自酿而色泽殊绝,此虽酒人亦不能自知也。

说得对着呢。技术之事,岂能如禅宗空理一样不传文字?

主要参考书目

[1] 闻人军. 考工记导读. 成都:巴蜀书社,1996.

[2] 宋应星(著),潘吉星(译注). 天工开物译注. 上海:上海古籍出版社,2013.

[3] 季如迅. 中国手工业简史. 北京:当代中国出版社,1998.

[4] 曹焕旭. 中国古代的工匠. 北京:商务印书馆国际有限公司,1996.

[5]《中国古代科学家史话》编写组. 中国古代科学家史话. 沈阳:辽宁人民出版社,1974.

[6] 吴龙辉等(译注). 墨子白话今译. 北京:中国书店,1992.

[7] 任继愈. 墨子. 上海:上海人民出版社,1956.

[8] 张玉良(主编). 白话庄子. 西安:三秦出版社,1990.

[9] 周生春(注译). 白话老子. 西安:三秦出版社,1990.

[10] 谢浩范,朱迎平(译注). 管子全译. 贵阳:贵州人民出版社,1996.

[11] 许嘉璐. 中国古代衣食住行. 北京:北京出版社,2016.

[12] 缪启愉,缪桂龙(译注). 齐民要术译注. 上海:上海古籍出版社,2009.

[13] 缪启愉. 齐民要术导读. 成都:巴蜀书社,1988.

[14] 王祯(著),缪启愉(译注). 东鲁王氏农书译注. 上海:上海古籍出版社,1994.

[15] 司马迁. 史记. 郑州:中州古籍出版社,1994.

[16] 秦磊. 大众白话易经. 西安:三秦出版社,1990.

[17] 袁康,吴平(辑录),俞纪东(译注). 越绝书全译. 贵阳:贵州人民出版社,1996.

[18] 袁愈荌(译诗),唐莫尧(注释). 诗经全译. 贵阳:贵州人民出版社,1981.

[19] 杨天宇(译注). 周礼译注. 上海:上海古籍出版社,2004.

[20] 左丘明(原著),丁远(译注). 译注左传. 广州:花城出版社,1998.

[21] 章诗同(注). 荀子简注. 上海:上海人民出版社,1974.

[22] 胡守为. 南越开拓先驱:赵佗. 广州:广东人民出版社,2005.

[23] 赵晔(原著),张觉(校注). 吴越春秋校注. 长沙:岳麓书社,2006.

[24] 袁珂. 古神话选释. 北京:人民文学出版社,1979.

[25] 李泽厚. 美的历程. 桂林:广西师范大学出版社,2001.

[26] 李时珍. 本草纲目. 北京:人民卫生出版社,1982.

[27] 沈括. 梦溪笔谈. 呼和浩特:远方出版社,2006.

[28] 李群(注释).《梦溪笔谈》选读(自然科学部分). 北京:科学出版社,1975.

[29] 朱肱等(著),任仁仁(整理校点). 北山酒经(外十种). 上海:上海书店出版社,2016.

[30] 崔寔(原著),石声汉(校注). 四民月令校注. 北京:中华书局,2013.

[31] 宋光锐. 李时珍和蕲州. 武汉:武汉出版社,2001.

[32] 祝中熹,李永平. 青铜器. 兰州:敦煌文艺出版社,2004.

[33] 柏杨. 中国人史纲. 长春:时代文艺出版社,1987.

[34] 威廉·麦克高希. 世界文明史:观察世界的新视角. 董建中,王大庆,译. 北京:新华出版社,2003.

[35] 李约瑟. 中国科学技术史(第四卷,物理学及相关技术,第一分册,物理学). 陆学善,吴天,王冰,译. 北京:科学出版社,上海:上海古籍出版社,2003.

[36] 李约瑟. 中国古代科学. 李彦,译. 北京:中华书局,2017.

[37] 林西莉. 给孩子的汉字王国. 李之义,译. 北京:中信出版社,2016.

[38] 迈克尔·S.马龙. 万物守护者:记忆的历史. 程微,译. 重庆:重庆出版社,2017.

[39] 麦克·哈特. 影响人类历史进程的100名人排行榜. 赵梅,韦伟,姬虹,译. 海口:海南出版社,1999.

后记

　　在新冠肺炎疫情期间的庚子年春四月,我完成了此书的初稿写作。因为疫情,我们正常的工作和生活进程被按下了暂停键,但对于写作者来说,却会因意外空出的时间而加快码字工程的进度。

　　这场疫情,必然会改变事物的排序,包括出版社选题计划的先后。我承认我也有些惶然:我关于工匠或工匠精神的写作还会得到支持吗?"会的。"一个声音告诉我,"因为瘟疫终会过去,工匠还是宝贝;甚至就在瘟疫当中,还是靠无数具有工匠精神的人们,以他们的匠心担当,帮我们打败'新冠'。"我听到这声音,就信心不减,继续对稿件进行修改完善。但也有一个声音对我说:"不会了吧? 你看瘟疫比我们当初想象的还要严重得多,居然已经蔓延到全球了……"听到这话,我手指在键盘上的敲击声确实消失了一阵,但接着又响了。"不怕,"前一个声音也随即又在我耳边响出鼓励的话,"你所进行的依然是有意义、有市场的写作,再厉害的瘟疫,也挡不住人类生存和发展的步伐,更挡不住中国人继往开来、创造美好生活的匠心。何况前贤有言曰:'莫问收获,但问耕耘。'更何况又有前贤曰:'天道酬勤,一分耕耘,一分收获。'"

好,让我就为这"天道"而花费我的"工夫"吧。

本书的写作,源于我所供职的南方工报微信公众号"工人在线"的选题策划。我是在夜梦中想出这个选题的。我是工报的记者,对工匠这些事儿有着血缘上的兴趣,也有一种志趣上的担当。当我报出选题后,总编辑李传海先生十分支持,同事们也支持。当我一期期文章上线后,又获读者点赞,粉丝点赞,并获专家点赞。

匡志强先生就是我所说的给我点赞的专家之一。正是在他的点赞激励下,我从"线上"再出发,以数十篇微信文章为基础,取舍并补充,串联也并联,成就了这本应属于科普门类的图书。他还亲自担任了本书的责任编辑。

我要感谢匡志强先生。

我还要感谢中山大学哲学系教授黄敏先生,是他点赞了我的文章并转发到一个以科技史为志趣的微信群中,于是引来好几位科技出版社的编辑老师加我为好友,其中就有匡志强先生。孔子的学生曾子说"君子以文会友,以友辅仁",其此之谓乎!

我当然还要再次感谢我供职的南方工报社及《南方工报》总编辑李传海先生,如果没有工报这个平台和工报领导的"赋能"和"加持",我或许就不能坚持下来了,就像丝成不了绸,曲酿不出酒。

最后,我还要特别感谢本书的另一位责编——科学史专业博士殷晓岚女士。她在编辑此书过程中所体现出来的精益求精的"工匠精神"给我留下了十分深刻的印象。

最后还请允许我以诗为证:

其一

一卷"新冠"草木殇,

还搜故纸补文章。

感君指下曾激励,

到底人间绿意长。

其二

斧斤光耀典籍丛，
陶鬲铜彝火热中。
班墨匠心通后世，
百工赋竟是吾工。

2021年6月8日

图书在版编目(CIP)数据

典籍里的中国工匠/詹船海著.—上海:上海科技教育
出版社,2021.8(2024.2重印)
ISBN 978-7-5428-7515-0

Ⅰ.①典… Ⅱ.①詹… Ⅲ.①科学技术–技术史–中
国 Ⅳ.①N092
中国版本图书馆CIP数据核字(2021)第094333号

责任编辑 殷晓岚 匡志强
装帧设计 杨 静

DIANJI LI DE ZHONGGUO GONGJIANG
典籍里的中国工匠
詹船海 著

出版发行 上海科技教育出版社有限公司
(上海市闵行区号景路159弄A座8楼 邮政编码201101)

网	址	www.sste.com www.ewen.co
经	销	各地新华书店
印	刷	常熟市文化印刷有限公司
开	本	720×1000 1/16
印	张	25.75
版	次	2021年8月第1版
印	次	2024年2月第9次印刷
书	号	ISBN 978-7-5428-7515-0/N·1124
定	价	88.00元